结构化心理咨询系列丛书

结构化心理咨询
理论与实践

朱浩亮 / 著

东南大学出版社
·南京·

图书在版编目（CIP）数据

结构化心理咨询理论与实践 / 朱浩亮著. -- 南京：东南大学出版社，2024.12. -- ISBN 978-7-5766-1871-6

Ⅰ.B849.1

中国国家版本馆 CIP 数据核字第 2025CL1543 号

策划编辑：王　晶
责任编辑：顾　娟　　责任校对：子雪莲　　封面设计：余武莉　　责任印制：周荣虎

结构化心理咨询理论与实践
Jiegouhua Xinli Zixun Lilun Yu Shijian

著　者	朱浩亮
出版发行	东南大学出版社
出版人	白云飞
社　址	南京市四牌楼 2 号　邮编：210096
网　址	http://www.seupress.com
电子邮箱	press@seupress.com
经　销	全国各地新华书店
印　刷	南京京新印刷有限公司
开　本	700 mm×1000 mm　1/16
印　张	16.5
字　数	262 千字
版　次	2024 年 12 月第 1 版
印　次	2024 年 12 月第 1 次印刷
书　号	ISBN 978-7-5766-1871-6
定　价	68.00 元

本社图书若有印装质量问题，请直接与营销部联系，电话：025 - 83791830。

PREFACE 序

我与朱浩亮结缘是在 2005 年，那时，他在中国科学院心理研究所读硕士，我为他们讲授管理心理学。浩亮同学认真好学、求真务实，给我留下了深刻的印象。2019 年，我受温州大学邀请来校担任温州模式发展研究院院长，与他成为同事，一起面对机遇和挑战。我认为，个人要取得成功，重要的就是要积累自身的心理资本，以便成为一个对发展前景寄予期望的人。在我看来，浩者，盛大、高远、众多；亮者，明亮、光泽、响亮。朱浩亮在高校任教二十多年，潜心钻研，执着追求，在心理咨询理论研究和实践探索方面不断突破，真可谓"浩亮"也。

《结构化心理咨询理论与实践》是浩亮出版的第二本专著，由东南大学出版社出版，他邀请我为其写序，我欣然应允。这是因为，作为心理学者，要确立发展愿景，才能为事业发展坚持不懈地走下去，也才能将自身的积累与发展需要相结合，找到适合自己的切入点。我对自己课题组的学生们历来也倡导"干中学"，并注重团队合作，这些理念在这本书中都有所体现。

我本人在心理学领域摸爬滚打几十年，深知《结构化心理咨询理论与实践》所讨论的问题确实是有深远意义的。作为心理工作者，我们要用敏锐的观察力和有效的行动力来赋予他人人文关怀，而作者在本书中从个案概念化、咨询技术化等方面，为读者呈现了心理咨询工作的完整画卷，每一章节都凝聚了他多年来的研究心血。

从本书内容来看，第一章开篇；第二章阐述了个案概念化的意义与必要；第三章解析了 GPMC 系统在心理咨询中的应用及结构化服务的实例，不仅展示了服务方案的重要性，也为心理工作者提供了宝贵的实战经验，是一个循序渐进、逐步深入的过程；第四章着重说明了做好每一次心理咨询以及顺利结案的操作步骤与流程，通过生动的案例实操让我们了解了结构化心理咨询的过程，使读者感受到心理咨询的魅力与价值；第五章作者结合多年的咨询经验，将情绪管理、人际沟通、认知调适、专注训练和价值提升等原理与方法融合；第六章对心理咨询的伦理原则进行了探讨，提醒我们坚守伦理底线，尊重和保护咨询者的隐私和权益；第七章为读者们提供宝贵的心理咨询质量测评工具，而且做了详细的解读。

总之，《结构化心理咨询理论与实践》是一本集理论与实践于一体的心理学专著，不仅介绍了丰富的理论知识和实践技能，也引导读者在心理咨询道路上不断探索和前行。我相信，该书将成为心理咨询师宝贵的参考读物，为心理学发展贡献力量。

2024 年 11 月 15 日，温州大学

AUTHOR'S PREFACE 自序

世界卫生组织提出，健康包括四个方面：身体健康、心理健康、良好的社会适应和道德健康。心理健康是我们生活中不可或缺的一部分。在快节奏的现代社会中，心理健康问题日益凸显。心理咨询，作为解决心理困扰、促进个体心理健康发展的重要手段，其理论与实践的深入研究显得尤为重要。而结构化心理咨询作为一种具有系统性和深入性的咨询方法，更是在这一领域中占据了重要的地位。

本书的撰写，旨在系统梳理和阐述结构化心理咨询在现阶段的必要性和迫切性，深入探讨其在实际应用中的操作技巧与注意事项，以期为广大心理咨询从业者提供一本具有理论支撑与实用价值的专业参考书。

本书共分为七个章节，分别从不同角度对结构化心理咨询进行深入研究与探讨。第一章，结构化心理咨询的理论依据，深入解析了结构化心理咨询作为一种新型心理咨询范式的学术价值与应用前景。第二章，结构化心理咨询的个案概念化，清楚解析了个案概念化和心理咨询理论的掌握与咨询技术的精准使用，对于考量一个咨询师临床能力的重要性。第三章，结构化心理咨询的方案，重点阐述了包括其目标、路径、方法与调控等在内的一系列完整的结构化的操作性极强的咨询技能。第四章，续次和结案心理咨询的结构化会谈过程，着重说明了做好每一次心理咨询以及顺利结案的操作步骤与流程。第五章，结构化心理咨询的方法，细致分解了42种。第六章，结构化心理咨询的保障，深刻剖析了心理咨询五条伦理规范、基本设置要求，探讨了结构化心理咨询师思维品质的培养路径——学校心理健康教育。第七章，结构化心理咨询会谈质量的检验，通过质性研究，进一步实证结构化心理咨询会谈的信效度，提升科学性与专业性。同时，结合丰富的实际案例，对结构化心理咨询的实施过程进行了生动的展示，包括结构化心理咨询服务方案的制定和实施、青少年厌学心理服务书面方案、续次结构化心理咨询实操案例与结案咨询实施等各个方面。此外，我们还对咨询过程中可能出现的问题及应对策略进行了深入的探讨，以期为读者提供经验借鉴。

　　结构化心理咨询是一项充满挑战与机遇的工作，它要求心理咨询师具备深厚的理论素养、敏锐的洞察力和丰富的实践经验。同时，它也需要广大来访者的积极配合与信任。本书不仅注重理论阐述和实践指导，还强调了科学研究和结构化实施在心理咨询中的重要性。本书通过对结构化心理咨询相关研究的分析，展示了其在提升咨询效果、促进个体成长方面的积极作用，同时也指出了当前研究中存在的不足和未来研究的方向。

　　本书的出版，不仅是对结构化心理咨询理论与实践的一次全面梳理和总结，更是对心理咨询事业发展的一次有力推动。笔者相信它将成为广大心理咨询从业者、学者及研究者的重要参考书籍，为推动我国心理咨询事业的繁荣发展作出积极的贡献。

　　在此，我要衷心感谢所有为本书撰写付出辛勤努力的专业人士和编辑人员，特别是张小绿、冯正华、贺玉玲、黄吕娜、洪旭霞、邱娟、李秀文、钟媛媛及钱娅等亦师亦友的同仁，他们的专业精神和严谨态度使得本书得以顺利出版。同时，我也希望广大读者能够从中受益，将结构化心理咨询的理论更好地应用于实际工作，为更多人的心理健康贡献自己的力量。

CONTENTS 目录

第一章 结构化心理咨询的理论依据 ·················· 001
　第一节　结构主义和建构主义的基本观点和方法 ·················· 002
　第二节　建构主义认知学习理论 ·················· 005
　第三节　心理咨询的结构化探索 ·················· 007

第二章 结构化心理咨询的个案概念化 ·················· 011
　第一节　个案概念化概述 ·················· 012
　第二节　结构化心理咨询的个案概念化关键要素和个案示例 ·················· 019

第三章 结构化心理咨询的方案 ·················· 027
　第一节　结构化心理咨询的目标 ·················· 029
　第二节　结构化心理咨询的路径 ·················· 034
　第三节　结构化心理咨询的方法 ·················· 046
　第四节　结构化心理咨询的调控 ·················· 047

第四章 续次和结案心理咨询的结构化会谈过程 ·················· 053
　第一节　续次心理咨询的结构化会谈过程 ·················· 054
　第二节　结案心理咨询的结构化会谈过程 ·················· 078

第五章 结构化心理咨询的方法 ·················· 083
　第一节　情绪管理计 ·················· 084
　第二节　人际沟通策 ·················· 102

第三节	认知调适法	118
第四节	专注训练术	136
第五节	价值提升式	142

第六章　结构化心理咨询的保障　151

第一节　结构化心理咨询的伦理规范　152
第二节　结构化心理咨询的设置要求　162
第三节　结构化心理咨询师思维品质　171

第七章　结构化心理咨询会谈质量的检验　181

第一节　结构化心理咨询会谈质量自评量表的编制　182
第二节　结构化心理咨询会谈质量自评量表模型检验　190

参考文献　207

附录1　结构化心理咨询服务书面方案的实例　212

附录2　续次结构化心理咨询实操案例　224

附录3　结构化心理咨询会谈质量自评量表　253

第一章

结构化心理咨询的理论依据

结构化心理咨询以结构主义和建构主义基本观点和方法为理论依据：一方面，结构化和标准化心理咨询是行业发展的必然。我国心理学的起步比较晚，存在心理咨询从业人员结构复杂、整体专业水平不高以及心理咨询行业缺乏统一规范化标准等问题。帮助从业人员建立结构化、标准化的咨询，以指导和规范心理咨询活动，使心理学的临床实践工作向客观化、标准化、规范化、科学化方向发展，这不仅是心理咨询师专业成长的需要，更是行业发展的必然阶段。另一方面，建构主义认知学习理论揭示了心理咨询发生有效改变的实质。建构主义教育心理学被视为"教育心理学的一场革命"，建构主义认知学习理论揭示了学习的实质和学习者在学习过程中的主动性，以及主客体相互建构的过程，突出了意义建构和社会文化互动在学习中的作用。心理咨询是来访者认清问题、产生某种转变、获得某种成长的过程，实质上也是来访者在新的关系中再学习的过程。以当代建构主义哲学方法论和建构主义认知学习理论为指导设计心理咨询实践地图，指引咨询师高效、系统地收集来访者信息，做出评估，陪伴来访者踏上心理成长的学习旅程，是提升心理咨询会谈质量的必要保障。

第一节

结构主义和建构主义的基本观点和方法

结构主义的思想源于著名的语言学家索绪尔的语言结构思想，1956年，列维-斯特劳斯确立了结构主义的基本体系。20世纪50年代到60年代，结构主义迅速流行，并取代存在主义的地位广泛流传于西欧、北美等地。20世纪60年代后期，建构主义思潮兴起。

建构主义和结构主义不是两种不同的哲学派别，建构主义是结构主义者自己对结构主义的方法和假定提出质问，拒斥结构主义的形而上学，强调结构的建构性。由此，很多结构主义者如让·皮亚杰①，既是结构主义者也是建构主义者，建构主义又称当代新结构主义。

通常认为结构主义和建构主义是同一种哲学运动或哲学思潮，是一些社会科学家和人文学家们所共同主张的观点和方法②。

一、结构主义的结构观

结构(Structure)一词来源于拉丁文"structura"，它是从动词"struere"（构成）一词演变而来，原意是部分构成整体。不同的哲学流派在不同的历史时期和理论背景下，都对"结构"这一概念进行了探讨。然而，对结构进行最为全面和系统研究及阐述的是当代的结构主义。

结构主义者对结构的界定是多样的，一般认为最有代表性的是皮亚杰在《结构主义》一书中有关"结构"特性的界定："结构是一个由种种转换规律组成的体系。""一个结构包括了三个特性：整体性、转换性和自身调整性。"自身调整性即能自己调整。自身调整性带来了结构的守恒性和某种封闭性③。

结构是一种关系的组合，是由各个组成(部分)互相依存而构成的一个整体，部分只能在整体中得到它的意义。结构具有以下三个特征：(1)整体性，即结构是按一定组合规则构成的整体；(2)转换性或同构性，即结构中的各个成分(部分)可按照一定的规则互相替换，而不改变结构本身；(3)自律性，即组成结构的各个成分都互相制约、互为条件而不受任何外部因素的影响。结构主义认为事物的"结构"和事物的本质、变化发展及前途存在着极其密切的关系。任何事物，如果要存在，就不能没有结构。在这个意义上说，"结构"也可以称为"存在的形式"或"存在的方式"。事物的结构发生变化，事物则变化发展或消亡④。

二、建构主义的建构观

建构主义的建构观，主张结构的建构性，认为世界是客观存在的，但是

---

① 让·皮亚杰(Jean Piaget,1896—1980),瑞士人。
② 高宣扬.结构主义[M].上海:上海交通大学出版社,2017:92.
③ 皮亚杰.结构主义[M].倪连生,王琳,译.北京:商务印书馆,1984:2.
④ 夏基松.现代西方哲学教程新编:下册[M].北京:高等教育出版社,1998:612.

对于世界的理解和意义却是由主体主动建构的。每一个人都以自己的经验为基础来建构现实，或者至少说解释现实。由于我们的经验以及对经验的信念不同，我们对外部世界的理解也迥异。早期个人建构主义和激进建构主义强调知识的获得是个人主动建构的结果。皮亚杰是个人建构主义的代表，强调认知的适应性和个体对世界模式的建构。社会建构主义强调主体认识客体的社会性，强调社会相互作用、文化在个人知识建构中的作用。维果茨基（Lev Vygotsky，1896—1934）和布鲁纳（Jerome S. Bruner，1915—2016）是社会建构主义的重要代表人物[①]。

三、结构主义和建构主义的基本方法

从常识上说，结构化是指将逐渐积累起来的知识加以归纳和整理，使之条理化、纲领化，做到纲举目张。结构主义的结构观和建构主义的建构观极大地丰富和发展了结构化方法。以结构主义的结构观和建构主义的建构观为理论指导，有秩序地认识社会、人文现象，掌握并影响、变革其结构的方法，即为结构化方法。结构化作为结构主义和建构主义的方法论，包含如下基本内涵：(1)"关系"化。结构主义强调任何现象都是各部分或元素之间关系的组合，部分或要素只能在由这种关系组合构成的整体中获得它的意义。例如，一支铅笔，如果它不与人发生任何关系，被放在抽屉里，它就只是一根木头罢了，和路边的石头、山上的松树一样，毫无意义。只有当它与人发生了关系，当人拿起它来写字的时候，它才真正地具备了"铅笔"的意义，才作为一支铅笔而存在。(2)"模式"化。结构主义认为人是以一种先验的模式作为标准来组织自己的文化，形成自己的社会生活的。(3)"分合"化。这里的"分"即分解，就是将活动或研究对象分成各个基本组成部分或要素，"合"即化合，即按一定规则、秩序重新对各组成部分、要素进行组合，从关系的总体中显现对象的本质。"分"是"合"的手段，"合"是最终目的。(4)"层次"化。结构主义者将事物的结构分为表层结构和深层结构，强调认识事物的深层结构，反对停留在事物的表面上，认为深层结构支配并决定着现象的性质和变化。(5)"整体"化。结构主义强调整体对部分在逻辑上具有优越性和重要性[②]。

---

① 袁维新.科学教学概论:建构主义观点[M].徐州:中国矿业大学出版社,2007:38-40.
② 李森.解读结构主义教育思想[M].广州:广东教育出版社,2007:7.

第二节 建构主义认知学习理论

皮亚杰、布鲁纳和维果茨基等人把结构主义和建构主义的基本观点和结构化方法运用于教育心理学领域,对学习的实质、过程和规律做了新的解释。他们创立的认知学习理论对国内外教学改革产生了深远影响。

一、皮亚杰的发生认识论

皮亚杰将"结构"方法与"起源"或"发生"的方法联系在一起,并认为这些是辩证互补的,提出了著名的发生认识论[①]。

(1) 智慧(认知)的结构"图式"。"图式"是指有组织的、可重复的行为或思维模式。这些行为或思维的组织结构在同样或类似的环境中,由于重复而引起迁移或概括。

(2) 个体的环境适应机能包括"同化"和"顺应"两个过程。皮亚杰认为,智慧(认知)的机能是适应环境。智慧的结构"图式"在个体主动适应环境的过程中不断加以组织而产生变化。"同化"是指把外界元素组合到一个正在形成或已经形成的结构中的过程。"顺应"是指同化性的图式或结构受到它所同化的元素的影响而发生改变的过程。在感受某种新刺激的时候,个体试图把这个刺激物同化到既有的"图式"中,如果成功了,就获得了与这个特定刺激相应的暂时的"平衡",即图式与环境刺激之间的协调状态。如果不能同化这个刺激,就产生了不平衡,个体就会试图通过改造旧图式或建立新图式来适应这种刺激,达到新的平衡。皮亚杰认为心理发展就是个体通过"同化"和"顺应"日益复杂的环境而达到平衡的过程。皮亚杰认为,在个体从出生到成熟的发展过程中,认知结构在与环境的相互作用中不断重构,从而表现出不同质的四个阶段:① 感知运动阶段;② 前运算阶段;③ 具体运算阶段;④ 形式运算阶段。

---

① 陈琦,刘儒德.当代教育心理学[M].3版.北京:北京师范大学出版社,2019:20-27.

二、布鲁纳的认知发展论

布鲁纳的认知发展论提出编码系统概念，说明了认知的实质及其发展过程①。

（1）认知的实质是认知结构的形成或改变。① 人并不是像行为主义所主张的那样，遇到一个新刺激就做出反应（S—R），而是在构建头脑内部的认知结构（编码系统）之后才做出反应的（S—O—R）。② 编码系统就是一组相互关联的、非具体性的类别。例如，一提起食物你能想到哪些东西？如果你能将所想到的东西罗列出来，实际上就构成了一个相互关联的类别结构。编码系统对相关的类别做出有层次结构的安排，较高级的类别比较一般，较低级的类别比较具体。这种内在编码系统也就是"认知结构"。③ 编码系统是不断变化和重组的。

（2）认知过程是人用认知结构（编码系统）感知外界事物的分类模式，加工新信息，并进行推理活动。认知不是简单地接受眼前的信息，而是要将新信息与头脑中同类的事物联系起来，形成新的编码系统或改变原来的编码系统，推导出更多有意义的联系。

三、维果茨基的心理发展理论

社会建构主义的先驱维果茨基认为科学知识不仅是个体建构的，更是社会建构的。他第一次明确指出，应当从历史的观点，而不是抽象的观点，不是在社会环境之外，而是在社会环境之中，以及在同社会环境作用的不可分割的联系中，去研究人的意识和心理的发展②。

1. 心理发展规律

维果茨基与他的同事提出了人心理发展的两条彼此联系的一般规律：（1）人所特有的受中介工具（语言、符号等）影响的心理机能不是从内部自发产生的，它们只能产生于人们的协同活动和人与人的交往之中；（2）人所特有的新的心理过程结构，最初必须在人的外部活动中形成，随后才有可能转移至内部，内化为人的内部心理过程的结构。

---

① 陈琦,刘儒德.当代教育心理学[M].北京:北京师范大学出版社,2019:111-112.
② 同①28-33.

2. 最近发展区理论

维果茨基认为，个体的学习是在一定的历史、社会文化背景下进行的，社会对个体的学习与发展起到重要的支持和促进作用。个体发展存在两种水平：现实的发展水平和潜在的发展水平。现实的发展水平即个体独立活动所能达到的水平，而潜在的发展水平则是指个体在成人或比他成熟的个体的帮助下所能达到的活动水平。这两种水平之间的区域即"最近发展区"。

第三节 心理咨询的结构化探索

结构化作为一种具体的分析框架或工作流程，在现有的各心理咨询流派中被广泛运用。例如，经典精神分析理论对心理问题提供了结构化的解析，包括潜意识理论、人格结构理论、心理发展阶段理论等。认知行为疗法（Cognitive Behavioral Therapy，CBT）在分析心理问题时展现出了高度的结构化特点，这种结构化不仅体现在其理论基础上，还贯穿于整个治疗过程。CBT认为，个体的思维方式和信念系统在很大程度上决定了他们的情绪反应和行为模式，而信念系统由自动思维、中间信念和核心信念组成。CBT的治疗步骤一般由信息收集，问题分析（即个案概念化），方案制定、实施和调整，效果评价和巩固等阶段组成。叙事疗法则是一种受到广泛关注的后现代心理治疗方法，其理论依据是建构主义的建构观。它认为每个人都有权利去解读，并通过行动和述说故事来建构自身的生命意义。

笔者在借鉴、吸收各心理咨询流派的结构化理论和实践成果的基础上，以结构主义和建构主义的结构化为哲学方法论分析了心理问题的内外结构；心理问题产生、变化的机制，以及来访者心理成长的过程和影响因素；并着眼于心理问题的解决，制定心理咨询结构化方案，形成结构化心理咨询方法，建构心理咨询结构化流程和框架，等等。

一、心理咨询的内涵和外延的界定

党的十九大报告提出"加强社会心理服务体系建设，培育自尊自信、理性平和、积极向上的社会心态"。这是一个具有中国特色的心理健康服务的理念和实践。中国特色的心理健康服务有广义和狭义之分，广义的心理健康服务指运用一定的原则、手段和方法解决人的心理和行为问题。狭义的心理健康服务指以心理学的理论和方法为主导来维护与促进人们的心理健康的活动。狭义的心理健康服务包括心理辅导、心理咨询和心理治疗，适用于从儿童到老人的各种人群的不同心理需要。其涉及的范围非常广泛，包括儿童性格特点的培养、亲子关系技能训练、人际关系技巧训练、职业发展的选择和规划、心理疾病和精神疾病的治疗等等。

  心理咨询、心理治疗和心理辅导是什么？它们之间又是什么关系呢？目前，比较一致的主导性的看法是：心理咨询是通过人际关系，运用心理学方法，帮助来访者实现自强自立的过程；心理治疗是在良好的治疗关系基础上，由经过专业训练的治疗者运用心理治疗的相关理论和技术，对来访者实施帮助，以消除或缓解其心理问题，推动其人格向健康、协调的方向发展的过程；心理辅导一般指学校心理辅导老师运用心理学专业知识和有效方法，帮助来访者（青少年学生）达到心理健康良好状态的过程。心理咨询、心理治疗和心理辅导的区别主要有如下几点：（1）工作对象不同。心理辅导的对象是学校里的青少年学生；心理咨询的对象主要是正常人和处于心理障碍恢复阶段的人和已康复者；心理治疗的对象主要为某些神经症患者、某些性心理变态患者，以及心理障碍、行为障碍、心身疾病、康复中的精神病患者等。（2）处理的问题不同。心理辅导和心理咨询侧重于解决的是正常人所遇到的各种心理问题，如日常生活中人际关系的问题、职业选择方面的问题、教育过程中的问题、婚姻家庭中的问题等。心理治疗侧重于解决的是异常心理问题，主要包括神经症（如恐怖、焦虑、强迫、疑病、神经衰弱），人格障碍，心理生理障碍（性心理障碍、厌食暴食症等）。（3）专业要求不同。学校心理辅导老师、心理咨询师和心理治疗师所接受的专业训练不尽相同，工作资格认定的组织和标准不一样。在国外，大部分心理咨询师所接受的专业培训时间较短，与从事心理治疗的治疗师相比，在研究方法、对人格理论掌握的程度、接受有专家指导的正式的临床实习方面等都明显逊色。在国内，学校心理辅导老师的资格认定相较于心理咨询师门槛更低。心理咨询、心理辅导和心理治疗在内涵和外延上都有许多交叉重合之处。三者在理论假设、实践操作方法和关系建立等重要方面有许多相互重叠之处，因此在实际工作中，由于工作目标和对象等方面的复杂性，三者之间的界限难以完全清晰划分。心理咨询、心理辅导和心理治疗三者既有共同性、交叉性，又有差异性、独立性[①]。

笔者在借鉴相关专家的心理咨询理论和实践成果的基础上，结合自己多年心理咨询和心理辅导实践，给予心理咨询如下可操作性的界定：心理咨询是当来访者（求助者）遇到心理问题时，经专业资格认证、具有一定素养的心理咨询师，在良好的咨访关系基础上，运用专业知识和有效方法，帮助来访者达到心理健康良好状态的过程。

二、结构化视野下的心理咨询观

结构化心理咨询不是一个特定的心理咨询流派，而是把结构主义和建构主义的结构化方法和结构化认知理论应用于心理咨询实践，运用结构化方法探究心理咨询的实质、过程和影响因素。

每一个个体都以自己的方式形成或改变心理结构（图式），并凭借这个心理结构去描述、解释、预测和调控这个由事件组成的世界。心理咨询的实质就是来访者心理结构与环境不相适应，当出现适应问题或困扰时，寻求改进自己的心理结构系统以适应或改变环境的学习过程。

心理咨询过程是来访者心理结构的内容增加（同化）和模式改变（顺应）两种方式循环交替、不断上升的过程，也是咨访双方共同建构的过程。在咨询过程中，心理咨询师不承担来访者生活专家的角色，咨询师和来访者是平等的合作关系。咨询师以"无知"且好奇的态度，从来访者的立场基于理解其内心，运用从来访者那里获得的资源引导来访者基于原有的心理结构（经验），根据特定的自然和社会环境建构新的行为方式、观念、经验，从而形成新的心理结构，发展出积极的适应模式，最终达到心理咨询的终极目标，即实现助人自助。

咨询师会陪伴和帮助来访者对自我概念的建构过程进行经验性的考察：一方面，剖析过去经历对自我概念之建构过程的影响，洞察心理问题出现的因果关系；另一方面，引导来访者跳出过去和当下的困扰，探寻问题背后的需求，展望未来成长和发展的目标。

在未来目标的指引下，咨询师强调：每一个个体按自己独有的方式创造了与他人截然不同的"自我"和"人际世界"，个体有能力超越和改造他们不

---

① 钱铭怡.心理咨询与心理治疗[M].北京:北京大学出版社,1994:8.

适当的关于自我和环境的建构，并以新的、更具适应性的方式取而代之。

三、结构化心理咨询的基本框架

从西方主流心理咨询流派的咨询实践活动看，心理问题的诊断评估、心理问题产生的机制（个案概念化）、心理咨询的目标、心理咨询的过程、咨访关系、咨询技术、咨询师、来访者等，是所有心理咨询工作的共同因子。这些共同因子内部及相互间不同层次的联系，构成具有整体性和有序性的心理咨询系统。

笔者在结构化认知理论的指导下，借鉴中西方各心理咨询流派的理论和实践成果，结合 20 多年的实践经验，整理结构化心理咨询的基本框架如下：（1）首次结构化评估性会谈；（2）结构化心理咨询个案概念化；（3）结构化咨访关系建构；（4）结构化心理咨询方案设计；（5）续次心理咨询结构化会谈；（6）结案心理咨询结构化会谈；（7）结构化心理咨询的方法；（8）结构化心理咨询会谈质量检验。

专著《首次心理咨询结构化会谈技术》已详细阐述了心理咨询评估环节的结构化会谈技术和结构化咨访关系建构，本书不再赘述。本书内容包括如下七大部分：结构化心理咨询的理论依据、结构化心理咨询的个案概念化、结构化心理咨询的方案、续次和结案心理咨询结构化会谈、结构化心理咨询的方法、结构化心理咨询的保障，以及结构化心理咨询会谈质量的检验。

第二章

结构化心理咨询的个案概念化

个案概念化就是通过获得的各种信息，基于某一理论对来访者的困扰的一种假设和理解。通过诊断、评估和个案概念化，咨询师和来访者知道心理困扰"是什么"和"为什么"。个案概念化也是明确心理咨询目标、制定咨询方案的前提和基础。只有明确"是什么"和"为什么"，才能知道"做什么"。

本章通过个案概念化概述，借鉴不同理论视角下的个案概念化模型，在结构化方法论的指导下，对首次心理咨询结构化会谈的接、圆、趋、转、送"五步法"流程进行描述、解释、预测，从而实现个案概念化。

第一节 个案概念化概述

不同理论视角下的个案概念化的定义各有侧重点，但都强调个案概念化必须选择一个最适合来访者的理论视角，并收集关键材料和信息。不同理论视角下形成不同的个案概念化模型，不同模型有各自的优点和不足，而现实需求推动着不同流派走上整合之路。

一、不同理论视角下的个案概念化

Carol Loganbill 将个案概念化定义为："在咨询过程中，收集来访者的认知、行为、情感及人际等方面的相关信息或材料，并系统地加以整合，使之以有意义的方式呈现，对来访者的心理动力进行系统了解，并综合所有资料以评估来访者目前的功能水平，进而制定合适的咨询目标及实现目标的计划。"①

Ira Daniel Turkat 提出，个案概念化是对来访者各种问题或症状之间的关系的理解或假设，对其原因的理解或假设，对心理或行为的预测，同时，咨询师在实践中检验、修改和完善各种理解和假设②。

总之，个案概念化的目的是提供一个清晰的理论解释，即来访者是什么样的，以及关于来访者为什么会这样的理论假设。基于这样的假设，咨询师制定咨询方案来帮助来访者实现改变。个案概念化是心理咨询方案的雏形，心理咨询方案是个案概念化的具体化、可操作化。

咨询师进行个案概念化，第一步就是要选择适合双方互动的理论视角。对于心理咨询师来说，每一个来访者都是独一无二的。面对来访者同样的问题，咨询师因受训背景、个人偏好等因素的不同，会选择不同的理论视角来进行个案概念化。当前四大心理学流派的个案概念化的内容见表2-1。

表2-1 四大心理学流派的个案概念化的内容

心理学流派	心理咨询	具体内容
行为主义	个案概念化	分析来访者的非适应性行为、临床症状、生活环境
	治疗技术	放松训练、暴露疗法、系统脱敏、冲击疗法、代币法、厌恶疗法、模仿等
认知主义	个案概念化	聚焦来访者不合理的认知模式
	治疗技术	认知行为矫正疗法、合理信念疗法、认知重建、家庭作业等
精神分析	个案概念化	聚焦来访者潜意识层面的心理冲突
	治疗技术	自由联想、梦境分析、移情分析、情感释放、催眠等
人本主义	个案概念化	探究来访者心理失调的经验或原因、自我概念
	治疗技术	客观化、非指导性对话、存在主义探讨等

尽管心理学流派很多，并不断地发展和创新，但是咨询师并非总是能够找到与来访者问题完全契合的理论视角。在这种情况下，咨询师可能会选择转介，但是越来越多的咨询师主张采用跨流派的方法，将不同的技术结合起来使用，以满足个体的需求。这种融合理论取向与方法的咨询视角被称为

---

① LOGANBILL C, STOLTENBERG C. The case conceptualization format: A training device for practicum[J]. Counselor Education and Supervision,1983,22(3):235-241.

② TURKAT I D. Issues in the relationship between assessment and treatment[J]. Journal of Psychopathology and Behavioral Assessment,1988,10(2):185-197.

"整合主义"或"系统中的折中主义"。

值得一提的是,心理咨询的研究表明,当咨询师能够根据来访者的特质及对个案的理解来选择合适的理论取向时,咨询的效果往往能够达到最大化。因此,对于心理咨询师来说,如何在不同的理论视角下灵活运用个案概念化与心理咨询技术,既是一项挑战,也是他们专业能力的体现。综上所述,个案概念化与心理咨询技术在不同理论视角下的应用是一个复杂且富有挑战性的过程,它需要心理咨询师具备深厚的理论基础、灵活的实践能力和敏锐的洞察力。

二、个案概念化的关键要素与表述风格

(一) 个案概念化的关键要素

在心理咨询工作流程中,个案概念化是一项至关重要的技能。它犹如一座稳固的桥梁,连接着咨询师与来访者。这一技能的实现,离不开两大关键要素:概要与基于理论的支持性素材[①]。

第一要素是概要。概要是心理咨询师对来访者核心优势和局限的初步解读。它需要咨询师运用专业理论知识和敏锐的洞察力,对来访者的问题进行初步假设和分析。这一步骤的精准性直接关系到后续咨询的效果。通过有条理地组织信息,咨询师能够为来访者提供一个清晰、全面的自我认识镜像。

第二要素是基于理论的"支持性素材",也可以理解成"细节性的个案分析"。在个案概要的基础上,咨询师需要进一步挖掘来访者的内在世界。这包括对其优势的深度分析和对弱点的细致探讨。通过对来访者成长史、生活史以及行为模式的细致观察,咨询师能够更全面地了解来访者的内心世界,进而提供更有针对性的咨询建议。这些深度分析仍然需要紧紧依托之前所构建的理论框架,确保咨询的一致性和连贯性。

(二) 个案概念化的表述风格

在过往的心理咨询对于个案概念化的表述方式中,有六种不同的基本表述风格,分别是:基于假设、基于症状、基于人际关系、基于历史、基于主

---

① 伯曼.个案概念化与治疗方案:咨询理论与临床实务整合的案例示范:英文第3版[M].游琳玉等,译.北京:北京理工大学出版社,2019:5-6.

题以及基于诊断①。不同的表述风格有不同的架构、组织策略，见表 2-2。

表 2-2 个案概念化的六种表述风格

表述风格	概要
基于假设	根据各流派的理论假设来组织信息
基于症状	根据来访者的症状来组织信息，接下来的咨询目标也会聚焦于症状
基于人际关系	根据来访者重要的他人关系、来访者与自己的关系来组织信息
基于历史	根据来访者在某一时期(过去、现在，甚至未来)的生命故事来组织信息
基于主题	围绕能够映射来访者行为和世界观的重要主题或隐喻来组织，以帮助来访者察觉隐藏在显性困难下的意义
基于诊断	围绕 DSM-5 这类正式的诊断系统进行组织，同时还可能把目标聚焦在来访者各种角色的功能水平上

三、个案概念化的整合趋势

(一) 不同理论视角下个案概念化的不足

基于特定诊断或者某种理论流派的个案概念化在现实中却遇到了重重困难。

基于诊断的个案概念化大多应用于基于实证支持的心理治疗。此类模型力图为每种诊断提供基于实证的解释和干预方案，强调科学性、有效性。但陈飞虎、赵广平认为，此类个案概念化模型普遍存在如下问题：(1)问题取向而忽略来访者心理资源；(2)单一性明显，在心理障碍的"生理—心理—社会"模式已经得到普遍认同的背景下，实证支持的治疗只遵循生理医学模式；(3)灵活性缺失，不是所有诊断都有对应的模型；(4)刻板化严重，难以应对在临床中作为常态的共病现象；(5)个性化缺乏，难以根据来访者特征和需求有效调整诊断和干预模式；(6)连贯性和系统性不足。②

基于特定理论流派假设的个案概念化的不足如下：(1)各理论、技术流派庞杂，基本观点可能不同，甚至矛盾；(2)部分理论流派具有排他性，限制其

---

① 伯曼.个案概念化与治疗方案:咨询理论与临床实务整合的案例示范:英文第 3 版[M].游琳玉等,译.北京:北京理工大学出版社,2019:7-9.
② 陈飞虎,赵广平.个案概念化:发展、困境及整合模型[J].心理技术与应用,2021,9(8):495-503.

他流派中有益方法的运用；(3)灵活性缺失，没有一种理论或技术能够解决所有的心理问题；(4)科学性缺失，各理论流派也许有自洽的、连贯的系统，但在临床心理咨询中其有效性或科学性难以被检验、测量。

（二）整合视角下个案概念化模型及其不足

有研究表明，不同流派的咨询"功效"相近。人们越来越意识到，没有哪一种流派的方案和技术适用于所有来访者、所有问题和所有症状。心理工作者们开始思考，在技术上开始灵活地尝试，促使心理咨询呈现出"整合"发展趋势[1]。从20世纪80年代开始，寻求不同心理流派和技术之间共同的、起作用的因素，探索个案概念化整合模型，逐渐成为心理咨询和研究的趋势。

1. 跨诊断模型

跨诊断模型（Transdiagnostic Model）是一种整合性的理论和干预方法，这一模型强调共同的机制和模式，以跨越不同精神疾病的边界，并更好地反映人类心理健康的复杂性。由于特定诊断个案概念化的局限性，研究者尝试从现有的实证支持的治疗中提炼出"共同心理过程"[2]，提出跨诊断的模型。"共同心理过程"指个体进行信息加工的生理和认知过程，在该过程中某（些）方面的缺陷导致了心理障碍。跨诊断模型图解见图2-1。

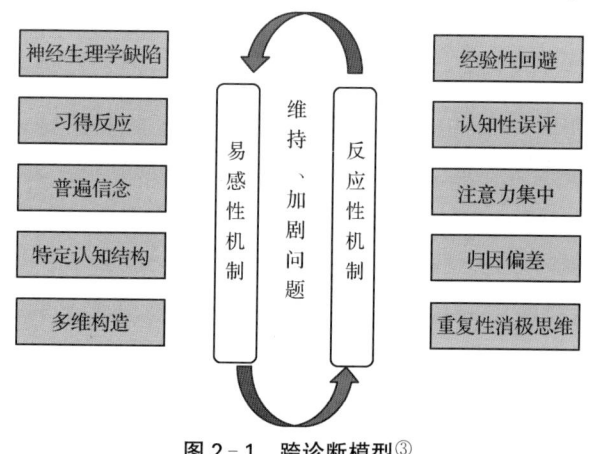

图2-1 跨诊断模型[3]

---

[1] 张松.心理咨询与治疗[M].武汉:武汉大学出版社,2016.

[2] KINDERMAN D. Understanding and addressing psychological and social problems: The mediating psychological processes model. [J]. International Journal of Social Psychiatry,2009,55(5):464-470.

[3] 陈飞虎,赵广平.个案概念化:发展、困境及整合模型[J].心理技术与应用,2021,9(8):495-503.

跨诊断模型假定造成心理障碍的共同心理过程是易感性机制（先天或早期存在的缺陷和不足）和反应性机制（环境将易感性机制激活后的个体响应模式）。反应机制通过易感性机制加强和促进反馈循环，以维持或加剧问题①。

跨诊断模型提供了一个更综合的整体性框架，打破了以往狭隘的诊断范畴，但仍然存在不足，比如，忽视环境文化因素、干预技术散乱等。除此之外，没有医学背景的咨询师无法使用 TD 模型。

2. 时间/语境模型

时间/语境模型（Temporal/Context Model）是一种整合性模型，旨在帮助个体探索和理解他们的过去、现在和未来，并在这些时间维度中建立更健康的关系②。这一模型源于五方面模型③、生态系统理论④、改变阶段模型⑤，结合了精神动力疗法、认知行为疗法、人本主义疗法、叙事疗法等多个心理学流派的元素，强调个体与时间的关系及其对心理健康的重要性。

时间/语境模型的图解见图 2-2。模型包含三个部分，分别是内部世界：个体内部的人格结构（态度、价值观、信念、自我评价、自我效能、依恋风格），生物学内容和生理学内容；外部世界（环境）：文化、关系、社会影响、咨访关系；内部世界和外部世界相互作用的过程。同时使用时间轴，要求咨询师关注来访者的过去经验、未来期待和当下的状态体验。

过去：聚焦于探索个体在过去经历中的关键事件、关系和体验。使用心理动力学的方法，通过自由联想、回忆和情感释放，帮助个体理解过去经历对当前心理状态的影响。

现在：聚焦于个体当前的心理状态、行为和问题。综合运用认知行为疗

---

① FRANK R, DAVIDSON J. The transdiagnostic road map to case formulation and treatment planning: Practical Guidance for clinical decision making[M]. Oakland: New Harbinger Publications, 2014: Ⅻ.

② EELLS T D. Psychotherapy case formulation[M]. Washington, D. C. : American Psychological Association(APA), 2015.

③ 格林伯格,帕蒂斯基.理智胜过情感:改变思维模式,排除情绪障碍[M].张忆家,译.北京:中国轻工业出版社,2000.

④ BRONFENBRENNER U, CECI S J. Nature-nurture reconceptualized in developmental perspective: A bioecological model[J]. Psychological Review, 1994, 101(4): 568-586.

⑤ PROCHASKA J O, VELICER W F. The transtheoretical model of health behavior change[J]. American Journal of Health Promotion, 1997, 12(1): 38-48.

法的技术,如认知重建、行为实验,以及人本主义的方法,如存在主义探讨,帮助个体理解和应对当前的挑战。

未来:聚焦于帮助个体设定未来目标,制定积极的行为和认知模式。运用解决问题的方法,制定可行的目标和行动计划。强调人本主义的元素,如个体的自我实现和内在潜力。

整合:将个体的过去、现在和未来整合在一起,形成更全面的理解和干预方案。通过对过去的认知和情感的整合,帮助个体更好地应对当前问题,并鼓励积极的未来导向。

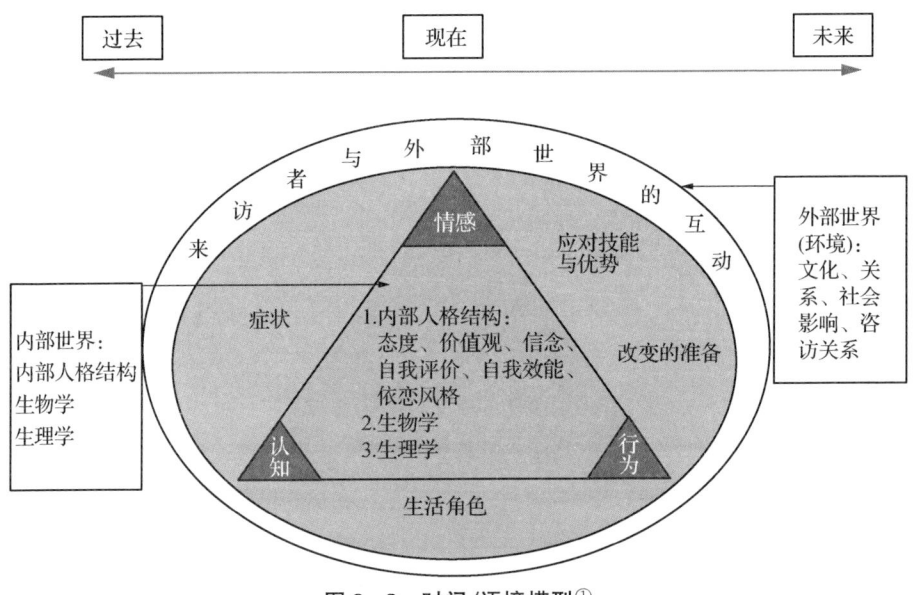

图2-2 时间/语境模型[①]

时间/语境模型强调了时间维度对个体心理健康的复杂作用,鼓励综合性地考虑个体的过往史、当前情境和未来期望。这种通用的框架强调来访者作为整体与环境的互动历程。但时间/语境模型并未深入彻底地对理论和技术进行融合。在实践中,不同取向的咨询师只能在框架中填充本流派的理论而无法自由切换视角,所以此模型操作性方面存在不足。

---

① 陈飞虎,赵广平.个案概念化:发展、困境及整合模型[J].心理技术与应用,2021,9(8):495-503.

第二节
结构化心理咨询的个案概念化关键要素和个案示例

结构化心理咨询在结构化方法论的指导下,通过首次心理咨询结构化会谈的接、圆、趋、转、送"五步法"流程[①],对来访者的心理问题进行描述、解释、预测,初步完成个案概念化。下面笔者以某高一学生"厌学"个案为例来具体地阐述个案概念化的过程、关键要素和个案示例。结构化心理咨询的个案概念化模型图解见图2-3。

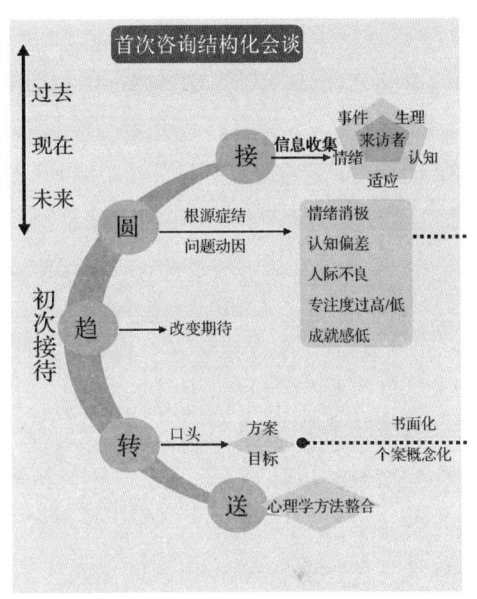

一、来访者的表面需求

图2-3 结构化心理咨询的个案概念化模型图解

当来访者向咨询师求助时,主诉问题通常是零散的、碎片化的、不系统的,甚至是感性的。结构化心理咨询师依据相关心理学理论,建构心理现象的内在结构和外在结构(如图2-4),结构化地、全面地"接"来访者的问题症状等,即从事件入手,了解来访者的生理症状、消极情绪、负性认知、社会适应等。一般情况下,心理咨询师在与来访者建立良好咨访关系的基础上,能收集到来访者遇到的事件及其对来访者造成的影响等材料。事件,即引发困扰的事情,来访者走进咨询室时,往往是带着困扰事件的。来访者的困扰事件一般可以分为以下几类问题:工作压力问题、婚姻感情问题、生活压力问题、学习任务问题、情绪烦恼问题、人际关系问题、个人成长等。一般而言,来访者受到的影响主要是四个方面:生理方面,如失眠、头昏、心慌等;情绪方面,如喜、怒、哀、惧等;认知方面,如绝对化认知、以偏概全认知、

---

① 朱浩亮.首次心理咨询结构化会谈技术[M].杭州:浙江工商大学出版社,2023:92-145.

糟糕透顶认知等；意志方面，即社会功能方面，如工作、生活、学习和人际关系等。

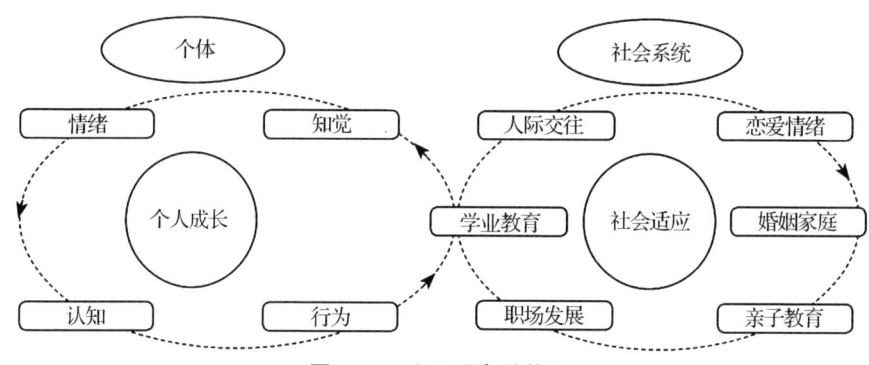

图 2-4 心理现象结构图

• **个案示例 1**

来访者：某某同学母亲

人口学信息：某某同学，男，16 岁，高一学生，发育情况良好，身高 178 厘米，体重 150 斤，智力正常，形象好。家庭成员：一家三口，父亲、母亲及儿子。父亲，48 岁，大学学历，公务员；母亲，46 岁，大学学历，公务员。父母婚姻状况良好。家里经济条件优越：母亲是当地的领导干部，能力强，父亲经营一家国有企业，影响力大，有家族产业。

接来访者主诉信息，并做结构化整理如下：

1. 事件：某某同学不上学 1 个月了。

2. 某某同学生理方面：无睡眠障碍，但会玩手机到半夜不睡觉。

3. 某某同学情绪方面：对外人情绪稳定，但只要父母一提要求，就会有情绪，表现出愤怒，态度急躁。

4. 某某同学认知方面：与同龄人相比略显稚嫩，认知较为简单。心地善良，喜欢为朋友出头。对于父母的要求，孩子觉得没有必要听，自己可以安排好自己。

5. 某某同学社会功能方面：

（1）学校学习：学业成绩普遍不好，高一以来上课不认真，很多课都在睡觉，作业基本不做，不参加学科考试，在体育方面表现突出。

（2）生活习惯：玩手机游戏，晚上玩得很晚，白天起不来。孩子在家拒绝和父母一起吃饭，喜欢叫外卖。谈了一个女朋友，女孩会到男生家里玩，甚至有带回家同居的情况。

（3）人际关系：喜欢与爱玩的同学交朋友，会给同学物质上的好处。

平常对老师尊重，态度也很好。但老师一旦有要求，惹他不高兴，就对老师态度不好，但不敢跟老师动手。老师知道他的学习态度，也不大管他。

与母亲关系还好，交流比较多，但基本是母亲讨好孩子的模式；跟爸爸关系一般，较少说话，爸爸觉得这个孩子无可救药。

6. 过往史：无

二、来访者问题的根源症结

"圆"就是咨询师依据心理学理论假设，通过专业性与结构化的摄入性会谈，从现象到本质，找出来访者问题的根源症结。

美国心理学家塞利格曼认为，幸福是建构的概念而非真实的存在，由五种可测量的真实要素组成，它们分别是积极情绪（Positive Emotion）、投入（Engagement）、人际关联（Relationship）、意义（Meaning）、成就（Accomplishment），简称PERMA。这五种要素都能促进幸福，但没有一种可以单独定义幸福。由此可以反推，如果缺少其中任一元素，人生就比较难获得持久的幸福。

在"接"来访者的五大表面需求后，咨询师依据以上"幸福的五要素理论"，借助"圆"的问诊系统，分析来访者问题症状的产生及演变过程，探索其中让问题模式固化、症状持续的因素。"圆"，即找出问题背后真正让来访者人生变得不幸福的五个共性问题，这五个共性问题我们称为五大根源症结，即情绪消极、认知偏差、人际不良、专注度紊乱、成就感低。情绪消极是绝大多数心理问题的外在症状表现，有时也是问题的内在动因。认知偏差，如绝对化、过分概括化、糟糕至极等等负性认知方式，容易出现主观判断和客观事实不符，导致对客观事实和人生意义的歪曲。人际不良，包括角色界限不清、人格面具扮演混乱、沟通缺乏技巧、控制欲强等。良好的人际关系为幸福带来深刻的正面影响，而不良的人际关系会带来很大的负面影响。专注度紊乱，专注即塞利格曼幸福五大要素中的"投入"，投入、专注于某件事就能创造"心流"，心流能让我们更好地体会自己活着。专注度紊乱，即专注度过高或过低，偏执、一根筋、选择困难、时间管理不好，让人处于内耗中，很难做成一件事，即使做成了一件事，也感觉自己只是为了某一目标的工具。成就感低，表现为价值感不强、受挫、自卑、意义感缺失，无法获得长远的幸福。

• **个案示例 2**

1. 通过结构化问询系统，了解某某同学的成长历程及求助经历

（1）家族无遗传病史。

（2）婴幼儿阶段：各项指标发展都好，孩子的语言能力好，讨人喜欢，爷爷、奶奶、父母等全家人娇惯。

（3）小学阶段：成绩处于中等偏上，同学、老师关系都蛮好，喜欢跟班级里面一些调皮的孩子在一起，偶尔犯了错误，老师碍于妈妈的影响力，基本没有做处理，妈妈一直觉得孩子蛮不错的。爸爸妈妈工作忙碌，爸爸很少陪伴家人。妈妈在工作之余，把所有的时间都给了孩子。孩子想要什么，母亲几乎会无条件满足，只要孩子开心就好。从小练习体育，篮球打得很好。

（4）初中阶段：初二开始成绩下滑，喜欢出去跟社会上的人玩，打竞技游戏。初二留了一级，不但成绩没有上升，反而对网络竞技更加痴迷。于是，在重读初二的第二学期与初三第一学期期间，到云南的一所机构去参加网络竞技预赛训练，准备做游戏主播。随着训练难度的加大，孩子发现此路走不通，初三第二学期又返校参加中考，中考达到了普高线，妈妈利用关系让他上了当地的一所相对较好的民办高中。

（5）高中阶段：学习原有基础就不好，到了一个优秀班，成绩处于班级最后一名。课程基本听不懂，上课睡觉，跟班级三个同学玩得很好，晚上在学校待不住，会翻墙去网吧、酒吧玩，被学校发现过，曾被公开处理。某某同学还多次把酒带到学校喝，且在校园里发酒疯，砸酒瓶，被学校处分。高一开始，某某同学与隔壁班级的女生谈恋爱，寒假曾同居，女同学鼓励他好好读书。某某同学除了有时周日晚自修、周一早上不去上学，其他时间上学也都还正常。高一下学期开始经常与女友吵架，然后闹分手，从第二学期第五周开始，某某同学就不去读书了。

2. 成因分析

（1）因为家庭条件好，全家人都围着孩子转，孩子在娇惯中长大，孩子考虑自己居多，很少在意别人的想法，对自己的未来缺乏应有的担当及责任心。所以，某某同学吃不了学校读书的苦，更没有幸福的人生需要靠努力读书来争取的意识与行动力。

（2）因为从小父母都依着孩子，只要孩子开心，都会无条件满足；同时，

周围的人碍于他父母的角色地位,都包容乃至纵容孩子可以不遵守校规校纪。所以,久而久之,导致了孩子缺乏规则意识与敬畏之心。父母早期没有给孩子建立规则意识,让孩子养成了任性、自我的性格。

(3) 因为孩子在疫情防控期间手机使用过多,错过了学习提升的关键期,萌生了到云南学做竞技主播的想法,并得到了母亲的支持。后因为电竞训练的强度大而放弃,中考没有考好,在父母的帮助下进入当地重点高中,并且分到了一个优秀的班级。在以学业为重的高中阶段,孩子更加没有价值感,加之老师因为孩子的不良表现,放弃了对孩子学业上的要求。这样的恶性循环,直接导致孩子成绩越来越差,学业方面的成就感丧失殆尽。

(4) 孩子从初中开始对网络游戏产生了浓厚的兴趣,游戏让孩子以为找到自己的价值,甚至梦想成为网络竞技主播,但一年后因为训练强度过大而放弃。缺乏约束的生活让孩子过早社会化、成人化,出现自我同一性混乱。孩子的成长轨迹让大脑需要大量的刺激来分泌多巴胺来获得即时的满足,所以,从表现上来看,孩子的价值感发生了严重的偏离,放弃了学业的追求。

3. 初步评估某某同学厌学的根源症结:

(1) 认知偏差:动机缺乏,孩子无法将受学习的苦和他的人生追求联系起来。

(2) 亲子关系不良:父母早期对孩子过度包容并缺乏引导,在亲子关系中处于被动地位。

(3) 成就感低:学业受挫,学业成绩差,没有方向,看不到未来;

(4) 价值偏离:沉迷网络、早恋,生活方式成人化,价值观出现偏差。

三、来访者问题的变化趋势

"接"着重描述了来访者的表面需求,"圆"解释了来访者问题的根源症结,"趋"是对未来的预测。来访者之所以来咨询,是被当下生活里的事件所困扰,正处于迷、惑、困、顿的状态中,看不到未来,更多关注于现在以及过去。咨询师发挥"导"的作用,给了来访者清晰的方向,使其看到趋势、未来及结果。有方向才有动力,才能调动出改变的动机。只有看到未来及结果,才会专注于当下的改变与成长。

心理咨询师与来访者一起梳理问题的演变历程,涵盖三个维度:过去、现在和未来，且通常作如下两个方向的预测：其一为消极方向的预测：问题不解决，带来消极的恶果；其二为积极方向的预测，问题化解，带来积极的变化。

- **个案示例3**

咨询师通过提问，让学生母亲主动地考虑孩子未来几种可能变化趋势。

1. 打消来访者的侥幸心理

如果放任孩子继续消极下去，出现的可能后果：孩子会抑郁自闭，甚至精神分裂，健康每况愈下，家庭争吵不休，无心工作就业，生活暗淡，压力重重，前途迷茫……

2. 坚定来访者改变的决心

如果及时有效干预，可能带来的积极变化：母慈子孝，父子关系改善，孩子回归正常，健康状况好转，夫妻关系和谐，职业生涯发展，生活质量提升……

如果干预半途而废，可能出现的情况：前功尽弃，再干预难度翻倍，费时、费力，劳心劳神，甚至徒劳无功。

四、来访者积极改变的资源优势

"转"是心理学任务中"调控"的部分。来访者通过对问题的根源症结的理解和对问题的变化趋势预测，会逐步明确和坚定自己的咨询目标。"转"，即咨询师整合来访者的优势资源，与来访者商定化解问题、实现积极改变的初步的工作思路或方案。

"转"的价值是：转出资源、转出信心、转出希望、转出方向、转出目标，是让来访者清楚自身的资源优势和问题的解决路径，而不是让来访者被动接受咨询师提供的建议。

积极心理学认为人类的优势和弱点一样真实，在评估来访者问题时，优势资源和症状一样重要。结构化心理咨询认同问题背后是需求和目标，问题是改变的动力和契机。咨询师评估来访者的问题也积极关注和丰富来访者的人格优势、社会支持系统等优势资源；可以鼓励来访者从家庭成员、同学、同事和朋友那里寻求关于自身优势的相关信息，以及从其他来访者那里获得相关优势信息。例如，从缺乏的角度看，抑郁的部分原因可能是缺乏希望、乐观和热情；焦虑可能是缺乏勇气和耐心等等。但是，许多心理障碍也可以理解为一种具体优势品格的过度使用。具体而言，抑郁在一定程度上可能是一种过度的谦逊，不愿意表达自己的需求；也可能是一种过度的善良，以牺牲自我价值为代价来对待他人。就青少年厌学辍学在家的现象来说，很多情况是家庭条件好，社会支持过度，孩子因此得以提早过上舒适的"退休"生活。

• **个案示例4**

1. 心理咨询师引导某某同学父母一起探索咨访双方一致的多层次的系统的咨询目标：

让父母能够意识到孩子的问题与家庭的教育的关联，学会自我成长，更新、提升教育模式，积蓄教育能量。

帮助某某同学重塑规则意识，促使父母合理扮演角色，学习沟通技巧，通过一段时间的教育，逐渐建立起良好的亲子关系。

引导某某同学有选择性地与社会青年交往，逐渐学会网络、手机管理方法，使生物节律日趋正常，情绪状态越来越好。

协助某某同学顺利度过因为恋爱、失恋带来的心理困扰，并能够积极地处理好男女同学间友谊与爱情的关系。

帮助某某同学回归学校，确定职业发展方向，探索各科学习策略，顺利完成高中学业。

让某某同学日趋成熟，让其有长大的感觉；促使父母关系融洽，分工明确，学习以智慧的方式教育孩子，从而助力孩子健康成长。

2. 个案咨询第一阶段的目标（短期目标）、路径和方法

目标：父母，能够意识到孩子的问题与家庭的教育有关，学会自我成长，更新、提升教育模式，积蓄教育能量；心理咨询师直接或间接地与某某同学建立良好关系，了解某某同学现阶段的想法和兴趣，懂某某同学的个性特点。

路径和方法：将焦点从孩子转移到父母身上来，给孩子暂时的"自由"，同时引导父母蓄力蓄能，学习相关的心理学知识和方法。

五、来访者积极改变的起点

来访者的困扰被看见了，根源找到了，改变的信心得以坚定，目标、思路和方案也明确了，咨询师此时要"送"，不是把来访者送走，而是"送"出与来访者下次链接的方式，送出来访者"当下可为"的改变起点。首先，改

变的起点可能是为来访者提供激活和整合自身优势资源的某一具体的可操作的技能和策略。比如，可以给来访者一个任务，让其记录自己最喜欢什么，描述自己最愉快的一次经历，写下自己最感恩的人和事。其次，也可能是给来访者某一心理学方法，以解来访者燃眉之急。比如，教授化解和管理情绪的方法，调节认知的方法，提升专注度的方法，增强人际沟通能力的方法等。最后，可以通过拓展来访者了解自己的渠道，助力其开始改变。例如，建议来访者做相应的心理测试或评估。

- **个案示例 5**

1. 送来访者当下可为的改变：例如，咨询师示范空椅子对话法，让来访者学习通过空椅子对话法再现自己和孩子的对话模式，觉察自己和孩子的亲子沟通模式中存在的问题，并预测如果改变模式会给孩子和自己带来怎样的变化；下次来咨询时带一张孩子的最近照片或一段录像，帮助咨询师更好地了解孩子。

2. 调控：咨询师提示来访者本次咨询结束后可能出现的情况，以及应对的方法。例如，如果父母意见不统一，妈妈更积极，爸爸在观望。下次咨询时，将根据情况给予帮助。

第三章

结构化心理咨询的方案

结构化心理咨询的方案，是以个案概念化为基础构建一幅清晰、具体、可操作的咨询蓝图。这幅蓝图不仅为咨询师提供工作思路，更为来访者带来希望和动力，共同促进心理健康和成长。

一个成功的咨询方案包含三大结构性要素，即个案综述、长期目标和短期目标。个案综述是总览，它为来访者提供清晰的咨询意图和方向，增强和提高来访者的信心和参与度。其次，形成长期目标是核心，它反映咨询师与来访者共同的目标和愿景。这个目标综合而广泛，旨在解决来访者深层次的困扰。最后，需将长期目标细化为短期目标，确定具体实施步骤。这些短期目标是具体可行，便于评估和量化，为来访者提供可操作的改变方向和步骤。当短期目标逐一实现时，来访者的改变和进步也逐渐显现，这为最终的长期目标奠定了坚实基础。

结构化心理咨询在个案概念化基础上形成个案综述，综述包括来访者人口学基本信息、主诉症状、根源症结和优势资源。然后，从目标 G(Goal)、路径 P(Path)、方法 M(Method)、调控 C(Control) 四个方面设置咨询方案。方案最终要体现的价值在于把复杂案例具体化，具体的问题转化为可操作的步骤，其中的核心是操作。将"三动九步法"和"结案四步法"运用于整个咨询流程，从而帮助来访者巩固疗效，实现知行合一，达成助人自助的效果。个案概念化和 GPMC 咨询方案及实施模型见图 3-1。

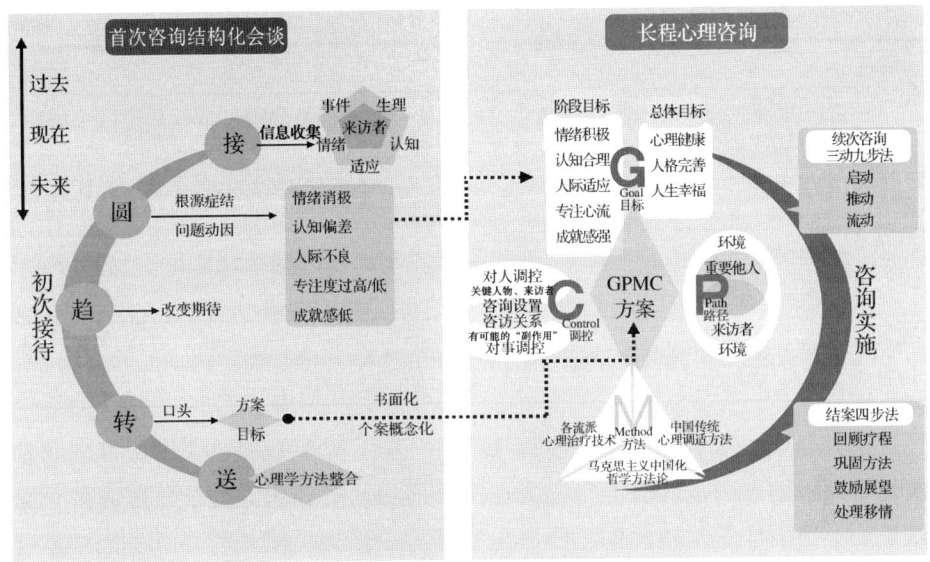

图 3-1 个案概念化和 GPMC 咨询方案模型

第一节 结构化心理咨询的目标

一、结构化心理咨询目标的界定

西方传统的心理咨询流派主要关注问题症状的减轻和消除,四大主流心理咨询流派有关咨询目标的描述如下(见表 3-1)。

表 3-1 四大流派的咨询目标

流派	咨询目标
精神分析疗法	经典精神分析:将潜意识意识化,重组基本的人格,帮助求助者重新体验早年经验,并处理压抑的冲突,进行理智的觉察。 新精神分析:通过治疗关系来帮助求助者整合其心理创伤,促进其人格改变和自我功能的改善
人本主义疗法	马斯洛:咨询的终极目标是帮助求助者发展成为一个健康、成熟并能自我实现的人。 罗杰斯:使求助者变得可以自主,不苛求,整个人可以有较好的组织和整合。 完形治疗:帮助求助者察觉此时此刻的经验,激励他们承担责任,以内在的支持来对抗对外在支持的依赖

续表

流派	咨询目标
认知行为疗法	行为疗法：行为的异常是通过学习得到的，治疗就是要通过学习新的适宜的反应，矫正非适应性的行为反应。 认知疗法：通过寻找替代性认知、对认知进行验证等认知重构的方法改变认知的歪曲，以减轻心理障碍的影响，消除情绪困扰。 理性情绪疗法：消除求助者对人生的自我失败观，帮助他们更能容忍与更能过有理性的生活
系统疗法	家庭系统治疗：目标是消除异常情况，发挥健康的家庭功能

积极心理治疗（Positive Psychotherapy）基于积极心理学理论，尝试一种新的心理咨询方法，采取了与传统心理咨询相反的方法。它鼓励来访者充分认识到生活中什么是正确的、什么是坚强的、什么是美好的，以及什么是可以培养的，旨在通过提高人们的幸福感来缓解其病理性压力。积极心理治疗的最终目标是帮助来访者学习具体的、可应用的与个人相关的技能，这些技能能够最大限度地发挥他们的优势，使他们寻求充实的、满意且有意义的生活。

在具体的咨询案例中，咨询师到底要给来访者哪些帮助？首先需要与来访者商定咨询目标。咨询师不能从理论假设出发确定咨询目标。咨询目标，就是来访者想要达到的效果、来访者想要解决的问题、来访者想要追求的方向。咨询目标是来访者通过自我探索和改变，努力去实现的目标；也是咨询师通过心理咨询的理论、方法和技巧，给来访者帮助，最终促使其实现的目标。

根据问题与目标之间的逻辑关系，目标是从问题中来的，问题偏向于消极，目标指向积极。不要把问题当问题，而要把需要解决的问题转化为积极目标，目标是可以去追求的，方向是积极的，是可以去操作的。不同的心理咨询流派有不同的咨询目标，这种不同流派的目标之间并非不相容的。例如，上述人本主义和认知行为主义在咨询目标上的差异并不是对立的，从某种意义上来说，它们只是侧重点不同而已。

在做心理咨询的过程中，一方面，咨询师要围绕来访者的目标，满脑子想的是来访者因为自己而成长，不能在咨询的过程中以专家身份处处展示自己有多厉害，让来访者离不开自己；另一方面，咨询师要紧紧盯着目标做咨询工作，不能盯着问题做咨询工作。注意力在问题上，目标就没了，如果咨询师指向了目标，问题都是前进的垫脚石，做咨询的过程就是一个个问题解决的过程。

结构化心理咨询的最终目标是改善来访者的社会功能，促进来访者的心理健康，追求消除问题症状和提升主观幸福感的辩证统一。

二、结构化心理咨询目标的特点

(一) 属于心理学范畴

心理咨询目标一定是属于心理学范畴的，即属于心理现象的。心理学研究心理现象，心理现象包括心理过程和个性心理。心理过程包括认知过程、情绪过程、意志过程，个性心理包括个性倾向性和个性心理特征。心理现象图解见图 3-2。

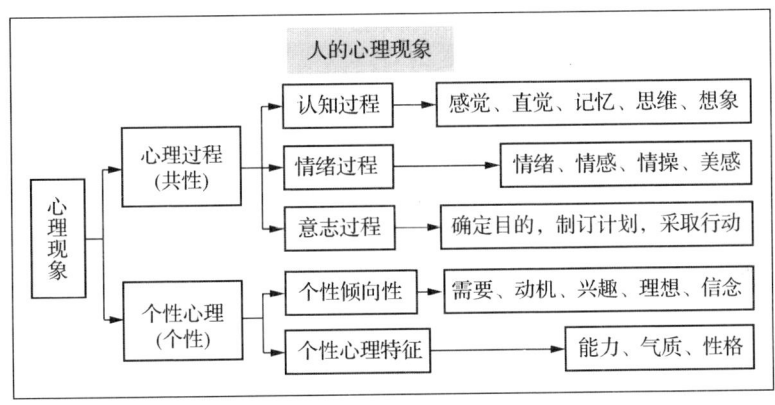

图 3-2　心理现象图解

例如，W 先生来求助，创业亏了钱，欠了债，希望咨询师能给他出点子帮助他赚钱还债，这个目标很明确很具体，但是不属于心理学范畴，因此也不能成为心理咨询的目标。但是亏钱欠债这件事给 W 先生带来的情绪影响，如烦躁、压抑等不良情绪，消极认知和社交回避行为，就是属于心理学范畴，可以成为心理咨询的目标。

(二) 具体的、可量化的

咨询目标越具体、越量化，越容易操作，也方便进行咨询效果的评估。

心理问题是一个综合性的概念，具体包括生理、认知、情绪、行为、人格五大方面。五大方面的心理问题又可以做更具体化的划分：生理：睡眠；认知：心态、想法、态度；情绪：喜、怒、哀、惧；行为：工作、生活、学习、社交……；人格：稳定特征，包括性格、气质、能力。

与心理问题相应，心理健康包括：（1）情绪稳定：喜、怒、哀、惧，四分之三都是消极的，就看我们怎么管理；（2）认知正性：积极心理学取向；（3）社会适应良好：① 工作价值感强，② 情感婚恋幸福，③ 学习成绩优秀，④ 人际关系和谐；（4）睡眠质量高。学生心理健康的标准包括：（1）能正确认识自我和接纳自我；（2）具有良好的情绪状态；（3）具有顽强的意志；（4）能有良好的适应能力；（5）保持和谐的人际关系；（6）具有完整和谐的健康人格。

针对某一个来访者，需要就其中的某一方面的具体的某一个点，一步一步地去具体化。例如，针对孩子上课注意力问题，希望孩子上课听讲更为专注、认真一点。需要把这个上课更认真的目标具体化：眼睛看着老师，耳朵听老师的话，手不要做其他动作，争取回答老师的问题等。

咨询目标具体化了才可量化，例如：强迫症患者减少强迫洗手行为，从每天300次到100次；人际交往从每天20分钟增加到60分钟；学生上课安静时间从10分延长到20分钟；等等。

(三) 可行的

可行的，即不要让咨询目标超出来访者可能的水平，而是商定在可行的范围内。

对于很多人来说，突然要做出巨大的改变可能会感到困难和压力。而从小处开始，逐渐积累，逐渐适应新的生活方式或工作方式，最终才能更好地实现目标。

例如，在商定咨询方案之后，邀请来访者梳理自己当下最想做并且能够做到的事情，然后在咨询中探讨具体实施计划、可利用的资源以及可能的阻碍因素，最后来访者落实到具体行动中，开启积极改变之旅。

(四) 可以评估的

可以评估的，即至少有一种评估手段或方法可以对目标的进展情况或是否实现进行评估。

可行的可评估的目标，来源于五大根源症结，最终要落实到五大目标上：（1）情绪积极。所有的心理问题都会有情绪的表征。情绪就像烟囱冒烟，海浪起伏一样,都是心理状态的一种外在表现,有其内在的心理机制和力量。(2)认知合理。认知主要表现在心态和动机上。不合理认知主要表现为绝对化的要求(应该、必须)、过分概括化(以偏概全,盲人摸象)、糟糕至极(主观放大)。(3)人际和谐。人际不和谐主要体现为角色界限不清、人格面具冲突、关系控制。(4)专注适度。专注度问题主要体现为专注度过低,如朝三暮四,专注度过高,如偏执、一根筋等。(5)成就感强。成就感弱主要表现为能力感弱、无力、无助,价值感低、迷茫、偏离、受挫、自卑等。

情绪如何,开不开心,能感觉出来;心态是否变好了,朋友是否多了,做事情的专注度是否高起来了,最后是否明显感觉自己很棒了。主要的评估方式或途径包括:求助者对咨询效果的自我评估,求助者社会功能的恢复情况,求助者周围他人特别是家人、朋友和同事的评价,求助者咨询前后的心理测量结果的比较,咨询师的观察与评定,求助者某些症状的改善程度,等等。

(五)双方接受的

一般来说,咨询目标是双方要实现的目标,应该由双方共同商定。

咨询师要与来访者商定或探索目标,并管理好来访者的目标。来访者自己不知道的目标,要明确化、具体化;来访者目标过高,要使其有可行性;来访者目标过低,要进一步验证和确认。

例如,要求 W 先生马上消除烦躁、焦虑和迷茫的消极情绪,变得乐观开朗,这是他做不到的不能接受的,而与他探讨学习调控消极情绪的方法,这显然是咨访双方都可接受的。

(六)多层次统一的

促进来访者问题的解决、发生本质的变化,绝对不是一蹴而就的,没有阶段的发展都是瞎扯,应把求助者的变化纳入一个大的发展系统中去。个案的咨询目标一定是多层次的统一,是由总体目标和不同层次的阶段性目标组成的一个系统。

(1)总体目标:来访者的心理健康、人格完善、人生幸福。心理健康是知、情、意改善的目标,人格完善是个性成长目标,最后带来人生的幸福,这是结构化心理咨询的总体目标。总体目标又可以分解为各个阶段性目标。

(2)阶段性目标:① 生理改善;② 情绪调控自如;③ 认知合理;④ 社

会功能良好(工作、生活、学习);⑤ 人际关系和谐(受人欢迎);⑥ 成就感、价值感提升,人生幸福实现。

阶段性目标还可以进一步细化为下一层次的八大阶段性目标,直至形成可以去操作执行的具体步骤。① 针对目前睡眠不佳的状况,通过医生的药物调理,帮助调整生物节律,让来访者在短期内能够睡好觉;② 咨询师与来访者建立充分的信任关系,尽可能地了解更加全面(孩子、爱人等)的信息,缓和来访者的担心、焦虑、抑郁、急躁等不良情绪,给予其支持的力量;③ 等来访者情绪稳定、趋向理性后,要重新梳理之前的沟通模式,指导其学习并掌握良好的沟通技能与技巧,改善同伴关系、亲子关系等人际关系;④ 引导来访者在所处的生态环境中盘活社会支持系统,通过实践,逐步提升人际交往能力,实现人际和谐,保持心情舒畅;⑤ 通过开展自信心的训练、传授学习方法,给来访者带来成就感,增加行动力,提升其团队归属感与价值感;⑥ 通过静心训练与时间管理,逐步提升来访者的专注度,让其做事情的过程中,收放自如,游刃有余;⑦ 通过一段时间的学习及咨询,帮助来访者逐步认识自己,懂得爱人,了解孩子,调整自己原先一些不合理的认知观念,减少想法上的冲突,对自己充满自信,能够积极地自我觉察,以乐观的心态面对生活;⑧ 当来访者睡眠质量改善,情绪稳定了,沟通及人际交往的技能明显提升,专注度得以有效控制,看问题的角度也越来越全面了,并能够更好地理解孩子及爱人时,其家庭教育的水平也将得到提升。由此,来访者的精神状态越来越好,孩子的学习成绩上升了,夫妻关系越来越好了,家庭的幸福度显著提升,这样来访者的自信心、成就感和价值感也将得到提升。

第二节
结构化心理咨询的路径

何为心理咨询路径?路径,在不同的领域有不同的含义,通常指到达目的地的路线。在日常生活中指的是道路,到达目的地的方式。人们常说"条条道路通罗马",指的是到达目的地的路径和方式很多。如果要去北京(目标),我们有几种路径可以选择?海陆空都可以,每一种路径都有不同的交通工具可选,沿途会遇到不同的风景。

心理咨询中改变的发生、目标的实现，也需要这样的路径，即心理咨询的路径。从社会系统的角度看，一个人的成长有三大路径：自己、他人和环境。从教育心理学的角度看，社会互动性学习理论强调学习共同体和同伴的作用，情境性学习理论强调情境在教学中的重要作用。按照以人为中心理论，心理咨询的作用主要在于促进了来访者的自我探索；按照心理动力学的依恋理论，心理咨询的作用主要在于梳理和调整来访者与重要他人的关系。由此，结构化心理咨询以来访者自己、重要他人和环境为路径，探索、整合和拓展来访者的优势资源，最终达到心理咨询目标。

一、自己

从医学上看，医生治病的前提和基础是病人自身具有恢复健康的内在潜力。医生的治疗工作也仅仅是在病人的自身康复能力的基础上发挥一定的积极促进作用。在心理治疗中，人本主义学家罗杰斯认为，每个人的心理内部都有自我完善的内在潜力，心理咨询或治疗不过是促进该潜力的自我实现[1]。来访者"自己是问题解决的专家，也是服务的主体"，这一理念已经为绝大多数心理咨询流派所认同。激发来访者自身资源，使来访者逐渐进入自我服务、自我成长的过程，心理咨询需要做到以下几点。

（一）激发和维持来访者求助期望

来访者相信心理咨询能够帮助他，这对于积极的咨询结果具有莫大的意义。首先，期望为来访者积极地投入咨询提供了动力；其次，从"无望"变为"有望"本身就会在一定程度上改善来访者的心境，产生振奋、积极的情绪体验[2]。

美国著名心理学家罗森塔尔和雅各布森在小学教学上验证了积极关注和期待效应，提出了"皮格马利翁效应"。人的情感和观念会不同程度地受到别人下意识的影响，人们会不自觉地接受自己喜欢、钦佩、信任和崇拜的人的影响和暗示。这一现象给我们心理咨询的启示包括：(1) 积极关注、信任和期待能使来访者变得自信、自尊，获得一种积极向上的动力；(2) 要给来访者以

---

[1] 丛中.心理治疗与咨询的终极目标:来访者的症状是如何消失的？[J].中国健康心理学杂志，2019,27(9):1435-1440.

[2] 江光荣.心理咨询的理论与实务[M].北京:高等教育出版社,2005:47-48.

希望与方向,以终为始,有奔头才会去改变,虽然改变是痛苦的,但这个痛苦之后,能够看到所憧憬的未来,因此会积极跟着咨询师,朝向有期待的未来前进;(3)增强期待效应,来访者不求不帮,求少帮少,求多帮多。经济学的边界效应递减规律也适用于心理学,在心理咨询中,当来访者求助的动机和期待值及其他因素不变时,咨询师的帮助越多则边界效应越低。以学校学生心理辅导为例,现在很多学校心理辅导老师很辛苦,学生什么时候来老师就什么时候陪聊,苦口婆心地聊,陪多了聊多了孩子没有感觉了,不珍惜。孩子没有强烈的自我改变的愿望,怎么教育、帮助都不见效,原因就在于心理辅导边界效应越来越低。如果要激发学生的求助愿望,增加与学生谈话的期待效应,就需要有预约设置,并且掌握有效的预约话术。比方说一个学生跟老师说想找老师聊一聊,老师的预约话术可以是这样:"某某同学,你好,老师也很想跟你聊一聊,但是老师现在正忙,你先回去,下一节课或明天什么时候来跟老师好好聊,聊得充分一点,对你的帮助更大一些,好不好?"老师这么说,学生肯定更开心更期待,这就是预约设置。

(二)增强来访者的主宰感或"自我效能感"

心理问题的一个表征或者原因就是来访者控制感或自我效能感的降低。有效的心理咨询都会有意图地增加来访者成功感的获得和体验,或者通过对问题的解释增加来访者的控制感从而增加来访者对咨询的信心[1]。心理咨询师需要采用倾听、接纳、共情和抱持等基本技术,让来访者发挥他自己的主动性和内在潜力,"授之以渔"。例如,咨询师想到某种解决问题的方法时,自己不要主动说出来,然后启发来访者,最终让来访者想到这种解决问题的方法,从来访者的嘴里说出来。

"自我决定论"[2](图解见图3-3)强调了这种唤醒来访者的自主意识和内驱力的重要性。

"自我决定论"的核心内容是阐述动机及其调节机制。一个人最差的状态是缺乏动机,最好的状态是有内在动机。从缺乏动机到内在动机的形成,一定要经历外在动机这一阶段。一个人要想真正拥有自我的内在动机,个体的

---

[1] 江光荣.心理咨询的理论与实务[M].北京:高等教育出版社,2005:49-50.
[2] RYAN R M,DECI E L. Self-determination theory and the facilitation of intrinsic motivation, social development,and well-being. [J]. American Psychologist,2000,55(1):68-78.

	非自我决定					自我决定
动机	缺乏动机	外在动机				内在动机
调节风格	无调节	外部调节	内摄调节	认同调节	整合调节	内在调节
动机来源	非个人	外部	略外部	略内部	内部	内部
调节因素	·无目的 ·无价值 ·无能力 ·无控制	·顺从 ·外部奖赏与惩罚	·自我控制 ·自我投入 ·内部奖赏与惩罚	·个人重要性 ·价值意识	·一致性 ·觉察 ·自我整合	·兴趣 ·享受 ·内在满足

图3-3 "自我决定论"图解

行为应该是自愿的且能够自我调控的，即自我决定的。

自我决定受三种基本需求影响，分别是：(1) 归属感：指感觉到关心他人并被他人关心，有一种从属于其他团体的安全感，与别人建立起安全和愉快的人际关系；(2) 自主感：指个体能感知到做出的行为是出于自己的意愿的，是由自我来决定的，即个体的行为应该是自愿的且能够自我调控的；(3) 胜任感：指个人在与社会环境的交互作用中，感到自己是有效的，有机会去锻炼和表现自己的才能。如果三种基本心理需求得到满足，可以促进个体从外在动机向内在动机转化。个体会感到更加自主、自信并有归属感，从而更加积极地面对挑战和困难。反之，若三种基本心理需要，特别是自主感得不到满足，原有的内在动机也可能会转为外在动机。个体可能会产生内在动机缺乏、自信缺乏和焦虑等心理问题。

心理咨询师需要根据"自我决定论"的理论框架，提供相应的支持和指导，激发来访者的内在需求，促使动机变化。

(三) 进入来访者的世界，尊重来访者的自我感悟、学习成长

大家都会相信下面这样一个说法：一位母亲很喜欢带着女儿逛商店，可是女儿却总是不愿意去，母亲觉得很奇怪，商店里琳琅满目、五颜六色的东西那么多，小孩子为什么不喜欢呢？直到有一次，孩子的鞋带散开了，母亲蹲下身子为孩子系鞋带，突然发现一种从未见过的可怕的景象：眼前晃动着

的全是腿和胳膊。于是，她抱起孩子，快步走出商店。从此，即使是必须带孩子去商店的时候，她也是把孩子扛在肩上。孩子眼中的世界和大人的不一样，大人需要蹲下来才能看到孩子的世界。不同的人从不同的角度看到的世界是不一样的，这是普遍的现象。面对来访者，咨询师放空自己，倾听来访者主诉的任何事情，接纳和共情来访者，与来访者在一起，尊重来访者的自我感悟和学习成长的方式和进度。进入来访者的世界的咨询师才可能同频共振地做到：首先，深度共情来访者，疏泄来访者的情绪。来访者最明显的体验就是情绪上的困扰，心理咨询能够促进来访者情绪的改善，自然有助于来访者对咨询结果充满信心。其次，提供新的学习经验。有效的心理咨询为来访者提供了学习新行为或为自己的问题找到解决办法的可能，或者有助于来访者获得新的看待自己和其他问题的视角[1]。下面以艾瑞克森的一则名为"轮流叫喊"的治疗故事来说明。

一个每晚尿床的10岁小男孩被父母强行拽进了艾瑞克森的办公室，男孩气得大喊大叫，拒绝接受艾瑞克森的治疗，艾瑞克森采取的方法是：先把孩子父母请出办公室，然后默默地看着喊叫的小男孩，等到男孩喊累了停止下来换气时，艾瑞克森突然扯开嗓门，模仿男孩的频率冲着男孩大声喊叫，继而对目瞪口呆的男孩说道："我的这轮结束了，现在换你了。"男孩又呼号了一遍。当他停下来换气时，艾瑞克森又开始鬼哭狼嚎。就这样，艾瑞克森用外人看来怪诞疯狂的方式加入了小男孩的阵营，也正因此当他停止哭嚎，并坐上一张椅子后，小男孩也学着自己的这位新同伴安静地坐上了另一张椅子。谈话由此开始，对男孩而言，此刻坐在自己对面的不再是一个高高在上的心理医生，也绝非父母的帮凶，而是自己的同类，对于这样的同类，男孩子愿意打开心扉。艾瑞克森在后续的治疗中，也不提尿床的事，而是讨论男孩喜欢的运动——棒球和射箭，大赞这两项运动是了不起的科学，大赞男孩身体的协调性，对肌肉控制得很好。没过几个星期男孩就不再尿床了，因为他接收到了艾瑞克森给出的暗示，一个人能很好地控制肌肉去击球和射箭，那么控制膀胱括约肌一定也是小菜一碟。[2] 面对来访者的咨询，需要慢慢做，不要

---

[1] 江光荣.心理咨询的理论与实务[M].北京:高等教育出版社,2005:49.
[2] 艾瑞克森,罗森.深度看见:艾瑞克森催眠法[M].尧俊芳,译.天津:天津科学技术出版社,2021:7-42.

一下子把期待值放得很高,期待要慢慢来。"大学生教小学生"和"把小学生教成大学生",这两句话是不一样的。大学生教小学生是帮扶孩子,认同小学生的状态,孩子没有压力。把小学生教成大学生,或把小学生看成跟你一样的层级,孩子就很有压力。帮助一位处于困扰中的来访者成长,绝对不能犯"把一个小学生教成大学生""把来访者瞬间变为咨询师"这样的急躁错误。心理咨询绝对不是把一个人变得像别人,而是更像他自己,真正让来访者自我悦纳。

二、重要他人

约翰·鲍尔比(John Bowlby,1907—1990)在1969年提出依恋理论,他认为依恋是婴儿获取关爱的一种方式,是人类适应生存的一个重要方面。个体的依恋行为在不断发展,会经历前依恋期(出生至1、2个月)、依恋建立期(1、2个月至6、7个月)、依恋明确期(7个月至24个月)、目标调整的伙伴关系期(2、3岁以后)。早期依恋的内部工作机制即"内部工作模型"一旦形成,就会对个体的情感、行为和认知产生持续影响,并为个体认识周围环境、做出与之相适应的反应提供了参考[1]。个体从出生到幼儿园时期,主要依恋对象是父母(主要照顾者),到了小学时期,重要依恋对象扩大到老师,中学、大学时期进一步扩大到同伴及其他偶像,大学之后会转向对另一半的寻找和依恋。每个人的成长过程中都存在对他影响很大的重要他人。鲍尔比的依恋理论给心理咨询提供启示:来访者生活中的重要他人能提供多方面的社会支持和心理支持。

(一) 父母

父母是个体早期最重要的依恋对象,婴儿对母亲的依恋具有生物本能属性,亲子关系是基于血缘关系而形成的。多数来访者的心理问题与原生家庭有关,心理咨询需要挖掘和调用父母和其他相关家庭成员的资源。

亲子关系包含两个方面:一是融合,二是分化。融合,就是个体跟父母亲建立的亲密关系。过度融合,就是黏得过强、过紧,与父母关系过于紧密,最终导致个体出现保守、退行、畏惧和依赖等特征。分化,指的是个体在保持和他人的亲密关系时,不会过度在意别人对自己的看法。也就是说,个体

---

[1] 张玉沛,郭本禹.鲍尔比的依恋理论及其临床应用[J].南京晓庄学院学报,2012,28(1):66-70.

做事不易被他人的需求和评价所左右，能够多坚持自我，可以自主成长。一个人如果分化得好，就会与父母边界清晰，表现得果敢、积极、进取和独立。从融合到分化，是每个人摆脱原生家庭束缚的正确方式，也是一个人成长所期望达成的目标。

"分离是生命中永恒的主题。""分离和爱同等重要，它们是生命中最重要的两个主题，它们一起作用，让一个人成长，让一个人成为他自己。"[1]

美国心理学家大卫·埃尔金德(David Elkind)也说过，无论一个人的生活环境如何，当好父母，最基本的是要给孩子两样东西：根和翅膀。[2] "根"指的是孩子需要有一个稳定、安全、有爱的家庭环境，助力孩子建立健康的自我认同、情感基础和生活态度。一方面，父母需要给予孩子足够的关爱和支持，让孩子感到被接纳和尊重，培养孩子的自信心和安全感。日本儿童文学家原田绫子说："父母的怀抱就是孩子心灵的安放基地。"[3] 另一方面，父母亲自身需要树立正确的三观，即世界观、人生观、价值观。正确的三观让孩子自信，形成积极乐观的生活态度，遇事有明辨是非的能力，进而感受到自己生活在一个健康、快乐的世界。反之，如果父母等家人三观扭曲，孩子将会觉得生活在一个令人憎恶、阴暗的世界。三观即孩子成长之根，只有根深才有叶茂。孩子形成和树立正确的三观离不开家长的引导和教育，扎根的过程会很痛，但家长依然要坚定地帮孩子扎下根。例如，笔者常跟自己儿子说做人一定要诚实，不能撒谎。可孩子上小学一年级时，一天回来，开心地对我说：老爸，今天上游泳课，那些同学真傻，他们都听老师的话到水里去了，结果喝了很多水在里面哭，我一看这情况，就跟老师说我感冒了，结果老师就没让我下去了。面对孩子的这种"小聪明"，是该表扬还是批评？家长要给予严厉的批评。因为这种自我保护的"小聪明"往往是撒谎的最初动因。家长要敏锐地抓住这些事件，进行三观教育，即便会让他痛、让他不开心，也是要让他知道做人要诚信。这便是帮助孩子把根扎下去，扎正扎深。"翅膀"则指的是父母需要鼓励孩子去探索世界，去尝试新事物，去独立思考和决策，助力孩子发展自己的潜力、创造力和自主性，培养孩子的成长动力和自我实

---

[1] 武志红.为何家会伤人[M].北京:北京联合出版公司,2018:74.

[2] ELKIND D. The hurried child: Growing up too fast too soon[M]. Reading, MA: Addison-Wesley Publishing Company,1981.

[3] 原田绫子.勇气教养法[M].陈怡萍,译.杭州:浙江人民出版社,2022.

现的能力。父母需要给予孩子足够的自由和支持,让孩子有机会去尝试和失败,从中学习和成长。孩子想飞起来,父母总抱着,不敢放手,是不行的。父母要去鼓励、去激励、去助力孩子高飞,相信他能飞得高飞得远。

艾瑞克森讲述的"赶时髦的滋味"故事形象而具体地展示了父母助力孩子成长的智慧。艾瑞克森的女儿小学时一天放学回家后,迫不及待地对艾瑞克森说:"学校中所有的女孩都流行啃指甲,我也得赶时髦才行。"艾瑞克森回答:"那当然,你一定不能落伍哦。我认为赶时髦对女孩来说非常重要,不过你现在已经落后其他女孩很多了,她们早就拥有了丰富的啃指甲经验,所以我认为要想赶上其他女孩,你得每天花足够多的时间啃指甲才行。我猜想你能每天啃两次指甲,每次15分钟。而且在固定的时间内练习。这样你很快可以赶得上这股潮流了。"最开始女儿十分热衷于练习啃指甲,但很快她不断推迟着练习的时间,直到有一天她不再啃指甲,而且告诉艾瑞克森说:"我决定在学校推起一个新的潮流,留长指甲。"这则故事里艾瑞克森作为父亲允许女儿"赶时髦",犯很多家长认为的"小错误",又智慧地将单纯的赶时髦变成女儿难以忍受的严格考验。[①]

(二)教师

学校教育是家庭教育的延伸。咨询师接待的来访者可能正处于接受学校教育阶段,也有可能已中断或完成了学校教育,学校的教师都是或曾是他们成长中的重要他人。教师是经过专门培训的专业人员,不仅要传授知识,更要发现孩子成长中的问题,帮助孩子渡过难关,并帮助孩子纠正错误。[②] 教师除了"传道授业解惑"之外,对学生的心理健康和人格发展也影响深远。未成年的学生不仅需要知识的传授,而且在不同程度上需要从师生关系中获得心灵的滋养。不良的师生关系带给孩子的伤害,如同不良的亲子关系,都可能成为伴随孩子一生且难以愈合的创伤。

有人说,如果这一生遇到一位好老师,你会成为一个好人;如果遇到两位好老师,你会成为一个能人;如果遇到三位好老师,你便注定成为一位兼具善良和卓越才能的人。人的一生,碰到好的老师是极其幸运的,甚至可以

---

① 艾瑞克森,罗森.深度看见:艾瑞克森催眠法[M].尧俊芳,译.天津:天津科学技术出版社,2021:188-189.
② 阿德勒.自卑与超越[M].任艳红,译.北京:北京燕山出版社,2017:132.

说，老师和父母一样是影响个人命运的关键因素。尤其是对于在家庭环境中缺乏爱的孩子而言，教师施以的爱心，具有重要的情感补偿意义。好老师和好父母是有共性的：人格的影响重于知识的积累。若干年后，学生长大成人，心中记忆最深刻的部分一定是与情感相关的关于老师的人格魅力的部分。即使我们自己没有体验过，也可以从一些别人的故事中获得感动——那些师生情谊像灯塔一样曾经照亮过他们，给予他们一生的温暖。

面向青少年学生的心理咨询师，应当与教师合作，建立密切联系，重视向学校教师借力，争取得到他们的配合和支持；同时，也需要给学校教师提供必要的心理学专业知识和技能援助。

(三) 同伴（朋辈）、兄妹

个体社会化需要参照群体。参照群体是能为个体的态度、行为与自我评价提供比较或参照标准的群体，其特点是个体可以不具备这个群体的成员资格，但这个群体却依然能为个体提供行为参照。同伴群体实际上就是为个体提供态度和行为标准的一种参照群体。青少年的社会化受同伴群体的影响很大。从人格养成的角度看，同伴对一个人心理健康的影响仅次于父母：从三岁开启社会化后，同伴对一个人的意义逐渐凸显；至青春期时，个体对同伴的需求达到高峰；成年后，同事、朋友和兄妹等同伴群体的影响力依然存在。"近朱者赤，近墨者黑""人以群分，物以类聚""有朋自远方来，不亦乐乎"等都体现了同伴对一个人的重要性。

优质同伴群体对一个人的功能和意义：第一，弥补父母功能的不足。父母对孩子的意义包括情感支持、陪伴、引领，建立归属感等，但因为没有完美的父母，当父母功能存在缺失时，个体可以从同伴群体中获得部分补偿。现在青少年学生心理问题频发，有很大一部分原因是孩子缺少同伴的支持和引领这条救济途径。第二，疗愈心理创伤。同龄人相同的经历、天然的共情能力，使其互相成为彼此最好的心理治疗师，相互疗愈着彼此孤独而受伤的心灵。现在青少年学生的心理疾病频现，部分原因是现代生活方式和应试教育的压力，让他们丧失了很多本应该和伙伴相互陪伴和疗愈的机会。第三，强化社会化的驱动力。青少年向外发展的动力，除了来自父母，还来自同伴。同龄人、同伴和同学之间既相互关爱、合作，又存在着比较，这种比较会激发竞争意识，并转化为强大的行动力。

(四) 榜样中的人

美国心理学家阿尔伯特·班杜拉(Albert Bandura)在大量实验研究基础上建立了现代社会学习理论，认为人的学习活动主要是通过观察他人在特定情境中的行为、审视他人所接受的强化，以及把他人的示范作为媒介的模仿活动，这种模仿活动既可以是直接的经验学习，也可以是间接的经验学习。心理咨询中借力榜样人物助力来访者感受生活的美好，走出心理困扰，这条路径资源丰富、方便选择[1]。例如，一位女士求助，她大学毕业差不多十年了，在上海找不到满意的工作，还欠了不少债，自卑、抑郁、不愿见人。笔者跟她一起在网上了解了39岁农民李松山听风、看雨、放羊、写诗，把生活过成了诗的故事。李松山充满感染力的诗句，与他人建立联结的兴趣，到大自然中去感受快乐、知足常乐的心态，等等，都很有感染力。通过对榜样人物事迹的赏析、领悟，来访者更容易自我觉察、自我反思、自我成长。

(五) 心理咨询师

基于不同人性假设的不同心理咨询流派，咨询师的核心角色定位是有差异的。精神分析疗法：精神分析师的作用是引导来访者把被压抑的潜意识冲突浮现出来，使之表面化，然后像一面镜子把来访者的问题加以投射。精神分析师必须保持中立，做一个冷静的"观察者"和"投射对象"。人本主义疗法：又称"以来访者为中心"的心理疗法，认为每个人都有认识自我和解决自身心理问题的能力，以此在社会中正常生存、在生活中找到乐趣。来访者处于主动地位，咨询者与来访者类似于"朋友关系"。认知行为疗法：侧重于让来访者症状消失，矫正不当的行为和错误的想法。咨访关系中咨询师更多地以"哲学家""教师""科学家"等专家姿态自居。

结构化心理咨询对咨询师的核心角色定位是"导"和"师"。导，引申为"引路人"。"引路人"运用心理学的知识和技术，为来访者指引方向，即指引来访者明确自己的人生理想和追求目标。师，引申为"赋能者"。"赋能者"不是大包大揽地帮助来访者解决现实中的问题，而是解决问题的过程留着让来访者去完成[2]。不同来访者有各自个性特征，有的来访者防御心理强，有的攻击性较强，有的依赖心理强，有的自立需求强烈。他们对心理咨询抱有的

---

[1] 班杜拉.社会学习理论[M].陈欣银,李伯黍,译.北京:中国人民大学出版社,2015.
[2] 朱浩亮.首次心理咨询结构化会谈技术[M].杭州:浙江工商大学出版社,2023:26-31.

期望不同。同一个来访者在心理咨询的不同阶段其心理能量也会变化，一般呈现出螺旋式上升的过程。咨询师需要把握来访者不同层级的心理特点，赋予来访者相应的能量。在个案从评估到结案的完整的心理咨询过程中，笔者认为咨询师与来访者的关系将呈现递进的七个层级，在每一个层级，咨询师赋能的方式和任务是不同的（见表3-2）①。

表3-2 咨询师和来访者的关系层级图

层级	咨询师	来访者	任务	举例
第一层次	看	关注	看到对方的迷茫与无助（用心）	我看见你摔倒，知道你受挫了
第二层次	摸	共情	感受、理解来访者的情绪（用情）	跑过去，感受对方，我知道你很痛、很难受
第三层次	扶	赋能	让来访者重塑方向与能量（用心、用情）	你受挫了，让我来帮助你
第四层次	搀	助手	积极鼓励与用心陪伴（用力）	为了实现目标，我先扶你起来走走看
第五层次	推	压力	"痛则不通，通则不痛""井无压力不出油、人无压力轻飘飘"，给以适度压力，来访者感到"痛"而求"通"（巧用力）	往前小跑，我推你一下，虽说会痛，但你能够挺住
第六层次	等	方向	给予方向，挖掘潜能，给点阳光就会灿烂（不用力）	放心，我还在，我在前面的拐角等你跑过来
第七层次	赏	希望	替来访者高兴，一切都是来访者自己实现，助人自助	太棒了，你克服了，成功了，我为你感到骄傲

三、环境

情境学习理论认为，知识是情境性的，是在一定文化背景下的活动中产生的，不可能脱离活动情境而抽象地存在。②

卡伦·霍尼指出，神经症是个人的精神危机，在一定程度上乃是一定时

---

① 朱浩亮. 首次心理咨询结构化会谈技术[M]. 杭州：浙江工商大学出版社，2023：33.
② 陈琦，刘儒德. 当代教育心理学[M]. 北京：北京师范大学出版社，2019：145.

代的社会文化环境危机的反映。[①] "一方水土养一方人。" 一个人成长的水土，包括家庭、学校和地域，也就是成长环境。环境的选择很重要，中国古有"孟母三迁"的故事，今有父母高价买学区房，核心讲的都是环境的重要性。

环境或情境对一个人的心理和个性发展有着重要影响，这也是社会常识。

环境既是人们心理问题产生的重要刺激因素，也起到治愈人们心理创伤和问题的作用。中国人的传统做法是，一个人的家里有亲人或亲属遭受意外创伤或不幸，这个遭受创伤或最痛苦的人尽可能被接到亲戚、朋友家住一段时间，通过改变环境从而帮助当事人走出伤痛。现代人们在心情不好的时候，结伴去旅游，出去散散心，也是通过改变环境从而改变心情的疗愈方式。

下面分享一个笔者运用改变环境取得良好效果的心理咨询个案，用以说明心理咨询的环境路径。

初三学生，成绩中等偏下，但初一、初二成绩较好，自己也很想考上好的高中，但是对手机依恋严重。近段时间，因为手机使用问题，跟爸爸、妈妈产生矛盾。不给手机玩，就不睡觉，就在家里不去上学，爸爸做生意，经常不在家里，妈妈从小宠爱，目前拿孩子没有办法。姑姑是当地的心理教师，婚后育有一女，小学一年级，很乖巧，家庭关系和谐，住在同一个城市。这位初三学生对姑姑很崇拜。

妈妈前来求助，解决这位初三学生的手机依恋问题，可选择学生自己、重要他人（父母和家人）和环境这三大路径。但是，孩子自己去解决问题很难。孩子认知上想改变，道理都懂，就是做不到，控制不住自己。通过他人去帮助他，爸爸妈妈没有招了，孩子在家已经取得了控制权。家族里只有姑姑可以帮他，但是现在姑姑去帮他也存在很大困难，时间不够，空间距离远，不方便。这个情况下，笔者选择了改变环境来帮助这位学生。笔者建议父母安排这位学生到姑姑家去生活学习一段时间。他到了姑姑家，对姑姑崇拜，规矩由姑姑定，几点钟睡觉要跟妹妹一样，手机不能带入卧室的规矩要跟妹妹一样。手机使用得到管控了，学习正常了，与父母亲的矛盾冲突也解除了。

---

① 霍尼.我们时代的神经症人格[M].冯川,译.南京:译林出版社,2011:219-220.

第三节
结构化心理咨询的方法

一、何为心理咨询的方法

心理咨询的方法，是心理咨询师为了帮助来访者解决某一心理问题，从而达到某种心理状态，所采用方法和技术的总称。一个人因感冒或其他生理疾病到医院求治，医生会对症下药，来访者因某种心理问题求助，心理咨询师给的"药"则是方法。

自从19世纪末、20世纪初弗洛伊德创立精神分析理论以来，西方心理咨询和治疗已经历了100多年的发展历程，并已形成较为完善的体系。精神分析疗法、认知行为疗法、人本主义疗法和系统疗法等西方心理咨询流派大都包含理论和方法两部分。目前流行的心理咨询和治疗方法有400多种[①]。

自古以来，中国人在面对心理问题时，有自己的调节心理的方法。例如，中医有七情理论及相应的心理疗法——情志疗法。它不仅与西方的心理疗法有些相通之处，而且还有着自己的独特性。

二、如何选用心理咨询方法

心理咨询师如何选用心理学方法才能获得更好的疗效？在个案实践中有两种选择思路：一种是从"理论联系到实践"。从掌握的某一心理咨询流派的理论和方法出发，寻找匹配的个案。西方各传统理论流派的心理咨询师通常是选择这一思路的。另一种是"从实践上升到理论"。从具体案例分析开始，不满足某一流派方法的局限，从不同的流派取向寻找不同的理论，选取不同的咨询方法与技术，然后结合具体案例内容，沿着方法思路进行追根溯源，完成从技术、方法到理论的把握和运用。

相比于西方国家，中国的经济社会发展道路存在显著不同，在现代化转型过程中，因观念、价值观变化所引发的很多心理问题，既具有鲜明的中国特色，又体现出独特的时代特征，是其他国家所没有经历过的，例如独生子女的心理

---

① 冯缙.当代心理治疗四大流派治疗方法述评[J].保健医学研究与实践,2011,8(1):76-80.

问题、青年人的就业压力和婚姻问题。当前，中国人心理问题既有中国特色又具时代特征，人们心理健康服务需求日益增长与供给不足之间的矛盾日益凸显。照搬西方的心理咨询模式是行不通的，依照"从实践上升到理论"的思路，注重对已有中西方心理咨询理论、方法和技术的学习、改进、创新是必然的选择。

三、结构化心理咨询的五大类方法

治病要找到病根，用药要围绕病根。医生在给病人开药时，会嘱咐怎么用药，但是通常不需要解释各种药背后的药理。在心理咨询中，咨询师要让来访者学会使用某个有效的心理咨询方法或技术。对于这个方法背后的原理，来访者简单了解就可以，核心在于学会使用方法。咨询师一定要围绕来访者的问题去选择方法，脱离问题的方法叫自娱自乐。比如说，有些咨询师无论面对何种类型的来访者，均采用单一疗法：学了沙盘疗法，来访者来求助，就都用沙盘疗法；学了催眠，就都用催眠疗法；学了认知疗法，就都用认知疗法。这样做显然没有做到"对症下药"。根据来访者的症状及其根源症结选用相应的方法，这就是从个案实际出发解决来访者心理问题。

结构化心理咨询围绕心理问题的五大核心症结，即情绪消极、认知负性、人际关系不良、专注度失衡（过高或过低）和成就感低[①]，不断整合和丰富中外经过验证的、易学习、易应用的心理咨询方法。为方便区分和应用，把这些心理学方法分别用"计、策、法、术、式"加以命名：情绪管理计、人际沟通策、认知调试法、专注训练术、价值提升式。每一种具体的心理学方法都已在笔者的个案咨询实践中得到运用和检验，本书稿的第五章将专门阐述这些心理咨询方法。

第四节
结构化心理咨询的调控

一、何为心理咨询调控

从医学上看，所有药物和治疗都有副作用。副作用也称"副反应"，指应

[①] 朱浩亮.首次心理咨询结构化会谈技术[M].杭州:浙江工商大学出版社,2023:106-109

用治疗量的药物后所出现的治疗目的以外的药理作用。

尽管心理咨询通常有助于解决来访者的心理困惑，提高其心理健康水平，促进其人格完善。但在一些情况下，心理咨询工作中也常会出现偏离咨询目标的副作用：(1) 咨询进展停滞不前，咨询目标无法实现；(2) 来访者原有心理问题加重了，离咨询目标更远了；(3) 来访者出现了新的心理问题。

心理咨询偏离目标，究其原因，无外乎心理咨询的路径和方法的问题。从路径角度看，干扰因素主要包括咨询师的不当引导、来访者的心理阻力或阻抗、父母等重要他人的不配合，以及其他环境因素；从心理咨询方法角度看，则是心理咨询的理论、方法及其推进过程本身的局限。比如，一个人开车前往北京，行程可能受到路况、车况、气候环境以及司机的开车技术等方面的限制。广义上，不管是哪种因素引起的心理咨询目标之外的结果都属于心理咨询副作用。狭义上，心理咨询副作用的定义，则是心理咨询所用的理论、方法及其推进过程本身带来的消极作用。心理咨询的调控，即咨询师在心理咨询的过程中要有意识地主动地评估副作用，并采取措施尽可能降低副作用的消极影响。如果来访者在不知情的情况下遭遇副作用，很可能难以应对，并对心理咨询和咨询师失去信心。但如果咨询师提前告知来访者心理咨询可能存在的副作用，来访者便可以提高对副作用的掌控感和耐受性，有效应对暂时的副作用，追求长期咨询效果。同时，咨询师与来访者讨论副作用，为其提供支持和陪伴，并及时化解来访者受到的消极影响，也有利于巩固咨访关系，提高心理咨询的有效性。

二、结构化心理咨询的调控要点

(一) 咨询师自身问题的调控

掌控咨询过程是咨询师的专业责任，但是咨询师本身也是人类的一员，也有自身需求和弱点、缺点，在心理咨询系统中也会犯这样或那样的错误，影响系统的整体功能。咨询师常犯的具体问题[①]：(1) 迟到或取消已约定的治疗，并且准备了一大套有关的理由；(2) 不是认真倾听来访者的谈话，也不是与来访者认真讨论问题，而是自顾自说，让来访者听着；(3) 谈话时走神或打瞌睡；(4) 会谈时不是讨论来访者的问题而是讨论自己的事情；(5) 常常忘记有关

---

① 钱铭怡.心理咨询与心理治疗[M].北京:北京大学出版社,1994:153-154.

来访者的信息；(6) 给来访者提出了不可能做到的要求；(7) 突然认为来访者有另一个"特殊问题"，需要把来访者介绍给其他咨询师；(8) 拒绝与来访者讨论来访者认为是很重要的问题；(9) 以讽刺的口吻对来访者讲话；(10) 与来访者讨论咨询师自己感兴趣的问题，而这种讨论并非有助于来访者问题的解决；等等。

作为咨询师，重要的是对自己常犯的具体问题有清晰的认识，对在咨询过程中可能发生的问题有足够的思想准备，尽可能不断提高自己的专业水平以减少在咨询过程中出现问题及失误。一方面，咨询师对自身问题要善于觉察、概念化和自我调整。咨询师需要觉察自己的问题，分析问题的根源症结，并在概念化基础上进行自我调整。另一方面，参加督导。咨询师如果没有能力处理自身的问题，需要向督导老师求助，让督导老师协助处理自身问题，使自己更有能力帮助自己的服务对象。

(二) 对来访者的调控

咨询中来访者基于各种原因会有意无意地采取某些防御措施或方法，阻碍咨询师对其心理失调问题的分析或诊断，导致心理咨询偏离咨询目标。来访者常见的具体问题[①]：(1) 对会谈时间及规定持消极态度。例如，来访者在规定的会谈时间里迟到或忘记了会谈，尽管会解释其理由，但还是多次出现。(2) 把注意力集中在与咨询师有关的问题上。例如，一位失恋的来访者来咨询，她问咨询师有没有失恋，失恋过几次。咨询师处于被动回答来访者问题的状态。(3) 回避问题。例如，有的来访者对某些问题保持沉默，既不点头摇头，也不回答是否。有的来访者从主要问题上转到另外的问题上。(4) 为自己的行为辩护。例如，某些专为人际关系方面问题前来咨询的来访者，可能常把其家庭之中、单位之中产生的矛盾的原因归结为他人有问题，而不能认识其自身的一些不正确的言行对人际关系问题产生的不良影响，在他们看来有问题的是与他们处于对立状态的人们，而绝不是自己。当治疗师分析问题成因时，他们会为自己的行为辩护，认为其行为都是合情合理的，其中并无不合理的成分。

对来访者的调控主要通过心理咨询的内部框架和外部框架的设置和调整来实现。内部框架，即心理咨询师依据一定的心理咨询理念和理论，确立自己在咨访关系中的立场、态度，建立咨访干预模式等。内部框架越清晰，心

---

① 钱铭怡.心理咨询与心理治疗[M].北京：北京大学出版社,1994:139.

理咨询师就越清楚自己前进的方向，越能引导来访者积极参与心理治疗，从而给予来访者更多的信心。内部框架设置和调整主要包括如下三大部分：（1）咨访关系的原则设置，咨询师与来访者的关系是合作关系、帮扶关系，而不是雇佣关系。咨询师不能一味地讨好来访者，或被来访者绑架、控制，也不能控制来访者。（2）咨询师和来访者的这种合作关系是动态变化的，咨询师要做好动态角色关系的调整。一般来说，首次咨访时，视来访者为中心；初期咨访时，以来访者为朋友，双方为对等关系；中期咨访时，咨询师展示专家身份，咨访关系转化为师生关系、上下级指导关系；后期咨访时，咨访关系转变为哲学家与观众的关系，关系淡化、似有似无。（3）上述角色关系的动态变化在每一次咨询中也需要体现。例如，在来访者刚坐下时，咨询师坐姿调整为身体稍微向来访者倾斜，以来访者为中心，激活来访者的情绪，减少来访者的防御。进入探索问题、确定目标阶段，咨访关系转化为对等的合作伙伴关系、朋友关系。进入采用技术、检验效果阶段，咨询师是专家，咨访关系转化为师生关系、教练和运动员的关系。在进入布置作业和巩固效果阶段，咨访关系淡化，咨询师要展现出睿智、宽容且富有远见的特质，既要与来访者保持适当的心理距离，又能积极关注来访者的微小变化，似乎像一位在远处和高处温暖地关注着来访者成长的哲学家。

外部框架，是指与心理咨询的组织架构相关的一切，即咨询设置，地点、设备选择和摆放，咨询流派理论和方法的使用（精神分析、认知行为、人本主义和系统分析等），媒介的使用（如绘画、音乐、动物、心理剧等），访谈的次数、速度与持续时间，费用与付款方式，缺席时的流程，法定节假日、休假安排。外部框架源于心理咨询师的理论基础，同时为内部框架提供实践支撑。外部框架的设置要以知情协议书的形式订立，有口头和书面两种形式。在首次访谈和评估结束后，咨访双方对咨询外部框架达成临时共识，签订临时协议书。临时协议并不是对来访者的长期承诺，可以约定在后续每次面谈结束后进行重新协商调整。

（三）对关键性人物的调控

心理咨询不仅是咨询师和来访者的"双人舞"，在心理咨询室外，心理咨询效果的巩固、有效改变的发生更多地需要来访者在其他共同体（家庭、学校、工作单位、社区和朋友圈等）中与他人"共舞"。例如青少年学生厌学问题，多数情况是他们在学校的学习共同体出现了问题，如被同学霸凌、同学关系不良，或者同伴不良行为影响等等。咨询师需要对共同体中的老师、同学等重要他人进行调控。调控的切入点是对共同体中关键性人物的调控。

如何识别关键性人物？即如何识别一定社会关系中的关键性人物？从社会学角度看，关键性人物一般需要拥有组织规则资源或自身能量资源，或兼而有之。中国社会学家费孝通先生有关社会关系的研究提出：在中国乡土社会即熟人社会，人际关系结构类似"差序格局"；陌生人社会则类似西方社会，人际关系类似"团体格局"。在团体格局里，个人间的联系靠着一个共同的架子(规则)形成，先有了这架子，每个人连上这架子而互相发生关联。在"差序格局"中，个人间的联系则是逐渐从一个一个人推出去的，是私人联系的增加，社会关系网是由一根根私人联系所构成的。以"己"为中心，和别人所联系成的社会关系，不像团体中的分子一般大家立在一个平面上，而是像石子一般投入水中，像水的波纹一般，一圈圈推出去，愈推愈远，也愈推愈薄。社会关系能推出多远取决于"己"的状态。① 在团体格局或类团体格局中，其关键性人物是由组织规则明确规定的，容易识别；在家庭或家族、学校、社区等熟人关系中，差序格局依然占主导地位，每个人都是以"己"为中心形成的网络系统中的中心或一个节点。在差序格局中作为关键性人物的"己"在系统中能发挥多大的作用，取决于"己"的状态或能量。

如何调控关键性人物？中国传统文化认为，一个人的状态或能量体现为精、气、神。精，指构成人体生命活动的各层次的有形元素，常呈固体或液体状态，主要表现为身体状态与穿着打扮。大家都知道在不同的场合要穿不同的衣服，如职业装、晚礼服、正装、便装等等，不同的服装就是为了体现一个人的精。气，则指构成人体生命活动的基本的无形元素，常呈气体状态，集中表现为气场、能量和自信。气场与职位、社会地位和经历、见识和能量等等有关。有人其貌不扬，但是事业成功，社会地位高，身上也有气场。神，则指构成人体生命活动的各层次的形态功能。神是一个人最核心的状态，指人的精神活动，集中表现为灵气、灵活性。看人关键要看神，看他能不能调控自己的情绪，以及在不同角色下的适应能力。比如，一个人当上领导了，有一股气场，但是这个人老是跟人家发脾气，动不动就发火，让人的总体感

---

① 费孝通.乡土中国[M].长沙:湖南人民出版社,2022:26-29.

觉也是不好，这个人的"神"不好。从马克思主义的人性观看，精、气、神对应的分别是人的生理属性、社会属性、精神属性。心理咨询师调控一个人的状态和能量的抓手就是精、气、神。比如，夫妻两人为孩子的厌学问题来求助。夫妻两人到咨询室时，丈夫本来想坐在咨询师旁边，妻子则对丈夫说：你坐那边去，这边我坐。这往往说明夫妻关系中妻子占主导地位，家里妻子说了算，妻子是原有家庭关系模式中的关键性人物，而丈夫在家庭中缺少话语权，气场不如妻子强。孩子要获得改变，需要调整亲子关系，调整亲子关系就需要调整夫妻关系和家庭互动模式，这就要求在个案咨询推进过程中逐步调控家庭系统的关键性人物，调节妻子的心理灵活性即"神"，提升丈夫的精、神、气，发挥丈夫和妻子在家庭和亲子关系中的相互合作功能。

（四）对事件的调控

咨询进程不应该期望线性的进步，来访者行为和情绪模式变化是上下波动的。在任何心理咨询中，来访者都可能复发或恢复为之前的症状状态。咨询师需要针对这些关键性事件与来访者讨论：某些时间点、某些线索和条件可能导致什么样的副作用。例如，一次咨询结束后，咨询师与来访者商定一些家庭作业，目的是让来访者感到此次咨询是有收获的，并巩固和拓展收获，以增强来访者与咨询师的黏性，引发来访者继续前来的求助契机，激发来访者的求助行为，而这个时候，咨询师对家庭作业的调控很重要。如果作业是来访者承诺试验一种心理学方法，一定要强调方法使用中可能会出现的情况或效果呈现形式。咨询师要对来访者说明：这种方法虽然对于大多数人效果明显，但每个人特质不同、习惯不同，方法使用后的效果也不尽相同，先尝试用两天，如果有效果，三天之后我们沟通，一起再探讨如何加深一下强度，更有效地帮到你；假如使用三天，效果不明显，你来预约老师，我们及时更换别的更适合你的方法，以便更快速有效地帮到你。有了如此调控，来访者清楚地知道，咨询师就在自己身后关注着，不管出现什么问题都在咨询师的预料之中，自己的问题是可以得到解决的。不至于出现，来访者拿到咨询师给的方法之后，自己去使用，有点效果就不再继续求助改变了；更不至于出现，对于咨询师给的方法，来访者认为无效而抱怨咨询师无能，责怪咨询无效，从而对咨询行业产生否定的心理。因为咨询师之前做了专业调控，来访者内心有掌控感了，心态自然就稳定了。

第四章
续次和结案心理咨询的结构化会谈过程

心理咨询不是单纯地寻求建议，而是问题解决的过程。结构化心理咨询会谈过程一般分为三个阶段。第一阶段是首次心理咨询结构化会谈，由"接、圆、趋、转、送"五步组成，任务是收集来访者信息予以诊断、评估和个案概念化，并和来访者协商制定咨询方案，对此，专著《首次心理咨询结构化会谈技术》已全面系统地阐述。第二阶段是续次心理咨询结构化会谈，包括"三动九步法"，即启动：激活情绪、回顾效果、聚焦目标；推动：应用技术、检验效果、鼓励重复；流动：导出新问题、布置任务、过程监控。以咨询方案为指导，心理咨询正式开始，咨询师帮助来访者解决心理问题。第三阶段是结案心理咨询结构化会谈。由"回顾疗程、巩固方法、鼓励展望、处理移情"四步组成，即总结咨询收获，展望未来，协助来访者把学到的东西应用于未来的实践中，预防心理疾病复发，并运用所学的技能处理生活中的新问题。

第一节
续次心理咨询的结构化会谈过程

一、启动——巩固关系，锁定目标

何为启动？大家看到武林高手出招，之所以能一招制胜，往往是因为有一个先把内力聚集起来的过程。大家再看，一块大石头摆在大家面前，我们要让石头滚动、移开，我们在大石头的任意一个地方顶它一下、推它一下，行不行？移不开的。怎么办？我们需要找到一个支点，便于发力又省力的地方，然后运劲发力才行。心理咨询中来访者碰到的问题好比一块大石头，来访者带着问题来了之后，我们怎么去解决这个问题？我们首先要找到支点，再运劲发力，从支点上切入，这个酝酿工作，就叫启动。启动工作就是运劲发力、找准切入点的过程。心理咨询的启动，就是与来访者建立良好的咨询关系，激发来访者的求助动机，商定目标，从中找到切入点。启动阶段由激活情绪、回顾效果和聚焦目标三步法实现。

(一) 激活情绪

1. 核心理论

先处理心情再解决事情是心理咨询的核心理念之一。

认知、情绪和意志（行为）是相互影响、相互作用的心理过程。激发来访者积极情绪，让来访者更加放松和开放。当体验到积极的情绪时，来访者会更有可能产生新想法和期待，更有利于为问题制定新的解决方案，重新解释当前面临的挑战，并提出新的解决办法和行动方案。积极情绪可以开阔思维，使人更加灵活和包容。通俗地讲，情绪出不来，道理进不去。开心，心门开了，信息才能进得去。从心理学角度看，情绪具有如下三大功能：

(1) 情绪具有社会功能，在人际关系和亲密关系的处理中发挥着重要的作用。

西方人在亲密关系中非常关注情绪问题，在国外，人们一般是在下班之后回家的路上去喝杯咖啡。大家知道为什么吗？工作一天很累了，在回到家之前喝杯咖啡来放松和调整自己的情绪，回到家看到配偶和其他家人，开心地叫着"亲爱的"，表达亲密和爱意。在中国，情况有所不同，家庭的物质生活问题往往是更加重要的。人们往往习惯在下班回家路上去买菜。一天工作到晚，心情本来就很烦很杂很累的，结果买了菜之后感觉更烦更杂更累了，这样回到家，面对家人往往就没有心情叫"亲爱的"了。

西方人在社交中也特别注重情绪的激活。西方人一见面会问对方："这两天过得还好吗？"他们更希望了解对方的情绪状态，建立情感连接，看看对方是否开心、是否有什么困扰或是否有什么值得分享的。中国人习惯问对方："吃了吗？吃得好吗？睡得好吗？"通过对基本生理需求和日常生活状况的关注，表达关心和尊重。

在中西方不同社会背景和文化下，人们对情绪问题和物质生活问题的关注程度有所不同，但是我们应该认识到情绪的社会功能是普遍存在的。

激活、传达和分享情绪，笑是最好的通行证。人际交往中往往是先笑再熟悉的，不是先熟悉再笑的。人与人相处，微笑着热情地打招呼问好，是开启友好交往的第一步。

因此，来访者一来，咨询师要关注、接纳来访者的情绪，并激活来访者的积极情绪，这是良好咨访关系建立和巩固的需要。

（2）情绪具有认知功能，情绪好了，才会讲道理（听进去），才能守规则（做出来），做到法理情的统一。

中国人特别讲三个字：法、理、情。法是法规法则，理是道理，情是情绪和情感。例如，A开车逆向行驶了，把B的车给撞了，撞了之后B会生气。此时B想："你撞了我的车，就坐车里一动不动？"于是，B怒火中烧。愤怒驱使B下来跟A吵。B第一句话往往会说："你怎么开车的？撞了我的车还坐车里一动不动，讲道理吗？"接着A回应："你这么凶巴巴的，我跟你讲什么道理？"这体现了什么？情绪不好时，人们往往是不讲道理的。法是行为上的遵守，但是情绪好了才会讲道理，讲道理才能守规则。也就是说，你能听进去并做出来，前提必须情绪好。请问我们心理咨询的核心是什么？核心是让来访者的认知发生改变。但是，改变认知首先需要处理情绪。所以，来访者一来，第一步我们一定要做的工作是什么？讲情绪。来访者情绪不好，你怎么讲。

（3）人一旦被情绪控制，容易搞砸事情。

例如，一个寝室里有两拨人：一个人爱学习，成绩也好，早上从不睡懒觉，早早起来去教室晨读；另外的人学习不积极，早上不愿意起床，总要一拖再拖，最后踩着点到教室，动静很大，通常是掀起一片喧哗。后来早起的同学受到了另一拨同学的排挤，寝室里大多数同学都想再睡一会儿，都说那个早起的人洗漱的声音影响同学们继续睡觉了。这位同学感受到压力，于是她把她的困扰和同学的排挤写进了周记里。

大多数老师总还是喜欢早起、不迟到又成绩好的学生。于是老师找这位同学谈心，了解她的困扰，并且在课堂上、在班级日常管理中经常不点名地批评班里那一拨自己睡懒觉不起床，还对早起好好学习的同学不友好，在寝室里搞小团体的同学。时间久了，其中一名同学，虽然未被点名批评但心里也有了一点想法，觉得老师冷嘲热讽自己，而且偏心、不公平。她也把这样的一些不满写进了周记里，而且言辞有一点激烈。班主任在改到学生的这个周记时，有点儿不高兴，觉得这个学生多事。再后来，这个反映不满的同学因为身体不舒服经常请假，家长和老师的沟通也多了起来。而且家长经常不放心，让班主任帮忙提醒一下孩子拿药、吃药等等零碎事。这让班主任更不舒服了，一边不好回绝家长，但心里又不爽；另一边又进一步感觉到这个学生就是事多。

有一天，家长又发来信息说，提醒一下孩子有两种药不能一起吃，要注意起来。班主任老师刚上完课，又累又气，立刻走到教室当着全班同学的面说：某某某，药不能混起来吃，先后要分好，吃饭也要注意，睡觉也要注意。孩子在班里被老师当众这样说感觉很不好。

于是，孩子回家就跟家长去说。孩子说自己总是做得不好，觉得老师针对自己。家长感觉孩子受了委屈，便找老师理论。家长问老师："你提醒我的孩子吃饭要注意，睡觉要注意是什么意思？"

你一句我一句，大家都不开心……

老师都跟家长吵起来了，孩子感觉很不好，结果孩子不去读书了。于是，家长举报老师，说这个老师有问题，针对自己的孩子。被举报后，这个老师觉得很冤，心力交瘁，生病了。最后，所有的这些问题反映到校长这里，校长觉得孩子、家长、教师都事多，没事找事。一连串的问题出来了。所有的这些事情的背后都是由什么导致的？情绪。所以大家以后一定要记住，先处理情绪，再解决事情。情绪不好，事情会被搞复杂。

2. 操作要领

（1）做生活化的寒暄（登门槛效应）

登门槛效应（Foot-in-the-Door-Effect）又称"得寸进尺效应"，是指一个人一旦接受了他人的一个微不足道的要求，为了避免认知上的不协调，或想给他人以前后一致的印象，就有可能接受更大的要求。这种现象，犹如登门槛时要一级台阶一级台阶地登，这样能更容易更顺利地登上高处。来访者来了，咨询师直切主题说：好，看看今天我们聊点什么东西好呢？突然这么一来，来访者就会感到尴尬。或者咨询师说：继续上次话题，接着聊，我们节约时间直接进入重点。这使来访者感到压力，这种压力往往让来访者不想说话了。所以，做心理咨询的第一步要做生活化的寒暄。概括起来就是：一张笑脸相迎；一把椅子请坐；一杯开水（一颗糖果）暖心；一句问候相送。

（2）不带情绪的沟通

在人际交往中，沟通是一项非常重要的技能。情绪化的沟通容易让人产生误解，引发冲突，甚至破坏关系。而不带情绪的沟通是一项高级技能，首先要保持冷静，让自己的心态平和，放空自己；其次，选择正确的词汇、语气和语调，千万记住，尽量不用"哼"等带情绪的语气词，也要尽量避免不礼貌的表情、手势等肢体语言；最后，倾听对方的观点，这是不带情绪的沟通的关键。在沟通中，我们需要尊重对方的观点，认真倾听对方的想法，并且理解对方的立场。这样不仅能表现出我们的尊重和关注，还能帮助我们更好地理解对方，从而更好地进行沟通。

3. 实操话术

咨询师："你好，某女士（先生，学生叫昵称）。今天感觉你的状态不错哦，你今天衣服穿得有点少啊！""很高兴再次听到你的声音，今天听你的声音感觉与上次的不太一样哦。"……一句寒暄问候，让其感觉温暖。

如果来访者声音兴奋，咨询师："这个星期有什么高兴事情跟老师分享吗？""可以跟老师分享一下，这个星期让你高兴的事情吗……太棒了。"如果来访者声音低沉，咨询师："遇到不开心的事了吗？不开心的事情，老师也很关心啊，能给老师讲讲吗……感谢你信任老师，跟我讲了你的不开心。"如果来访者声音平静，咨询师："能反馈上周过得怎么样吗？"从上次咨询到现在，你的生活中都发生了什么事情，你能简单地说一说吗？"……

【咨询现场话术与分析（1）】

咨询师："何女士你好！再次见到你很开心，今天的状态感觉就与上一次不太一样。"来访者状态的积极变化被咨询师积极关注。

咨询师："两把椅子，喜欢坐哪？好，请坐。"来访者得到尊重。

咨询师："中午休息过了吗？要不要老师给你倒杯水？"让来访者感到被关心。

【咨询现场话术与分析（2）】

咨询师："安妮你好！今天感觉你的状态不错，你的微笑与上一次感觉不一样。"这句话一说就把来访者的状态往不错的方向导。

咨询师："你今天穿的衣服有点少，冷吗？"让来访者感觉到被关心的温暖。

给学生或青少年做心理咨询，咨询师最好叫昵称，把姓去掉，这样能制造一种亲密感。举个简单的例子说明，人们谈恋爱的时候，双方开始认识时，对象连名带姓叫"某某某"，热恋时叫"亲爱的某"，老夫老妻时，叫"喂"。大家知道昵称人人都喜欢。

(二) 回顾效果

1. 核心理论

回顾效果，即确认咨访关系，检验上次咨询效果。如果咨访关系好了，咨询就有效果。来访者回去会按照咨询师的建议去做，会有执行力。所以，回顾效果的作用，一方面检验彼此的咨访关系，另一个方面检验上一次咨询效果的好坏。其中，检查家庭作业，一方面可以促使来访者完成家庭作业，布置作业后如果咨询师并不关心来访者是否完成家庭作业，来访者完成家庭作业的动机就会减弱。如果咨询师要检查家庭作业的完成情况，来访者就会有更大动力完成家庭作业。检查家庭作业过程中咨询师对来访者的积极关注也有利于促进咨访关系；此外，了解家庭作业的完成情况，可以评估咨询的进展，评估来访者认知改变和行为改变的程度，据此对咨询会谈进程进行调整。

2. 操作要领

(1) 先回顾两次咨询期间的积极变化

回顾效果，即两次咨询期间的变化，包括积极和消极变化。咨询师提问积极的变化，来访者就会往积极的方向走。

(2) 再问还存在的问题是什么

回顾来访者积极变化后，咨询师引导来访者再说说消极问题。

(3) 往下梳理，导出积极转化

积极的变化鼓励重复，无条件积极关注，分享是怎么做到的；

消极问题鼓励变化，有问题才是咨询的意义。问题是用来解决的，把问题转化为积极目标。

3. 实操话术

咨询师："可以跟老师说说，上次从老师这边回去到今天，自己有何变化呢？尤其是上次你答应老师回去做的事（作业），还记得吗？我非常期待听到你的分享，我们一起再来体验一下，好吗？"

【咨询现场话术与分析】

咨询师:"何女士好,上一次我们咨询了之后,今天自己有一些好的变化可以分享一下吗?可以具体讲讲吗?"

何女士:"可以,回去以后也做了一些调整。"

咨询师:"太好了。"

何女士:"调整之后他们父女关系就稍微正常了。我先生就尽量不主动去干涉女儿那么多。他看不惯的,我也会在感觉他快要发火的时候,先去处理了。他就没那么多机会去发火,就好很多了。"

咨询师用了积极关注和具体化技术。只有在被支持、被鼓励的状态当中,来访者才更愿意表达。

咨询师:"现在爸爸跟孩子的关系好了很多是吧?原因是很多时候当爸爸有一点想发火的征兆的时候,你马上就可以主动地先做一些工作,把矛盾尽量减少。自己也尽量不做太多,让爸爸担当该担当的一些事情。自己在这个过程当中,把关系梳理得更顺一些,是不是这样?"

咨询师对来访者的问题进行一个复述,做了一个梳理。

何女士:"是的。"

咨询师:"做得非常好,谢谢。但老师今天很好奇的是:你有好的一些变化,还有没有一些新的困惑和烦恼产生?"

何女士:"好像根源问题还是没办法去解决。"

咨询师:"哦,根源问题。可以再具体说说吗?"

何女士:"在我小孩的心目中,爸爸的分量好像没有办法回到以前的那种状态,她觉得爸爸没有那么重要了。"

咨询师:"就是爸爸没有那么重要了。总感觉到爸爸的权威感没有充分地给到孩子了,是吗?"

何女士:"对,她是很怕这个爸爸,但是没有那么爱这个爸爸了。我感觉到孩子更多的是怕,不是一种发自内心的爱。"

咨询师:"所以你希望爸爸能在孩子心目中树立起一个伟大的父亲角色,成为孩子的一个很好的成长榜样,是吗?"

(三)聚焦目标

1. 核心理论

抛锚式教学理论:将学习活动与某种意义的大情境挂钩,让学生在真实的问题情境中进行学习。教师首先呈现真实事件与真实问题,学习者运用原有的知识去尝试理解情境中的现象和问题活动。教师逐步引导学生形成一些概念和理解,然后让学生用自己的理解方式去体验思考并解决问题。这样的教学是以有感染力的真实事件或真实问题为基础。确定这类真实事件或真实问题被形象地比喻为抛锚,因为一旦这类事件或问题被确定了,整个教学内容和教学进程也就被确定了(就像轮船被锚固定了一样)。在学习过程中,学习者常常需要合作、讨论[①]。

探索问题锁定目标,围绕目标咨询,才能体现工作效度,心理咨询的效度影响专业声誉与行业口碑。心理咨询工作的价值表现为心理咨询的效度(Validity)和信度(Reliability)。效度即有效性,信度即可靠性。信度是效度的基础,效度是信度的目的和归宿。心理咨询一定要有效,怎么样才叫有效?有助于解决来访者所困扰的问题才叫有效。由此,咨询师一定要精准地把握来访者的心理困扰和咨询目标。心理咨询为什么往往被人们认为没用、没价值,只是随便聊一聊的,是因为心理咨询目标不明确,咨询效度无法测量。心理咨询不同于一般的聊一聊,而是要聊出价值,一定要围绕目标去聊,这叫聚焦目标,对症下药。

2. 操作要领

(1) 发现问题

回顾和强化了来访者的积极变化之后,询问还有没有不好的方面,还有一些困惑和烦恼是正常的,咨询师要引出来访者的问题,探索来访者的问题。

问题往往就来自来访者的主诉,即困扰的事件或情境、生理、情绪、认知和社会功能等。

(2) 探索问题

一方面,将问题具象化。要问这个问题具体怎么理解,或请来访者用一个具体的例子来澄清。另一方面,从时间轴上梳理问题的来龙去脉。从时间轴上的两个方向来梳理清楚,即:好的是什么,怎么变化发展的;不好的是什么,又是怎么变化发展的。

(3) 锁定目标

将问题积极化、可操作化。这一步是锁定目标,不是锁定问题,不可以

---

① 陈琦,刘儒德.当代教育心理学[M].北京:北京师范大学出版社,2019:147.

把问题无限放大,而是要把问题变为积极可改善的目标,然后把这一目标归类到上次咨询中共同商定的化解方案的目标下的细分目标中。例如,将夫妻关系不好问题转换为改善夫妻关系的目标;将学业不良问题转换为提升学业成绩的目标。梳理、归类来访者的咨询目标,化解来访者新旧问题。

3. 实操话术

第一步:"那么,接下来,我们就围绕上次咨询中我们提到的'与孩子现在关系紧张起来'的这个问题,一起来看看如何做一些优化,你看可以吗?"

第二步:"可以跟老师说说,这个'与孩子关系紧张'的问题,有哪些具体的表现呢?同时,再一起梳理一下,这个过程是怎么一步一步发生的呢?"

第三步:"你看,通过刚刚的梳理,'与孩子现在关系紧张起来'这个问题的核心是不是'彼此沟通'这里出现了问题呢?只要懂得、提高'沟通'这个技巧,这个'与孩子的关系紧张'的问题是不是就会逐渐好起来呢?"

【咨询现场话术与分析】

咨询师:"何女士,请你跟老师具体分享一下,你理解的让孩子爱爸爸是怎么样一个爱的表现呢?"

何女士:"首先她认知里面会觉得爸爸是爱她的,她也是爱这个爸爸的,爸爸很重要,就像妈妈一样,在家里面是不可缺少的。但是女儿的言行里面,她跟我说,她觉得这个家好像没爸爸也可以,有时候爸爸不在家的话,她好像更自在一点。"

咨询师:"爸爸不在家会更自在一些?"

何女士:"对,因为没人管她。"

咨询师:"你刚刚讲的孩子怕爸爸是有什么样的表现呢?"

何女士:"爸爸一回家,如果她在做一些不太好的事情,她会马上反应很快,比如说桌面比较乱,她马上会收拾干净。对,然后很多一些细节表现出她担心爸爸会对自己不满意,会骂她。"

咨询师:"那么平时爸爸对孩子可能要求也比较高,骂得会多一点点。"

何女士:"其实现在也很少。我是觉得我现在很爱孩子的,她爸爸的期望很高,他的标准小孩达不到,他就会很生气,就会刀子嘴豆腐心那种,也骂得比较狠那种。"

咨询师:"明白了,孩子爸爸对孩子的期望值特别高,当没有达到期望值的时候，爸爸很多时候就会用比较简单的批评教育的方式面对孩子，是这样吗？"

何女士："是。"

这个问题清楚了，具象化了——孩子为什么会怕爸爸？原因是爸爸对孩子的期望值高。期望高本来也是好事，但是当没有实现的时候，爸爸用简单的批评教育，甚至恐吓的方式去解决孩子的问题。下一步要做什么呢？从时间轴上梳理来龙去脉，爸爸对孩子的状态，是一直都这样的，还是一步一步过来的？

咨询师："何女士，老师很好奇，请问孩子跟爸爸之前的关系好不好呢？"

何女士："上小学之前的关系非常好。"

咨询师："能跟老师分享一下，说说是怎么好的，好吗？"

何女士："放学了，见到爸爸就会扑上去，很高兴。整天爸爸前爸爸后，出去玩的话老是骑在爸爸脖子上，就是这样子，关系非常好。我一般都很少管，我也乐意。因为小时候太好了，所以我先生心理落差太大了，他觉得很伤心，现在他觉得自己在女儿心中是没有任何地位的。"

咨询师："那么是怎么会发生这样的变化的？"

何女士："就是上小学之后，可能小孩大一点，爸爸有要求，而在上小学之前他对小孩子没什么要求。现在，不管是学习、做人做事、生活习惯等方面，他都有要求。孩子达不到他的要求，或者他说过几次，好好说的，孩子总是做不到，他就会生气。"

咨询师："孩子小学阶段，以互相的亲子玩为主，双方都很好，但是之后孩子越长大，特别在进入青春期，越有个性，会顶撞了，不再撒娇了，这对两边都会有影响。一个方面爸爸对孩子的期望和要求高起来了，不能纯玩，有很多学习要求了。另一方面，孩子慢慢长大了，力量感起来之后又多了一些自主性。所以，这个过程当中孩子没有达到爸爸的期望，爸爸就会觉得有点生气。孩子面对爸爸的生气又敢于去顶撞或者去对抗了，这样一来父女之间的关系就慢慢地不好调和了。同时，又有一个小的来了。爸爸对小的又重新好了一遍，爸爸把对大女儿的好放在小的孩子身上了，觉得小的什么都好，大的都不好了。大的原先听话，现在越来越不听话，给到爸爸的价值感少了，对不对？现在小的听话，爸爸在小的身上有价值感。一低一高，最终越来越觉得大的孩子不好，是这样吗？"

何女士："我觉得是这样的。"

这个过程就是从时间轴上去梳理问题的来龙去脉，任何问题存在，它不是一下子出现的，都是一个过程。好的时候是怎么样？不好的时候是怎么样？两个阶段梳理完了之后，最终我们要锁定目标，将问题具体化和可操作化。前面是问题，后面要把问题转化为待解决的目标。

咨询师："那么接下来我们就围绕上次提到的爸爸与孩子现在关系紧张这个问题，一起来看看如何做一些优化，你看可以吗？"

二、推动——交互影响，循序渐进

何为推动？再以推动大石头为例，推动就是朝着一定方向，从切入点用力，让石头动起来。心理咨询中的推动，则是和来访者一起探索达到目标的路径和方法，并支持来访者发生朝向目标的改变。推动阶段由应用技术、检验效果和鼓励重复三步法实现。

（一）应用技术（方法）

1. 核心理论

支架式教学理论：教师或者其他助学者和学习者共同完成某种活动，教师首先为学习者参与该活动提供外部支持，帮助他们完成独自无法完成的任务，随着活动进行逐渐减少外部支持，使共同活动让位于学生的独立活动。通过教师的帮助（支架），管理学习的任务和探索的责任逐渐由教师转移至学生自己，最终使学生能够独立学习。根据在教学中支架是否具有互动功能，可以将支架分为两种大的类型：互动支架和非互动支架。互动支架，如教师通过现场示范操作流程、演示解题步骤为学生提供专家工作的具体实例；非互动支架，如根据学生具体情况设计不同难度的任务要求，然后随着学生技术能力的提高，逐步升高任务要求。

道理都明白，就是做不到，往往是来访者最困扰的地方。心理咨询的价值不仅在于帮助来访者探索、知道自己的目标，更在于帮助来访者实现自己的目标。由"知道"迈向"做到"，真正解决来访者的问题。

2. 操作要领

（1）对症下药，不拘泥于理论流派

要想实现心理咨询助人自助的目标，咨询师就要教给来访者对症下药的方法。解决心理问题的方法丰富多样，比如围绕心理问题的五大根源症结，涵盖管理情绪、调节认知、增进人际沟通、调整专注度和提升价值感的方法；此外，还有生活中还有其他很多方法。不同的心理问题，使用的方法或技术是不一样的。

（2）一个问题，基本不超过两个方法，切记方法不可狂轰滥炸

在确定咨询目标后，了解来访者的心理、生理和社会环境，以及来访者的资源、能力和支持系统，从而确定最适合的方法，确保选择的方法与来访者的需求和状况相匹配。一旦选择好方法，就可与来访者一起实施，并确保实施得当，并且与来访者的步调一致。在实施方法的过程中，密切关注来访者的进展和反应。如果发现方法不合适或需要调整，及时与来访者沟通并调整方案。同时，也要鼓励来访者积极参与并反馈他们的感受和进展。

3. 实操话术

每一种方法，都有各自的话术。下面以"动物园疗法"应用的话术示范：

我来介绍一个解决类似问题很有效的方法，即意象疗法中的动物园疗法。这个方法就是把家庭成员（妈妈、爸爸和孩子）想象为动物园里的动物，家庭成员分别认领象征自己的动物意象，通过动物意象更好地理解自己、其他家庭成员，以及彼此间的互动模式。我曾经用这个方法成功地帮助了一位来访者——一位妈妈。她的孩子正在上高中，妈妈对孩子好得不得了，但是孩子跟爸爸之间矛盾很激烈，爸爸和妈妈之间沟通少，妈妈对爸爸也心存不满。于是，我就用了动物园疗法帮助妈妈改变家庭互动模式，最终改善了夫妻关系和亲子关系。

我问来访者（妈妈）：假如他们一家三口都是动物园里的动物，他们三人分别是什么动物？妈妈说自己是猴子，孩子一想她，她马上能到她面前去，妈妈对孩子的管控很多。那孩子是什么？她说孩子是小白兔，小白兔很乖、很简单，还说孩子爸爸是狮子。然后，请妈妈在本子上写下：妈妈是猴子，女儿是小白兔，爸爸是狮子。那么请问：这三个动物在一起能和谐吗？狮子想不想吃小白兔？狮子想吃，小白兔给不给吃？所以你看这个孩子见到爸爸逃不逃？躲得远远的，对吧？但这个妈妈是什么？猴子。虽然狮子也想吃猴子，但是能不能轻易吃得到猴子？吃不到。妈妈（猴子）就会耍各种技巧，把爸爸（狮子）搞得团团转，但是他们关系好不好？猴子跟狮子的关系也不好。

女儿(小白兔)躲爸爸，但是不躲妈妈(猴子)，妈妈太厉害了，所以这个过程当中孩子简不简单？孩子就很简单。如何让这三者关系和谐？按照"谁求助帮助谁"的原则，是妈妈来求助的，因此从妈妈角度来解决问题：妈妈在动物园里担当什么样的动物角色三者关系才能和谐呢？什么动物跟狮子和小白兔都能友好相处呢？妈妈变为饲养员好不好？狮子要不要吃饲养员？有机会的话，狮子也会吃的。妈妈当大象，狮子动不了大象，对不对？但是孩子显得越来越小了。孩子会不会长大？有没有担当？有没有责任？没有了。好，再换一个动物——小鸟，让妈妈当小鸟，最后结果怎么样？飞走了。小鸟小，影响力小，容易飞走。小鸟无法与狮子发生积极的互动。接着来思考：妈妈当熊猫，行吗？你发现熊猫行动慢慢的是吧，狮子要吃熊猫也是容易的。妈妈变母狮子，可以吗？两只狮子之间，兔子被一人一半分着吃了。妈妈变什么动物好呢？如果把妈妈这个角色找出来了，妈妈把这个角色扮演好，则能开启妈妈、爸爸和孩子三者互动模式的改变，推动三者关系走向和谐。什么动物最好？孔雀相对最好。妈妈在家里要扮演孔雀角色。究其原因，第一，孔雀没肉，狮子对吃孔雀没有兴趣。当狮子饿了，孔雀一开屏很漂亮，很美丽，狮子忙着欣赏了，舍不得吃它了。第二，孔雀的动作是慢的，跟小白兔在一起可以和谐交往。第三，一些神话和佛经里都说到"孔雀食毒"的故事。其象征含义是孔雀能克制不健康心理，并且能把不健康的心理转化为力量。

  妈妈如何才能扮演好孔雀角色？一方面，孔雀的外在特点是美，聪明的妈妈在家也要注意自己的外在形象。现在许多妈妈在家不太喜欢打扮，因为觉得两个人都是老夫老妻了，谁不知道谁，在家总是穿睡衣，怎么方便怎么来。于是，老公看到的都是妻子不够精致的一面，逐渐失去新鲜感了。有人说，男人是视觉动物，女人是听觉动物，女人对男人视觉上的吸引力很重要。如果老公说老婆穿什么衣服美不美都无所谓的，怎么穿都可以，这个话是不真实的，违背人性的。妻子想让老公有好脾气、好情绪，首先从自我装扮开始，一定要在老公面前展现自己的美。只有妈妈美了，老公对妻子满意，夫妻关系和谐，老公对妻子的关注多了，对孩子的关注就会相对会减少。孩子不再成为父母关注的焦点，父母对孩子的过度关注减少，有利于孩子的身心健康成长。另一方面，妈妈要了解、内化孔雀的积极象征意义。通过积极学习心理学知识，提升情绪管理、人际沟通技巧和科学育儿理念，最终提升化解问题的能力。这里说明一下，心理咨询的一个原则是"谁求助，帮到谁"。

心理咨询的帮助对象是主动寻求帮助的人。一个家庭中任一成员的改变都有可能带动家庭成员互动模式的改变。心理咨询师举例如"动物园疗法",用孔雀意象启发妈妈探索自己在家庭互动模式中的角色如何变化——这并不是说一个家庭中爸爸不重要、不需要改变。如果是妈妈和爸爸一起来咨询,就会启发他们探索各自动物意象角色如何变化,从而推动家庭互动模式的积极变化。

【咨询现场话术与分析】

咨询师:"何女士,按照动物园疗法,你愿意分享一下你家三人是什么动物吗?"

何女士:"我觉得爸爸是老虎,女儿是猴子,然后我自己有一点点纠结,我觉得我既像猪又像牛。一开始想到猪,是因为他们整天说我是猪,本来我生肖是属猪的,然后我的有些行为在他们看来不太聪明,也会嘲笑我是猪。牛是因为我在家里面老是当牛做马。对,我觉得两者都有,主要是牛的角色吧。"

咨询师:"何女士,你家主要问题是什么呢?"

何女士:"现在爸爸对女儿要求高,有时比较凶,女儿害怕爸爸、躲着爸爸,觉得爸爸不在家自己更自在。"

咨询师:"牛搞得定老虎吗?牛搞得定猴子吗?"

何女士:"搞不定。"

如何帮助何女士呢?"普通人改变的是结果,聪明人改变的是原因,智慧的人改变的是模式。"何女士想改变孩子跟老公之间的关系,那么光改变结果不行,找原因也只是第二层次改变,最智慧的、最深层次的改变是其家庭互动模式的改变。妈妈想要家庭模式发生改变,首先要改变自己的角色模式。

咨询师:"心理咨询的原则是谁来求助就帮助谁。何女士,改变你家三人的关系,先从你在家庭互动模式中的角色改变开始,可以吗?"

何女士:"好的。"

咨询师:"何女士,家庭关系中,妈妈和爸爸的夫妻关系是主导,妈妈要扮演什么动物角色才能让爸爸有好脾气、好情绪呢?跟爸爸扮演的老虎角色处好关系呢?"

何女士:"我要扮演孔雀角色吗?我本来在家就很少拖地,因为我近视,我在家里不戴眼镜,看不到地上的灰尘、头发。我老公看不下去就拖地多,但是他会不高兴,一边拖地一边抱怨自己在当牛做马。"

咨询师："我问一下，你老公一边拖地、做家务，一边抱怨。究其原因，一部分是老公在当牛做马时得不到肯定，是这样吗？"

何女士："好像是这样的。有几次我说老公买的菜很新鲜，比我会买菜，他就很开心。"

咨询师："何女士，你对老公肯定不够，赞扬不多。你的认同赞扬多了，你老公就更愿意多干了，是这样吧？所以，在老公做的过程当中，你要学会多表扬，多激励。这是你作为老婆需要巧用力的地方。你需要观察老公的心情，用心用情去沟通，一定要多表扬，多认同，无条件积极关注老公做的事。老公对女儿做一点点好的，你马上说老公现在对待女儿的态度上完全不一样了，好像又找回了以前的爸爸了，多强化以前爸爸做得好的地方。这样就会使爸爸情绪好起来。何女士，你扮演孔雀角色，要去变化三点：第一，何女士要'多帮少干'，让老公和孩子分担家务活，当他们有困难时给予肯定、帮助，把价值感和成就感留给他们。第二，何女士要改变自己的内外形象，注意外在美，也注意自己内在美、语言美。老公做事能从老婆这边得到积极关注和认同，他对女儿的包容度就大了。第三，与老公沟通学到的有关儿童教育的心理学知识。比如，跟老公说，你的期待值高了，孩子会有压力的。手心手背都是肉，两个孩子要一样去赏识。女儿要富养，如果你经常看不上女儿，你女儿就会找别人，找看得上她的人，这会促成早恋的苗头。"

何女士："哦，我理解一下扮演好孔雀要变化的三点。"

咨询师："动物园疗法的理论依据，第一是精神分析里的意象对话和投射理论。第二是米勒的角色扮演理论，是行为主义的核心观点。第三是认知行为疗法，认知、情绪和行为三者是相互作用，互为因果的。例如，你回去和老公说女儿要富养，否定女儿多了，容易导致女儿找其他男孩去早恋，老公害怕了，他慢慢地就会发自内心地主动学习和女儿沟通互动，这就是通过改变老公的认知从而改变其行为。"

何女士："明白了，谢谢！"

咨询师："能跟咨询师分享一下刚刚这个方法给予你最大的帮助和启示是什么吗？"

何女士："启示就是没想到可以用动物的关系去代表家里成员的关系，这特别形象。"

咨询师："接下来围绕动物的角色扮演，自己有一些什么样的新的行动方向吗？"

何女士："想到的是少干活、多肯定、多表扬、多帮助。其实这些道理以前都知道，就是在之前经常会做不到。今天知道具体怎么做了。"

(二) 检验效果

1. 核心理论

情境式教学理论：让学习者在一定情境的活动中完成学习。它具有4个基本特征，即真实的任务、情境化的过程、真实的互动合作和情境化的评价方式。

在真实的问题情境中，来访者真正会了、做到了，才是咨询的真正目的；在互动合作中，要体现来访者自己才是问题解决的专家，所有的成长都是源于来访者自身的努力，咨询师在这个过程当中要淡化功劳意识。

2. 操作要领

（1）鼓励分享感受

心理咨询师应创造一个安全且具支持性的环境，引导来访者就应用技术(方法)自由地分享自己的感受、想法和经验。

（2）在分享中补充、修正与完善

心理咨询师在倾听来访者的分享时，应注意补充、修正和完善他们的观点。这有助于确保帮助来访者更准确、更全面地理解应用技术(方法)。

（3）分享中尽量去寻找积极的变化点

心理咨询师在引导来访者分享时，应关注积极的方面和变化点。这有助于增强来访者的自信心和积极性，激发他们应用技术(方法)解决问题的动力。

（4）着重具体场景中的应用

心理咨询师应帮助来访者将所学的知识和技能应用到具体的场景中。通过实践和模拟，来访者可以更好地掌握解决问题的方法，并增强自己的应对能力。

（5）可以使用情景再现模拟

心理咨询师可以使用情景再现模拟来帮助来访者更好地理解和应对实际场景中的挑战。通过模拟真实的情境，来访者可以更好地了解自己的反应和行为模式，从而更好地应对现实生活中的问题。

（6）角色扮演

角色扮演是常用的情景模拟方法，能帮助来访者更好地理解其他人的观点和立场。通过扮演不同的角色，来访者可以更全面地了解问题，从而更好地解决问题。

3. 实操话术

"非常好，非常感谢你的配合，通过刚才的训练，可以跟老师分享一下你的感受吗？"如果感觉一般，可以让其再尝试一次训练或者调整一下，或者运用其他方法。

【咨询现场话术与分析】

咨询师："何女士，老师很好奇，你怎么样能在家里做到呢？假如老师此刻就变成了你的丈夫，你怎么样来表扬认同我呢？下面角色扮演一下，看看你是怎么做到的，可以吗？"

何女士："可以的。"

【角色扮演】

何女士："有没有看看你自己做了什么？"

丈夫："我做了什么？我今天下班后把女儿接回家了。"

咨询师提示：这个时候何女士不去做好孔雀角色的话，知道了等于白搭。这个时候何女士要明白，需要帮助变化的不是自己，而是老公跟孩子的关系。现在核心是要帮助老公跟孩子之间关系改善，不需要体现自己的功劳，而要体现老公的功劳。老公难得去接了一趟女儿，何女士需要认同、鼓励、表扬自己的老公。怎么表扬呢？因为平时没有表扬习惯，一时不知道怎么说。这也说明平时老公不去接女儿，是因为接了也没被看到。

何女士觉察：大女儿是自己上学放学的，她去参加一些课外活动，大部分也是自己送的，老公偶尔也有接送，但自己确实没有给到老公关注和肯定。

何女士："老公，你送女儿就真的比我送要准时一点。"

咨询师提示：再说得好听一点，再优化一下。

何女士："你去送的话，我就有时间去练一下瑜伽，真好，谢谢你！"

何女士觉察：看来我真的是太少表扬我老公了，现在咨询师这样一说的话，发现我很少表扬他。

咨询师提示：很重要的一点，何女士希望老公多做一点，那么是干了再表扬，还是表扬之后再干？显然是要先表扬。例如，我觉得你上次买的菜好像比我买的更新鲜，你在哪里买的？老公一听开不开心？很开心，就会继续再干。

何女士觉察：对，他买菜确实比我买的好。他买的菜小孩子都很爱吃，他买了还会做，然后孩子很爱吃。但是现在我真的很少发自内心去肯定他、表扬他，因为我对他有气。以前我对他可好了，不是现在这样的。

咨询师提示：以前你对他可好时，回想一下，爸爸与女儿关系好不好？

何女士觉察：好，现在没那么好了，可能也是互相看对方没那么顺眼了。

咨询师提示：所以，何女士，先改变自己，对吧？所有的一切都是从自己改变开始，去鼓励认同老公。不光是老公，还有小孩，还有自己身边的人。最后你就会变成一个眼里有多彩世界的人，从里到外都美。谢谢何女士的配合！

通过这个情景扮演或具体情景当中的应用，何女士有很大收获和感受。所以，检验效果是很重要的，一定要在现实的生活当中去做到，去应用。咨询过程当中，经常用的技术是情景扮演或角色扮演，尤其是面对面的沟通问题，经常需要这个技术。

咨询师："何女士，下面，我们再通过角色扮演学习两个沟通的方法，第一，说话有头有尾术。很多孩子说，我爸爸妈妈对我说话没头没尾的，他们常说的话就是不要玩手机了，快去做作业，快吃饭，等等。我们现场扮演一下'说话有头有尾术'，可以吗？"

何女士："老师，你跟我谈了这么久，先喝杯水，可以吗？"

咨询师："很好，有头就是加'称呼'，有尾是加'可以吗'。何女士，回家和老公和孩子说话也要有头有尾。再说第二个方法，赋能技术。何女士，今天你回去之后，你老公烧了一桌菜，这个时候你一看见，如果用赋能技术，你是这样说的：'老公，今天做的菜看起来就很美味，你是怎么样做到的？'老公一听你这么说话感觉好不好？"

何女士："肯定好。"

咨询师："孩子期中考试数学明显进步了，这个时候，如果老公学了何女士的赋能技术之后对孩子说：'爸爸很好奇，你怎么一下子数学进步得这么厉害，你是怎么做到的？'孩子就被爸爸赋能了，感觉会好的。如果我们平时都有这样一种说话的思维，经常跟老公这么说，说着说着老公也就具有这种思维了。"

咨询师一定要在咨询室里边跟来访者进行角色扮演和情境练习。否则就光说说，不做不演练，效果不好的。

（三）鼓励重复

1. 核心理论

学习的信息加工论：认知主义学习理论受信息加工理论的影响，把人类学习过程类比为计算机的加工过程。在计算机的工作程序中，信息输入经计算机处理得出不同于输入的输出结果；而人脑在接受刺激以后也会作出不同的反应。计算机的工作与人脑的活动似乎都验证了 S—O—R 这个公式，其中 S 代表刺激（Stimulus），是指作用于有机体的外部环境因素；O 代表有机体（Organism），主要指学习者自身，包括其认知结构、心理过程、已有的知识经验等；R 代表反应（Response），是指有机体在接收到刺激后所做出的行为或心理上的反应。在理想状态下，信息的输入与输出是等质同量的，但是正如电信号在传输过程中会出现衰减，需要以放大器来加以调控一样，信息在传播过程中也往往会产生失真和量的损失。有研究者在信息加工论的基础上，提出了信息加工和传播存在漏斗效应。减少信息失真和丢失，双向沟通比单向沟通有效。单向沟通，指的是只有信息发送者一方发送信息，另一方只接收信息；双向沟通，指的是信息发送者信息发出以后及时接收反馈信息，必要时发送者与接收者还要进行多次重复反馈、沟通，直到双方共同明确和基本满意为止[①]。

何为沟通的漏斗效应？一个人心里想的东西设定为100%，当你向别人表达的时候其实只能表达出80%，因为每个人的表达能力都是有限的。对方接收到的信息大概只有60%，因为人与人之间存在着诸多差异，譬如文化水平、成长背景、三观等的不同会导致接收到的信息出现缩水。又因为人与人的理解能力不同，真正被对方理解和消化的信息大概只有40%。结果等到具体行动执行已经变成20%。这是常见而又极其容易被忽略的"信息双边误差"。例如，有一次笔者到饭店去吃饭，我说老板娘再来一碗饭，老板娘回应说我是要饭的。这话让我听着感觉不好，结果我幽默一下说：我不是洪七公唉。老板娘：洪七公是谁，叫过来一起吃？老板娘因为不了解《射雕英雄传》中洪七公的人物形象，接收不到我传递给她的信息。

下面再以折纸游戏为例说明漏斗效应。

---

① 陈琦，刘儒德. 当代教育心理学[M]. 北京：北京师范大学出版社，2019：123.

第一次，① 给学员发一张纸；② 老师发出指令。

指令：大家闭上眼睛，全过程不许问问题，把纸对折、再对折、再对折，把右上角撕下来，转180°，把左上角也撕下来。

做完之后学员睁开眼睛把纸打开一看，发现最后纸的形状差异很大。这里差异的存在就是沟通的漏斗效应导致的；

第二次，老师重复上述的指令，不同的是这次学员们可以复述、问问题、确认老师的指令。做完之后发现纸的形状差异性大大减少。

每一次咨询信息量大，只有处理好漏斗效应，才能将咨询师的知识、建议等完全传递给来访者。那么，用什么办法可以克服咨询中的漏斗效应呢？如果在沟通时尽量去模拟、复述对方的信息，明确彼此的意图，则可以在彼此之间进行更有效的沟通，让彼此更加了解。

2. 操作要领

咨询50分钟的时间，信息量大，为了减少漏斗效应，怎么办呢？要重复。

（1）将咨询的过程用1、2、3进行复述

将咨询过程、内容或感受等用1、2、3的顺序或结构来复述。开始几次可以由咨询师来进行复述，接着可以鼓励来访者仿照咨询师的复述方式进行复述。

（2）如果有遗漏及时做出补充

如果在复述中发现遗漏关键信息，要通过回顾咨询记录或与来访者再次确认，及时做出补充，以确保没有遗漏任何关键信息。

（3）关键点需要给予强化

对于咨询过程中的关键点和重要信息，可以使用重复、强调或笔记记录等方式来加强，以确保来访者能够充分理解和记住。

3. 实操话术

"时间过得非常快，今天，又给老师分享了很多的东西，老师也说了很多，同时也给了你一些调适的方法。现在，可否请你把我们今天的整个咨询过程，用你自己的语言，跟老师一起再梳理一遍呢？" "嗯，太棒了，非常清楚！"

【咨询现场话术与分析】

咨询师："何女士，时间过得非常快，今天，又给老师分享了很多的东西，老师也说了很多，同时也给了你一些调适的方法。现在，可否请你把我们今天的整个咨询过程，用你自己的语言，跟老师一起再梳理一遍呢？你感受一下，刚刚的咨询过程给你的最大的收获和体会，如果用三点来分享，你觉得是哪三点呢？"

何女士："第一，没想到我给我老公的肯定那么少，以后老公干活要给以更多鼓励；第二，感觉好像还是要改变自己，你要改变别人的话得先改变自己；第三，学习动物园疗法，改变与老公和孩子的相处模式。"

咨询师："嗯，太棒了，非常清楚！"

这是咨询师鼓励来访者从三个方面来复述自己的咨询收获。

三、流动——回归生活，学以致用

何为流动？来访者用咨询中学到的方法和获得的能量，自己帮助自己，并能够应对新问题。心理咨询的流动阶段，就是到了助人自助阶段，再以大石头为比喻，就是在大石头被推动后，撤掉推力，大石头自己顺着惯性滚动的阶段。

流动阶段由导出新问题、布置任务和过程监控三步组成。

（一）导出新问题

1. 核心理论

罗杰斯的有意义学习理论：罗杰斯认为学生学习主要有两种类型，即认知学习和经验学习，其学习方式也主要有两种，即无意义学习和有意义学习。所谓有意义学习，是一种与个人各部分经验都融合在一起，使个人的行为、态度、个性以及在未来选择行为方针时发生重大变化的学习。它不仅仅是增长知识，更是要引起整个人的变化，对个人的生存和发展极有价值。有意义学习需要具备4个要素：(1) 学习具有个人参与的性质，个人要积极投入学习活动；(2) 学习是自我发动的，即便在推动力或刺激来自外界时，也要求发现、获得、掌握和领会的感觉是来自内部的；(3) 全面发展，也就是说它会使学生的行为、态度、人格等获得全面发展；(4) 学习是由学生进行自我评价的。

在每次咨询结束时，咨询师要引导来访者看到自己在本次咨询中发生的积极变化、实现的阶段性目标，给来访者希望，让来访者看到接下来努力的方向，也为下次咨询做好铺垫。

2. 操作要领

（1）强调本次咨询中来访者显而易见的积极变化。

（2）商量下次要探讨的问题及其目标。从来访者的问题清单中选择来访者最迫切需要解决的问题。来访者的问题清单来源于首次心理咨询结构化会谈收集到的来访者的主诉问题和续次心理咨询中来访者补充的诉求，一般可归纳到如下五大"抽屉"里：困扰事件、生理方面、情绪方面、认知方面和意志行为（主要指社会功能）。

（3）要用来访者听得懂的话来表达。

3. 实操话术

"老师已经明显感受到了你的变化，现在的你越来越有力量了，脸上的笑容越来越灿烂了，行动力也越来越强大了。下次，我们将围绕XX问题，展开更深入的探讨，老师希望看到你在XX方面更大的变化，让我们一起再努力！"

【咨询现场话术与分析】

咨询师："何女士，老师已经明显感受到了你的变化，你脸上的笑容越来越灿烂了，行动力也越来越强大了。"

这句话对来访者的进步给予了明确的肯定和鼓励。指出来访者的力量、笑容和行动力都有所增长，这些都是积极的变化，对于来访者来说是一种鼓舞和激励。

"在接下来的咨询中，我们将围绕你提到的XX问题，进行更深入的探讨。"

这句话预告了下次咨询的主题，让来访者有所准备。同时，也传达了一个信息，即咨询是一个持续的过程，需要双方共同的努力和合作。

"老师希望看到你更大的变化，让我们一起再努力！一起面对生活中的挑战，追求更好的自己。"

这句话表达了咨询师对来访者未来更大进步的期待，同时也鼓励来访者继续努力。这种积极的期待和鼓励有助于增强来访者的自信心和动力，促进来访者更好地应对挑战和问题。

（二）布置任务

1. 核心理论

助人自助，很多人理解为"帮助了别人成就了自己"，这是不对的。心理咨询中的助人自助，核心是帮助来访者，让来访者在咨询师的帮助下，能够把这些技术和方法用在其他方面，最终的目标是无需咨询师的帮助，也能自主解决自己的问题。

助人自助，问题的解决一定是在"任务"的层面实现的。

2. 实操要领

(1) 结合本次咨询的方法，布置巩固的作业

布置作业是巩固和提升咨询效果的重要保障。在咨询结束后，咨询师与来访者商定作业，确保来访者理解作业的目的和意义，并知道完成作业将有助于其成长和进步；布置的作业要明确地一项一项地罗列出来。

(2) 任务一定是可以操作的、可行的

对于商定的作业，咨询师应当询问来访者完成的意愿和可能妨碍家庭作业完成的内外因素，并共同探讨完成作业的具体路径、方法和时间等。最终，来访者确信作业或任务是可以操作的、可行的。

(3) 任务会有一定的压力，但不能制造更大的麻烦

要根据来访者的实际情况和能力，合理安排作业或任务的量。避免布置过多的任务，给来访者带来过大的压力，影响其正常生活和心理健康。

3. 实操话术

"最后，为了更好地巩固我们的咨询效果，还是需要你回去完成任务哦。"

……

"那好，我们今天就到这里，你还有什么需要跟老师说的吗？"这句话一定要问，如果来访者还有话要说，咨询师应告诉他会在下次咨询中处理；如果没有的话，咨询师要说："哦，没有了，那么期待着我们下次再见！"

【咨询现场话术】

咨询师："何女士，为了更好地巩固我们的咨询效果，还是需要你回去完成一些任务，你看我们做一些什么比较好呢？"

何女士："我需要提醒自己扮演孔雀角色，少干一些家务活，打扮得更漂亮一点，多肯定老公和孩子，是吗？"

咨询师："是的，很好！我们回家做下面三个任务：第一，提醒自己扮演孔雀角色，在家给自己穿一件漂亮的衣服，给自己化一个淡妆。你打算每天都这样呢？还是就试几天？第二，与老公和孩子说话有头有尾。你打算试几次呢？第三，用赋能技术肯定和表扬老公为女儿和家庭做的事。你打算试几次呢？"

何女士:"第一,在家给自己穿漂亮的衣服,化一个淡妆,至少坚持一天;第二,与老公和孩子说话有头有尾,至少每天一次;第三,用赋能技术肯定和表扬老公为女儿和家庭做的事,至少每天一次。"

咨询师:"很好,你确定下来的任务很清晰具体。你能估算一下自己完成这三项任务的可能性有多大吗?"

何女士:"至少有90%。"

咨询师:"好,我们今天就到这里,你还有什么需要跟老师说的吗?"

何女士:"没有了。"

咨询师:"好的,那么期待着我们下次再见!"

(三) 过程监控

1. 核心理论

关注、预测、监控"副作用"。例如,来访者到咨询室来,一般来说是7天一次。过程很重要,6+1要起到大于7的效果,要关注、监控副作用。

2. 操作要领

(1) 把来访者放在心上,尤其是对于顾问式服务的案例

心理咨询师需要将来访者放在心上,关注来访者的需求和感受。对于顾问式服务的案例,心理咨询师需要更加深入地了解来访者的背景、问题和发展需求,提供个性化的、全面的服务。

举例说明,在学校里做青少年的个案咨询,咨询师做了咨询之后,要从老师那了解有关孩子日常的情况、家长的互动、同伴的反馈,这些信息都需要去了解,不要刻意,但是要有心,要顺其自然地接收相关信息。

(2) 调控、教育要走在发展的前面

心理咨询师需要关注来访者的成长和发展,并提供相关的教育和指导。在来访者了解自己的问题、发展自己的技能、提高自我认知和情绪管理能力等方面,提供更好的服务。

(3) 发挥社会支持系统的作用

心理咨询师需要帮助来访者建立和维护社会支持系统。这包括帮助来访者与家人、朋友、同事等建立良好的关系,并为其提供必要的支持和帮助。同时,心理咨询师也需要引导来访者寻找和使用社会资源,如社区服务、志愿者组织等,以增强来访者的社会支持和归属感。

续次心理咨询三动九步法图解见图 4-1。

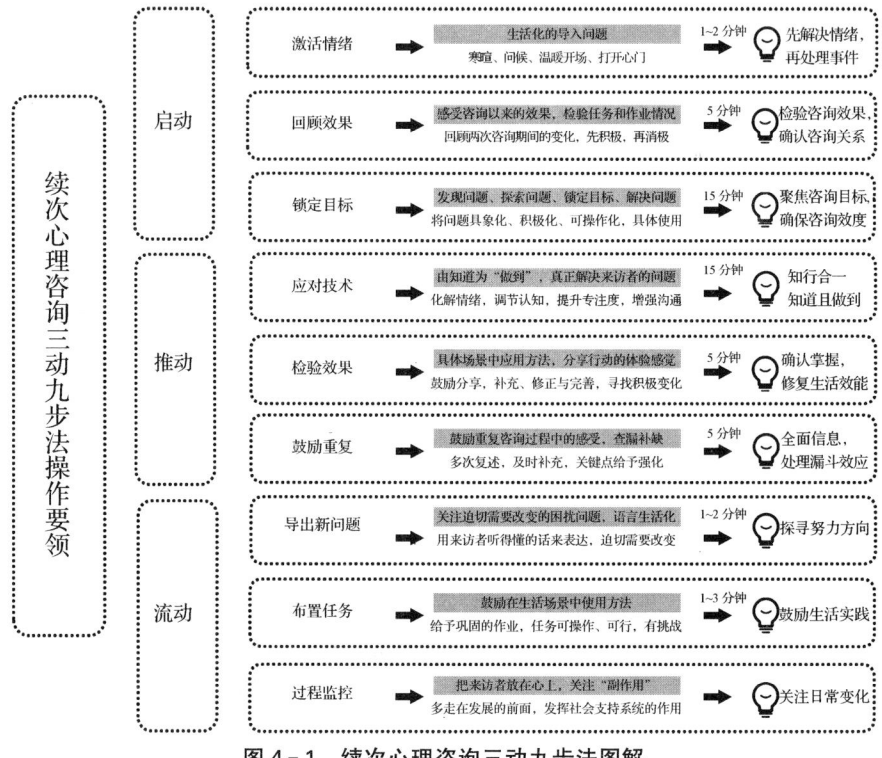

图 4-1 续次心理咨询三动九步法图解

第二节
结案心理咨询的结构化会谈过程

在心理咨询的旅程中，每一次对话、每一次分享，都是来访者心灵的成长与蜕变。而在这段旅程的终点，结案咨询显得尤为重要。它不仅是对过往工作的总结，更是对未来生活的展望与鼓励。

如果我们在首次咨询时，与来访者建立的关系良好，对来访者的问题评估精准，续次咨询稳扎稳打，尊重来访者的节奏逐步推进，做好每一次咨询，那么最后一次咨询也就水到渠成了。结案咨询的原则是简要明了，不拖泥带水。笔者自己做咨询的经验一般是这样的：首次咨询的时间往往会长一点，通常需要一个半小时，后续每一次咨询一般来说是一个小时，基本上相差5分钟左右。最后一次咨询，基本上30分钟就可以结束了。这就好比我们到医院看病，第一次检查花的时间相对长，复诊时，花的时间短。所以，结案所用的时间，在整个咨询过程当中所占的比例是比较少的，不需要花太多的时间，否则就有问题了。

结案咨询的核心任务是回顾疗程、巩固咨询效果（巩固方法、鼓励展望）和处理移情。

巩固咨询效果的核心是让来访者感受到自己的力量，认识到自己才是解决问题的主人，从而拥有解决其他问题的信心与能力，重塑生活目标。

一、回顾疗程

（一）核心理论

回顾咨询效果，强化来访者的成长点。

1. 回顾来访者咨询目标一步一步实现的过程

咨询师和来访者一起回顾咨询目标一步一步实现的过程，看看哪些目标完全达成了，哪些目标部分达成了，哪些目标正处于达成过程中。

2. 积极关注来访者的成长点

心理咨询是通过来访者的个人成长来实现咨询目标的，来访者的个人成长体现为认知改变和行为改变。咨询师可以请来访者列举自己的各种积极改变，也可以请来访者回顾咨询笔记和家庭作业，分享对自己影响最大的几句话，以及自己最喜欢或掌握的最好的认知技术和行为试验方法，分享得到了什么启迪，学到了什么东西。

3. 让来访者觉察到所有的成长都是自己做到的

咨询师要淡化功劳意识，因为一切改变都是来访者自己做到的。

（二）实操话术

"非常感谢你这段时间的陪伴，这一段时间以来，我们从怀疑到相识，到一坐下来就能够谈一个多小时，围绕着……老师一直看着你在变化。从你身上老师学到了很多，比如：你的坚持，你改变自己的勇气与决心，你面对困难敢于去直视的胆识……老师也得到了成长哦。"

二、巩固方法

（一）核心理论

回顾改变问题的核心方法、技巧，以及方法的应用，并鼓励来访者将方法、技巧用到其他方面。什么叫泛化？一个问题对其他问题产生影响。方法或技巧需要泛化，即你这个方法用在老公身上会用，在孩子身上也要会用，在学生、周围人身上都要会用，这个也是一个泛化的过程，教育心理学里边叫迁移，日常生活中叫举一反三、触类旁通。

（二）实操话术

"假如现在的你遇到了之前（2周、3周、一个月前……）曾遇到的问题，你觉得你还会像当时一样吗？……对，太棒了。那么这些方法，你打算怎么去用呢？或者还可以用在其他哪些方面？……未来在遇到哪些问题时，你可能可以用学到的这些方法去应对呢？"

三、鼓励展望

（一）核心理论

鼓励展望，就是鼓励来访者对咨询结束后未来可能出现的问题作出预先安排。通过展望未来，来访者可以增强对未来的掌控感，重塑生活信心，并相信自己的力量能够处理新问题。

1. 预期新问题的应对

咨询结束后，来访者还将进入人生的新阶段，随着外部环境的变化，可能会遇到新的挑战。如果处理不恰当，可能引发新的心理问题。为了让来访者能够长时间地维持心理健康，咨询师可以与其共同探讨：未来可能会遇到哪些问题？如何运用在心理咨询中学到的技巧加以解决这些问题？

2. 预期原有问题复发的应对

咨询结束后，一些持续时间比较久的严重的心理问题可能因为某些原因而复发。为了保证心理咨询的长期效果，咨询师要与来访者探讨问题复发的应对策略。

（二）实操话术

"人生其实不如意十之八九，犹如你这段时间的经历，今后成长中我相信肯定还会遇到越来越多的问题，你觉得，你将会怎么办？"

……

"嗯，我一点都不怀疑你的勇气与能力，而且，也相信，你的成绩会越来越好，情绪控制也会越来越棒，人际关系也会越来越和谐。因为现在，你能够很好地把握你自己的未来了。"

"如果原有的一些问题又出来了，你觉得，你将会怎么看？又会怎么办？"

从咨询开始，咨询师与来访者就建立了咨访关系，并在咨询过程中巩固关系。当咨询走向终结时，咨访关系也将告一段落。结束咨访关系时核心是处理移情。

四、处理移情

（一）核心理论

让来访者知道，咨询师仅仅是协助者，其实所有的一切变化中，行动才是最重要的，而一切的行动都是来访者自己做出的。

1. 感谢咨询过程中来访者的信任和分享

2. 强调一切变化都是来访者自己做到的

（二）实操话术

来访者："感谢老师，这段时间对我的帮助太大了，老师很有智慧，你问的问题和说的话，都让我有醍醐灌顶的感觉。没有你就没有现在的我，很感谢咨询师。"

咨询师："某某女士，整个咨询过程核心都是你自己在分享、在行动、在成长，要感谢你今天来跟老师做这么好的一个互动和交流。"

移情是正常的咨询中必须去运用的一种技术，但最后结案咨询要处理好移情。处理移情很重要的一点是，千万不要跟来访者争功劳。如果咨询师说，你看没有我你就不行，你看我就是你的天，这就有问题了。来访者无法离开咨询师，就无法处理好移情了。咨询师不邀功，一切功劳都是来访者自己的，来访者才是解决自身问题的专家。这样一来，来访者就感觉到自己有能量了，就能带着能量回到自己的生活中。

第五章

结构化心理咨询的方法

第一节
情绪管理计

所有的问题都会有情绪的表征，就像高烧是绝大多数生理问题的外在症状，情绪是绝大多数心理问题的外在症状，大多数来访者心理问题的根源症结往往不是情绪消极。结构化心理咨询帮助来访者管理情绪，只是作为咨询工作的切入点，咨询师的主要精力始终放在化解根源症结、实现咨询目标上。

结构化心理咨询师在什么情况下要帮助来访者管理情绪呢？（1）来访者被过强的消极情绪控制，如果不处理好情绪，则无法建立、维持良好的咨访关系；（2）来访者被过强的消极情绪控制，其认知和解决问题的能力下降，无法处理事情摆脱困境，就是人们常说的，情绪出不来，道理进不去！需先处理心情，再处理事情；（3）消极情绪的负性影响严重影响来访者的人际关系，以及生活、学习和工作等方面的社会功能。

美国心理家詹姆斯·格罗斯提出情绪管理过程的五个阶段，即情境选择、情境修正、注意分配、认知改变、反应调整。情境选择是指个体趋近或避开情绪事件以调节情绪。如有社交焦虑的人会尽量避开社交场合以减少焦虑的发生。情境修正是指对情绪事件进行控制，努力改变情境。如当个体与同事关系紧张时，努力去改善紧张关系。注意分配是关注情绪事件诸多方面中的某个或某些方面。如当谈到令人不愉快的话题时，个体会转移话题，转而注意别的事情。认知改变是改变对情绪事件意义的看法或态度，从而达到调节情绪的目的。如人撞了你一下，你解释为不是故意的，则会避免生气。反应调整是指情绪已经被激发以后，对情绪体验、行为表达、生理反应施加影响，主要表现为降低情绪反应的生理和行为表达。如有人踩了你的脚，他没有表示歉意，尽管你很生气，但你会努力控制自己的愤怒情绪。前两个关键点的改变是针对外界环境，后三个关键点的改变是针对个体的主观认知、意志或行为[①]。

结构化心理咨询围绕以上情绪管理的五个阶段，在每个阶段探索实用的、易操作的心理咨询方法，下面摘录十一个方法。

一、情有可原

(一) 概念解析

学习有关情绪的脑中枢机制的理论知识，领悟调控情绪的原理和方法，并加以实践。让来访者明白情绪的产生是由我们大脑的"杏仁核"受刺激导致的，是一种生理的本能反应，可以通过调控"杏仁核"的兴奋度来调控情绪状态。

(二) 理论依据

情绪人人都熟知，然而要阐明它的机制，熟知其所以然却是一件很困难的事情。作为人类机能的生物特性，情绪起源于大脑的原始脑区，主要包括"杏仁核"情绪中枢在内的边缘系统(Limbic System)。但由于也涉及人类复杂行为，情绪还受高级脑区制约，特别是前额叶等新皮层。这些影响情绪行为的神经生理过程也存在着明显的发展变化。有关情绪的中枢机制的研究认为：情绪的调节和控制是一个复杂的过程，涉及多个脑区的交互作用。边缘系统是其中一个重要的组成部分，它对情绪的产生和调节起着关键作用。边缘系统是位于大脑半球到间脑并延伸到中脑的一个较大的、非均一的最原始神经结构，包括丘脑、下丘脑、海马体和杏仁核。杏仁核是恐惧反应的中枢，是边缘系统当中调控情绪最重要的区域[②]。杏仁核，又称情绪脑，呈杏仁状，是产生情绪、识别情绪和调节情绪的中枢。刺激清醒动物的杏仁核，动物出现"停顿反应"，显得"高度注意"，表现迷惑、焦虑、恐惧、退缩反应或发怒、攻击反应。刺激杏仁首端引起逃避和恐惧反应，刺激杏仁尾端引起防御和攻击反应。切除杏仁核，动物出现"心理性失明"。杏仁核的唤醒与大脑皮

---

① GROSS J J. Emotion regulation: Affective, cognitive, and social consequences [J]. Psychophysiology, 2002, 39(3): 281-291.

② LEDOUX J. Emotional networks and motor control: A fearful view [J]. Progress in Brain Research, 1996(107): 437-446.

层、脑干有紧密关系。大脑皮层在上部对情绪起抑制、整合作用；脑干作为生命中枢，为杏仁核、大脑皮层等大脑高级功能区域提供必要的生理支持。例如，呼吸、心跳等基本生命活动的稳定是杏仁核正常发挥功能的基础。杏仁核在情绪调节和认知功能方面与脑干存在密切的相互作用。例如，在面临威胁或紧张情境时，杏仁核会释放神经递质，通过脑干中的神经通路影响身体的应激反应和自主神经系统的活动[①]（图5-1）。当来访者求助时，心理咨询师通过启发式的方法让来访者领悟情绪调控的中枢机制，积极主动调控情绪。

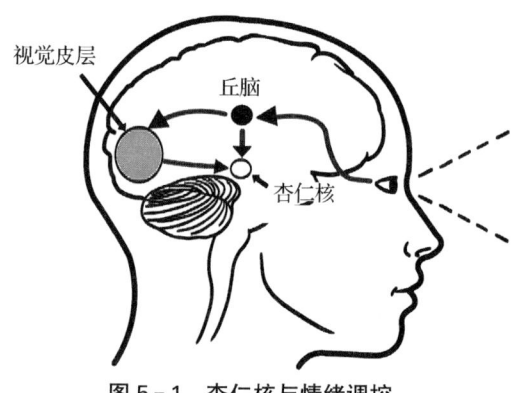

图5-1 杏仁核与情绪调控

(三) 实操过程

心理咨询师以具体、有趣的"大脑三兄弟模型"解释复杂、晦涩的情绪中枢机制，引导来访者领悟情绪调控的生理学原理，激发来访者情绪调控和管理的主动性、自觉性和创造性。

1. 大脑呈现

实操过程和话术如下：

(1) 请大家拿出双手摊开，掌心向前。

(2) 把大拇指收缩到掌心。

(3) 再把两边的四个手指向下压住大拇指。

(4) 再把两个手合拢，这个就是我们大脑的简易模型。

---

① 斯托曼.情绪心理学[M].张燕云,译.沈阳:辽宁人民出版社,1986:109-111.

2. 大脑三兄弟

实操过程和话术如下：

（1）大拇指下面的部分表示脑干，是生理脑，跟我们的生命有关，发育最早，但早期非常脆弱。

（2）两边的8个手指表示大脑皮层，又称理智脑，跟我们的情绪产生有关，保护着我们的情绪脑。

（3）大拇指代表我们的杏仁核，又称情绪脑，情绪脑被唤醒就会产生焦虑、抑郁、恐惧等情绪。

3. 情绪机制

实操过程和话术如下：

（1）理智脑，即大脑皮层，由前额叶调控，前额叶是认知中枢，一旦我们陷入过度思考或出现认知偏差时，大脑皮层就"包"不住（即难以有效控制）情绪脑。

（2）大脑皮层容易出现两种状况：一种是"打开"了（8个大脑皮层手指直起来了），另一种是"散开"了（8个大脑皮层手指粘不住了）。

（3）大拇指也就是杏仁核"跑"出来了（即过度活跃），不良情绪就产生了。

4. 处理方式

根据上述情绪产生的机理，要让情绪保持稳定，有两种管控的方式：

（1）一种是调控理智脑，让大脑皮层归位，即通过认知来调适。例如，对同一句话、同一件事情，不同人理解不一样，这个时候产生的不同情绪是由每一个人对外界刺激的认知不同所导致的，认知不同会直接影响到大脑皮层的功能，从而让情绪"跑"出来。需要通过改善认知来调控情绪。

（2）另一种是调控生理脑，通过激素、睡眠和其他心身活动调控脑干来逼迫大脑皮层"归位"。例如，一个人晚上睡不着觉，早上起来很烦躁，这是生理脑没有休息好影响到情绪，是生理上出问题了，需要通过药物、饮食和运动等方式调控。

如果失眠和情绪问题严重，需要通过药物调节生理脑，建议转介医院。

(四) 适用情境

1. 自我调适，知其然，知其所以然

知道了情绪机制，就知道如何找办法调节杏仁核活动。知其然，知其所以然。当我们情绪不好，我们可以闻闻香水，穿着新衣服出去郊游、逛街，吃吃美食，听听音乐或去看一场电影，等等。

2. 拓宽情绪应对的路径

对于陷入情绪困扰，特别是高认知的来访者，在协助其进行情绪调节时，如果把情绪及其调控机制给他们解释清楚，他们会更信服心理咨询师，更愿意主动接受情绪调控方法并加以运用。

3. 有助于心境障碍患者转介医院

心理咨询师和心理教师虽没有抑郁症、焦虑症和双向情感障碍等心境障碍的诊断资质，但是需要有精准识别和科学评估能力。一旦发现疑似心境障碍者，要及时转介。这个时候患者或患者家属可能不接受转介，就需要告诉他们这个心境障碍背后的生理机理。

二、抬头远望计

（一）概念解析

当情绪处于不开心、低落状态时，人往往会垂头丧气低着头。抬头远望可以开启新视野、新体验，以此来打破固化思维。通过开放、拓展思维达到情绪稳定的状态。

（二）理论依据

有关情绪的外周神经机制理论认为：自主神经又称"植物神经"或"内脏神经"，主要由交感神经系统和副交感神经系统两大系统组成，它们共同调节和支配内脏器官、平滑肌、心肌、腺体等的活动，并对机体的新陈代谢、体温、睡眠、血压等生理过程发挥关键作用。其中，迷走神经不仅属于自主神经，而且是自主神经系统中副交感神经系统的重要组成部分，对机体的多种生理活动起着重要的调节作用[1]。抬头远望、舒张身体，可以刺激迷走神经，而它的活跃度则与人的兴奋性和幸福感有关。医学上有用直立倾斜试验诊断血管迷走神经性晕厥的方法[2]。

一般来说，改变当前状态往往是调节情绪的有效开端。如果一个人因什

---

[1] 章淑慧.心理生理学:意识的调节与生理活动的控制[M].长沙:湖南人民出版社,2006:34-40.
[2] 王丹,薛小临,侯军龙,等.直立倾斜试验在心脏神经官能症患者中鉴别血管迷走性晕厥的应用分析[J].中国循证心血管医学杂志,2021,13(12):1490-1492.

么事而有情绪，只要能够把他的注意力转移到一个新的焦点上，他的情绪便会改变。以视角为例，从低头看地到抬头远望便是一种积极的情境改变。就生活常识来说，地是不动的，低头看地思维容易被禁锢，而抬头看天，思维容易跟随着变化的云彩被打开。而人生气时往往是头低下来，眼睛往下面看地。所以，当我们心情不好时，把头抬起来看天、看远方、看运动的物体，有助于提升思维灵活性和开放性，是一种最方便可行的情绪调节方法。

（三）实操过程

1. 抬头远眺（成年人）

抬头，眼睛看着高处或者窗外（额肌收缩，眉位提高，两面侧笑肌收缩，嘴角含笑微上提）。

2. 把头抬起来（儿童）

用手轻托来访者下巴，缓缓将头抬起，引导目光注视房间里颜色鲜艳的、会动的东西。

（四）适用情境

（1）神经兴奋性低、情绪低落人群。

（2）长时间工作压力大、负荷重的人员。

（3）失眠患者。

三、耸肩舒缓计

（一）概念解析

通过放松"斜方肌、三角肌"的方式，改善身体状况，舒缓情绪压力（见图5-2）。

（二）理论依据

美国心理学家詹姆士（William James）和丹麦生理学家兰格（Carl Lange）分别于1884年和1885年提出了观点相似的一种情绪理论，他们强调情绪的产生是植物神经系统活动的产物。后人称他们的理论为情绪的外周理论，即詹姆士—兰格的情绪学说。詹姆士根据情绪发生时引起的植物性神经系统的活动，和由此产生的一系列机体变化，提出情绪就是对身体变化的知觉。他们共同认为情绪刺激引起身体的生理反应，而生理反应进一步导致情绪体验

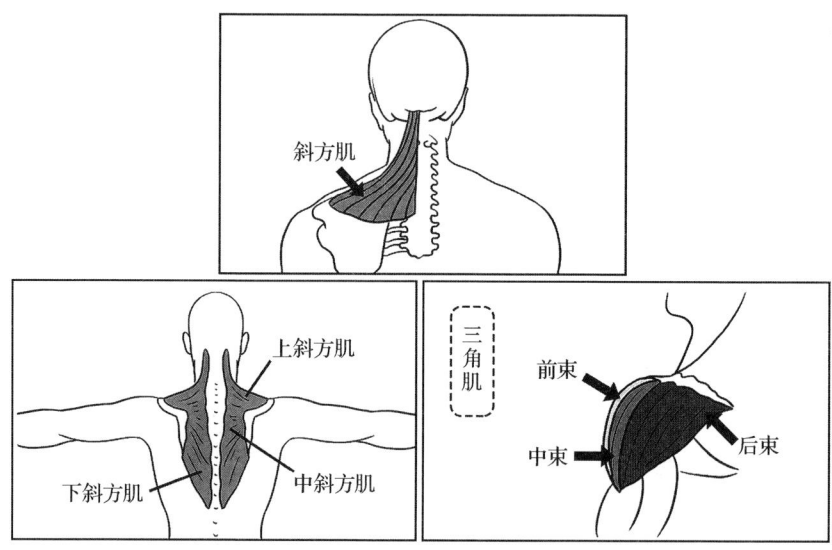

图 5-2　斜方肌、三角肌

的产生。詹姆士—兰格理论看到了情绪与机体变化的直接关系，强调了植物性神经系统在情绪产生中的作用[①]。

基于该理论，身体生理反应与情绪紧密相连。例如，部分人在遇到危机惊险情况时，人体第一时间的反应就是耸肩，这是一种危机的应对模式，所以链接头部和躯体的斜方肌为身体承担了很多压力。

另外从供血系统角度考虑，斜方肌的正常收缩，可以保证血液循环通畅，从而使人神清气爽，肩颈活动自如，情绪稳定。

双肩的放松会扩大至身体其他地方。这样做是改变了自主神经系统控制的身体紧张状态，而身体紧张状态与情绪状态是息息相关的。故此，情绪便也舒缓了。

(三) 实操过程

(1) 耸肩舒缓操。

① 自然直立，双手自然下垂，深深吸气，两肩向两耳方向上提，两肩最大程度紧贴两耳，屏气 3 秒，缓缓吐气；

② 两边肩膀同时，向前摆动 8 次，向后摆动 8 次；

③ 两边肩膀同时，向左后方摆动 8 次，向右后方摆动 8 次；

---

① 许远理，熊承清. 情绪心理学的理论与应用[M]. 北京：中国科学技术出版社，2011：14-15.

④ 深呼吸，两肩轻轻地放下，然后再重重地吐气。

（2）风油精涂抹肩颈刺激放松。

（3）冲澡时用适当的温水冲肩膀斜方肌及三角肌。

（4）开背推拿（艾灸、按摩、捶搓撞背、捏背、晒背）。

（四）适用情境

（1）处于疲惫状态下，希望通过调节身体反应改善心理状态，从而达到管理情绪的目的的人群。

（2）情绪低落，长期隐忍人群。

四、下蹲导压计

（一）概念解析

通过下蹲将原本集中于脑部的神经冲动导流到下半身，从而调节血液循环系统，加速血管内血液流通，使下半身供血充足，减轻脑部特别是杏仁核的压力。

（二）理论依据

情绪的外周神经机制理论说明，人生气的时候血液会更多地往上走，容易冲动，下蹲能够在短时间内将血液更多地引流到下半身，缓解焦躁情绪。

世界卫生组织对于运动促进健康的建议为：成年人（包括 65 岁以上老年人），每周应进行 150 至 300 分钟的中等强度有氧运动。一蹲一起、一压一放、一冲一回的气血往复运动，就像"涮瓶子"一样，使全身血管得到了反复冲洗，有助于增强血管弹性，加快血液循环和体内的新陈代谢，激活免疫系统[1]。下蹲不仅有利于身体健康，也能快速调节冲动等不良情绪。

一个人发怒时，往往被形容为"怒发冲冠"，也就是说生气时情绪是往上走的，往上走时就容易影响大脑皮层的理智脑，人就容易犯糊涂、易冲动。这时候，如果把他的头部血液循环从上导下来，就能起到疏导情绪的作用。

（三）实操过程

（1）找一处相对平整空旷地。

---

[1] 吴安东,董家仪,吴方,等.营养和运动对血管亚健康的精准干预[J].中国临床保健杂志,2022,25(6):767-774.

(2) 让身体动起来，浅蹲 12 下。

(3) 进一步加大难度，深蹲 12 下。

(4) 坐下来放松。

浅蹲深蹲操作要领见图 5-3。

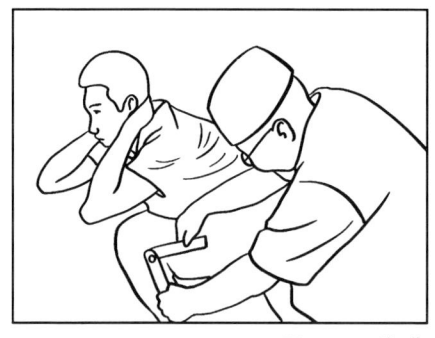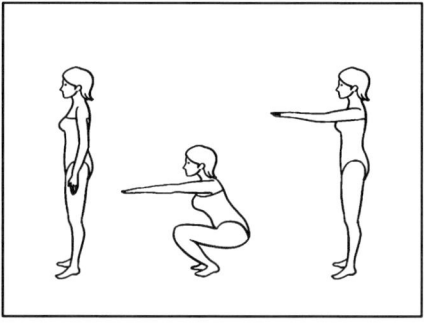

图 5-3 浅蹲、深蹲操作要领

(四) 适用情境

(1) 情绪激动、暴躁人员。

(2) 适合自我要求进步的人群，循序渐进助力成长。普通人改变结果，聪明人改变过程，智慧的人改变模式。

五、眼动脱敏计

(一) 概念解析

眼动脱敏与再加工疗法(Eye Movement Desensitization and Reprocessing，EMDR)，是一种针对创伤后应激障碍(Post Traumatic Stress Disorder，PTSD)的整合性疗法。通过视神经的加工，当事人对痛苦情绪脱敏，相关信念和认知重新建构，降低和消退与之相伴随的异常躯体感受，使创伤性记忆得到适应性再加工[①]。

(二) 理论依据

眼动脱敏与再加工疗法借鉴了控制论(Cybernetics)、精神分析、行为、认知、生理学等多种学科的精华。其核心基于适应性信息加工模型。该模型认为，人类与生俱来有着一种生理信息处理系统，可以将那些令人感到痛苦

---

① 郭兰,孙启武.心理创伤:评估诊断与治疗干预[M].武汉:武汉大学出版社,2013:116-118.

困扰的信息转化为一种适应性的解决策略,进行健康的心理整合,发挥其健康平衡的自我恢复功能,就如同伤口可以收口或愈合一样。在这个模型中,假设创伤性事件和创伤有关的信息击垮或阻塞了自然生理信息处理系统的正常加工,使人们的感知觉以某种状态依存的形式储存下来,并表现为所谓的创伤应激障碍症状,使得自愈系统受到阻碍。一旦阻碍得到清除,加工过程重启,对信息进行"消化""代谢"之后,生理就会逐渐从功能不良变为功能良好,以健康的、强化生命力的方式开始自我恢复的过程。[1]

(三)实操过程

1. 唤醒期

当一个人因经历了创伤性的事件,陷入难受、痛苦的状态,主动找咨询师咨询,或者找咨询师去做危机干预时,咨询师首先要引导来访者回想不愉快的画面、场景以及伴随的不良情绪状态。

2. 眼动期

咨询师坐在来访者右方,将椅子调整为与来访者呈45°角。请来访者双目平视前方,咨询师并拢食指和中指,在来访者的视线范围内,做有规律地左右移动,频率约为每秒运动一次,要求来访者始终注视着咨询师的手指,并跟随手指左右转动眼球。

当来访者情绪很不稳定时,咨询师千万别说不要有情绪、不要去讲,而是要鼓励其释放情绪,不要去憋着压着。让他眼睛看着咨询师的手指头,看着看着,最后所有的情绪通过视神经的加工慢慢地消退掉了。

3. 脱敏期

一个眼动周期大概持续2~3分钟。完成一个周期后,引导让来访者分享情绪的感受,评估其情绪状态。随后,再次重复眼动过程,直至情绪稳定。

(四)适用情境

(1)除癫痫来访者、大脑有损伤、有引起眼内压升高疾病的来访者外,可适用于青少年、儿童及成年人。

(2)适用于创伤后应激障碍、各类神经症(尤其是强迫症及恐怖症)、小儿多动症、注意力不集中。

---

[1] 郭兰,孙启武.心理创伤:评估诊断与治疗干预[M].武汉:武汉大学出版社,2013:116-118.

例如，曾有一个来访者到笔者这边来，他满脑子里就想面包，让他不想面包不行，到咨询室一坐下来也想着面包。笔者一边说你再接着想你的面包，一边并拢食指和中指，在来访者的视线范围内规律地左右移动。不一会儿，来访者脑子中面包的想法没有了，消退了。刚开始时两分钟内消退，再接着一分钟内消退，到最后半分钟内消退，最后笔者一举手，想法就没有了。这个叫眼动脱敏技术，多用于强迫症，对于创伤应激障碍也是很有效的。

（3）情绪的自我控制与管理。

六、一气呵成计

（一）概念解析

一种情绪安全宣泄的方式。人体压抑的情绪犹如一股股气流，也有人将其比喻成能量波，可以借助一定的道具，比如气球，在不知不觉中释放出来。

（二）理论依据

人在生气时，由于情绪激动，容易导致呼吸加快、心跳加速、血压升高等生理反应，从而影响身体健康。同时，由于生气时生理反应非常剧烈，人体内分泌系统受到影响则会分泌出许多有毒性的物质，从而可能导致生气时吐出的气体有毒。美国生理学家艾尔玛将人在不同情绪状态下呼出的气体收集在玻璃试管中，冷却后变成水发现：人在心平气和的状态下呼出的气体冷却成水后，水是澄清的；人在悲伤状态下呼出的气体冷却成水后，水中有白色沉淀；人在愤怒状态下呼出的气体冷却成水后，被注射到大白鼠身上，几分钟后大白鼠死亡[1]。

（三）实操过程

（1）准备好气球，人手一个。

（2）鼓足劲用力吹气球，越大越好。

（3）吹到自己感觉足够大之后打结，用脚踩破或用手挤压至破。

（4）合理利用宣泄语言（如请走开……）。

例如，笔者做过一个危机处理的案子：某学校某一个班级的一位学生在

---

[1] 史爱芬.幼儿常见问题行为与矫正[M].上海：复旦大学出版社,2019:76

校因意外事故去世了。笔者为班级其他学生做哀伤辅导,主要包括三个环节,一是让学生低头。低头时让学生回顾与已故同学在一起的经历,给予学生充足的怀念时间,让他们在这个时间里为已故同学准备一份礼物。二是让学生抬头。抬头时,让学生在已故同学的遗像前面走一遍,把礼物送给他。三是每个人吹起一个气球,然后写上对已故同学的一些寄语和对自己的寄语,然后到操场外面去,大家一起把气球放飞掉,或者一起抛气球,并说一句话:让我的悲伤情绪消散,让不开心走开。在这个过程中,学生会把头转起来、仰起来,跑一跑,挤一挤,也有相互身体的触碰。经过三个环节的活动,学生们情绪得到有效疏导,逐渐稳定下来,开始恢复到相对积极的状态。这就是很有效的哀伤辅导方法。

(四)适用情境

(1)中小学生发生冲突时冲动表现状态。

(2)情绪易激惹者。

(3)讲座或团辅过程中用来热身或者最后情绪宣泄。

七、12秒等待计

(一)概念解析

允许自己先停下来,数数或者观看周边可以数的事物(比如楼层、人,……),只要过了12秒,情绪就会消散了。

(二)理论依据

情绪变化如血压波动一样也是有规律的,不可能一直往上走,上去了必然会下来,有高有低。怒气消解也有过程,心理学研究表明,愤怒的高强度爆发期不超过12秒钟,就如暴风雨一般,爆发时摧毁一切,但过后却风平浪静。所以掌握应对这关键12秒的策略,对引导怒气自然消解非常重要。深呼吸,或者在心中默数12个数,当你做完的时候,你会发现,其实你已经没有那么生气了。

(三)实操过程

(1)心理默数12个数。

(2)以12为基数数鸭子。

(3)以12为基数数楼层。

(四) 适用情境

(1) 愤怒的情境，尤其是和人对话时。

(2) 情绪易激惹、易激动人群。

八、情绪拆弹计

(一) 概念解析

一种认知训练方法，对引起情绪的原因进行一分为二的理性分析、预测，找出哪些是内在的、可控的原因，哪些是外在的、不可控的原因，把两者进行区分，再着眼于内在的、可控的部分进行一步一步的行动调整。就如拆解炸弹的过程，针对可控的部件工作，将不良的情绪一点一点地消解。"情绪拆弹"属于认知行为疗法。

(二) 理论依据

心理学家韦纳认为，人类不外乎从三个方面来分析结果产生的原因：外部归因和内部归因；稳定归因和不稳定归因；可控归因(如努力)和不可控归因(如任务难度、运气、能力)。把成功归于稳定的、内部的、可控的归因，这就是积极的、正确的、科学的归因；而经常体验失败的人应选择不稳定的、内部的、可控的归因，它使人们认识到失败不是不可避免的，并会知耻而后勇。

消极情绪是对未来结果不能很好地预测、不可控制的一种担忧、恐惧与焦虑。虽然不能预测与控制，但又经常去想，只会加重消极情绪。如果来访者能区分可控和不可控的事件或原因，从可控的还没做的事件入手，就可以明显减轻不良情绪。

(三) 实操过程

情绪拆弹计的实操过程需要按照表5-1的框架进行。

表5-1 情绪拆弹计实操框架

引发情绪问题	情绪拆弹				拆弹后可控的行动方案
触发情绪的客观事件（原因）	不可控且多虑的（臆想）		可控却没做到的（事实）		

情绪拆弹计的实操过程就是把表 5-1 填写好，再按表格的结构做好规划，把可控的却没有做的事实梳理出来，认真做好。例如，要把数学公式和章节的知识要点巩固一下；要让自己睡好；少玩一点，暂时不跟同学约着打游戏；等等。把不可控且多虑的问题，如万一考不上怎么办、万一考不好怎么办等，先搁置一边。

（四）适用情境

(1) 情绪低落，易焦虑，对未来过度担忧人群。

(2) 重大事件如中、高考，考前学生焦虑疏导。

以中考为例，考试过程是考生自己能够控制的，考生可以认真做题，努力克服每一道题。然而考试结果却在考生的控制之外，阅卷者的主观态度、题目的难易都会影响考试成绩，这些是考生无法控制的。至于考试结果又会引起怎样的下一步的结果，更是不可控的。考生不在不可控制的事件上纠结，把控考试过程，专注于有效学习，积极、乐观的情绪就会代替消极、负性的情绪。

(3) 育儿过程中遇到棘手的事情焦虑瓦解。

九、诉说表达计

（一）概念解析

寻找到合适的对象（人、事、物），把内心的不满表达出来，以达到释放情绪和自我反思的目的。注意将所表达的内容重复多次述说。每说一遍，内容的呈现会越来越丰富，感性的东西会越少，理性的东西会增加，从而能理性地管控自身情绪。

（二）理论依据

人本主义心理学家罗杰斯认为：只有病人才能了解什么是伤害，什么是行动和方向，什么是关键问题，以及哪些经验被忽视了。来访者才是解决自身问题的专家。心理咨询师要无条件地积极关注和支持来访者，也就是说咨询师不加任何附带条件地接受、赞同、赞许来访者。不论来访者的情绪、思想是多么混乱和不合理，咨询师始终表示关注和理解；来访者因此会逐渐学会用同样的态度对待自己。来访者否认、歪曲自己经验的次数就会减少，更倾向于体验、承认、接受自己的即时情感，并在这一过程中逐渐改变和康复[1]。

---

[1] 张理义,李光耀.实用心理医师手册[M].郑州:河南科学技术出版社,2020:560-561

(三）实操过程

若来访者滔滔不绝地叙述生活中的琐事，咨询师不要因为来访者的讲述没有逻辑或毫无头绪而打断和阻止，而要引导来访者把憋在心中的苦闷倾诉出来。

（1）鼓励来访者以时间轴的方式，说出自己困扰的事，允许来访者充分地表达自己的情绪。

（2）继续鼓励来访者再次叙说，尽量更完整、更客观，允许任何情绪的表达。

（3）进一步鼓励来访者完整、详尽、客观地表述自己的事情，慢慢地理性会越多，情绪越稳定，认知越趋于合理。

（四）适用情境

（1）危机干预状态。

（2）情绪易冲动，不合理信念情境。

十、分类说理计

（一）概念解析

来访者来咨询，往往处于不开心、不舒服的情绪状态。分类说理计即把他的情绪外化，并将应对情绪垃圾方式的选择权交给他，以此增强他对自己情绪应对的掌控感。

（二）理论依据

外化技术：

长期存在的不良情绪将会对人们的身心产生消极的影响，时间久了，这些情绪都会成为精神"垃圾"，该怎么对待"垃圾"？把产生的不良情绪比喻成垃圾，面对别人丢过来的垃圾，我们有多种应对方式，不同的应对方式是不同认知水平的投射。通过具体的情绪形象化，提高自我觉察能力，不断地调整合理认知。

（三）实操过程

每一个情绪的发生，我们至少有三个备选方案：别人向我们"丢垃圾"——

（1）选择躲开；

（2）接着"垃圾"，然后找一个适当的地方丢掉；

（3）接着"垃圾"抱着不放手，任意地让"垃圾"腐蚀自己的身心。

你的选择是什么呢？

(四) 适用情境

（1）遇事委屈抱怨者。

（2）长期处于情绪低落无法自拔者。

十一、四步止怒计

(一) 概念解析

情绪的背后是没有被满足的需求。当产生负面情绪时，觉察需求是否合情、合理很重要。四步止怒计就是通过四个步骤，层层剥去愤怒的外衣，看清背后需求的具体策略。

(二) 理论依据

心理是内隐的，行为是外显的。情绪是外显的反应，是由内隐的需求所驱动的。因此，可以通过满足需求来调控情绪。

(三) 实操过程

1. 记录事件

选取一段时间，比如一周，记录下所有使你情绪失控或发脾气的事情。

2. 识别动因

分析情绪背后的动因。情绪的动因分两大类：

（1）不太公平（付出与回报不一致）。

（2）未达预期（没有达到自己的预期）。

比如：

（1）我很生气，孩子期中考试退步了（未达预期）。

（2）愤怒，他就知道玩电脑，什么都不干（不太公平）。

（3）他外面有人了，恼火（不太公平）。

（4）客户来退费了，还攻击我（不太公平）。

（5）我觉得自己没有用，很低落（未达预期）。

3. 甄别需求

每一次情绪失控，背后的深层原因往往是某种需求没有被满足。而最常见的需求，通常可以归为以下两类：

（1）未被尊重和理解。

（2）物理或者心理的领地被剥夺。

当你即将崩溃的时候，停下来问问自己："我生气是不是因为某人没有给我应有的尊重？""这两个需求中，是否有一个被侵犯了？""还是我的心理边界被侵犯了？"或者，有可能是二者同时受到挑战。

4. 表达（满足）需求

当你清楚了自己的需求之后，便不会再急着去表达自己的情绪，而是着眼于如何满足需求。

（1）表达需求。

（2）寻找替代性需求。

四步止怒计的操作图解见表5-2。

表5-2 四步止怒计的操作图解

日期	事件	识别动因	甄别需求	满足需求
星期一	触发愤怒情绪和事件或情境。（例如：孩子期中考试睡觉交白卷，这让孩子的父亲很愤怒。）	1. 未达预期（例如：父亲期望孩子好好学习、考大学、有好工作和好未来。） 2. 不太公平（付出与回报不一致。）	1. 被尊重与被理解（例如：父亲辛苦工作养家，需要被孩子尊重和理解。在亲朋好友面前需要面子。） 2. 物理或者心理的领地被剥夺（父亲成就感被剥夺。）	1. 说出需求（父亲跟孩子表达自己的期待，问问孩子有什么想法。） 2. 找替代性需求（父亲通过与孩子平等沟通，引导孩子找到自己愿意接受的学业目标。）

下面举例进一步说明。

- **实操案例1**

一个孩子参加了三次免费的拉丁舞学习之后，培训学校要求第四次开始缴费，妈妈希望回去跟爸爸商量后再决定，孩子就在培训学校发脾气，哭闹起来。

识别动因：未达到孩子的预期。

甄别需求：

① 未被尊重(自己学习的意愿是好的,应该鼓励)。

② 权利被剥夺(报名缴费之后可以砸金蛋,抽大奖)。

满足需求:

① 答应孩子继续学习,但是货比三家,到网上跟孩子一起比较一下价格。

② 到其他地方去砸金蛋或者购买孩子想要的东西。

- 实操案例2

我认识一个脾气特别不好的妈妈,她工作真的非常忙,每天都要不停地开会,要应付各种各样难缠的客户。下班回到家后,孩子叽叽喳喳说个不停,不好好做作业,也不好好吃饭,每次她想休息一会,孩子总要惹事。于是,她经常对儿子大吼大叫。

识别动因:未达到预期,觉得孩子不懂事。

甄别需求:休息的时间被剥夺。

满足需求:跟儿子表达自己的需求。

告诉儿子:"妈妈很累,需要休息一个小时,你先自己写作业,一个小时以后,妈妈来为你辅导作业。"孩子也心疼妈妈,于是便乖乖听话了。

- 实操案例3

心理咨询师在服务的过程中,被客户辱骂、退费,觉得自己很受伤,郁闷、发火。

识别动因:不太公平(付出与回报不一致)。

甄别需求:

① 未被尊重(自己用心、用情、用力的服务没有得到客户的认同)。

② 收入被剥夺(咨询的收入被退回)。

满足需求:

① 跟"病人"一般见识,说明自己在情绪管理和专业应对上还有待提升,可能产生负移情了。

② 不是你的终究要还回去的,收了这一个人的钱也不会让自己的生活有根本性的改变。

(四) 适用情境

(1) 易怒易急躁者。

(2) 教育孩子过程中过多批评指责的家长。

第二节 人际沟通策

心理学家阿德勒曾说:"如果一个人能和众人成为好朋友,并通过有价值的工作和美满的婚姻对社会做贡献,那他就不会有自卑感和挫败感,他会觉得这个世界就像家一样,自由友善,他所见到的那些都是自己喜欢的人,即便是遇到了困难,他也愿意和别人一起承担。"阿德勒认为,人类所有的烦恼均来自人际关系,人类所有的快乐也来自人际关系[①]。正如俗话说的,有关系就是没关系,没关系就是有关系。

咨询师在心理咨询实践中发现心理问题的背后往往是人际关系不良,85%的案例都跟人际关系有关,人际关系不良是大多数心理问题的根源症结所在。

人际关系不良的具体表现为:(1)角色界限不清,把别人的事当成自己的事,你我不分。比如过度利他,替别人考虑太多了,这也是一种压力。(2)控制占有欲强,把别人当成自己身体的一部分或工具。硬控制,比如批评、教育、命令、惩罚、指责、羞辱、跟踪、调查、限制人身自由;软控制,比如讨好、利诱、撒娇、胡闹、施苦肉计、要挟。(3)人格面具扮演混乱,角色扮演矛盾,比如一些家庭关系中妈妈当老师,爸爸当陌生人。(4)沟通缺乏技巧,不会说话。

在化解来访者人际关系不良的咨询实践中探索具体的应对方法。下面摘录人际沟通十一策。

一、三我平衡策

(一)概念解析

主我,即自己认为的自己;客我,即客观上的自己;镜我,即别人眼里的自己。这三者之间相互协调,保持平衡,如果有一项不稳定,就会打破平衡,导致人格障碍。

---

① 阿德勒.自卑与超越[M].任艳红,译.北京:北京燕山出版社,2017:219-220.

举一个例子来说明。有一位年轻的女孩叫作某某。某某是一个非常有才华的画家，她总是充满创造力，有着自己的艺术风格和审美观念。在她的心中，她认为自己是世界上最优秀的画家（这是某某的主我）。然而，当某某参加全国的绘画比赛，只得了一个不太理想的成绩时，她开始意识到客我和镜我的存在。在比赛中，评委们对她的作品提出了许多批评和建议，认为她的画作缺乏深度和技巧（这是评委们眼中的她，是镜我）。这使某某感到非常失望和困惑，她开始怀疑自己是否真的像主我认为的那么优秀。在反思中，某某意识到主我中的自我评价虽然重要，但不能完全代表自己的真实水平（真实的客观的自己，即客我）。她开始接受客我的存在，认真听取评委的意见，并努力提升自己的绘画技巧。同时，她也意识到镜我的重要性，意识到别人眼中的自己并不是客观上的自己，而是基于他人的观察和评价。通过不断努力和学习，某某的绘画技巧得到了显著提高。最终，她在一场国际绘画比赛中获得了金奖，这使她重新找回了对自己的信心。同时，她也明白到主我、客我和镜我之间的平衡对于个人成长和发展至关重要。

（二）理论依据

"镜中我"，由美国社会学家查尔斯·霍顿·库利（Charles Horton Cooley）提出。他认为，我们通过想象别人如何感觉我们的行为和外貌来了解我们自己。这里的自我反映了别人的意见，库利把它叫作"镜中自我"。简言之，他认为，人的行为很大程度上取决于对自我的认识，而这种认识主要是通过与他人的社会互动形成的。他人对自己的评价、态度等等，是反映自我的一面"镜子"，个人通过这面"镜子"认识和把握自己。①

人格结构是各个方面的整合、统一体，多个成分相互协调配合，和谐一致，不同的场景能够表现出相应的心理与行为模式，这是人格的整合性。当出现不一致时，就会出现适应困难甚至更严重的健康问题等。如果一个人对客我的认知准确，说明这个人达到一定的境界了，能够客观地认识自己了。然而，这比较难，很多人达不到，很多人只是处于镜我层面。处于镜我层面的人把别人当作自己的镜子去照，别人怎么评价、怎么说的时候，这个人都会觉得别人是针对自己来的，会活得很累。他们不能够很好地做到认自我认

---

① 库利.人类本性与社会秩序[M].包凡一，王湲，译.北京：华夏出版社，2015：128-129.

知,不能够从客观的角度分析自己,活在别人的眼里。每个人眼里的世界都是不一样的,对同样一件事,不同的人会有不同的看法。人际关系的问题就在于主我、镜我、客我不统一。有一组漫画故事生动说明了这种三我不平衡的困扰。这组漫画说的是:一开始夫妻两人都骑在驴子上去赶集,于是就有人骂他们两人太狠心,两人骑在这么瘦弱的驴子身上。然后,这对夫妻为了迎合旁人的看法,妻子下驴用脚走,可接着又有人骂丈夫,说他怎么就这么自私,自己一个人骑驴。于是丈夫只好下来让妻子骑驴,可又有人骂丈夫说,你怎么就这么愚蠢,居然让妻子骑驴,自己跟着走。于是妻子也只好下来,两个人都不骑驴,心想这样你们就没得骂了吧。可是照样有人骂他们俩,说笨死了,有驴不骑,最终这两个人被困住了,不知道怎么前进了。

(三) 实操过程

1. 梳理出自我的主我、镜我、客我

(1) 你觉得自己是一个什么样的人?可以用三个词来形容。

(2) 在某人或某几个人的眼里,你是一个什么样的人?可以用三个词来形容。

(3) 你觉得,在绝大多数人的眼里,你是一个什么样的人呢?

镜我一旦控制一个人,说主我不好,客我也不好,三我不统一,最后这个人的人际关系也不会好,因为他不知道如何跟别人去交往,不知道怎么面对自己了。

2. "三我"之间找平衡

"三我"之间找平衡的具体操作方法见表5-3。

表5-3 "三我"之间找平衡

我	具体模式	评价	平衡性
主我	自己看自己	自信、上进、亲切	
镜我	别人看自己	自大、控制、严肃	自信、上进、亲切
客我	大家看自己	乐观、和气、上进	

3. "三我"之间不平衡,可以从哪个我去调适

"三我"之间不平衡调适的具体操作方法见表5-4。

表 5-4 "三我"之间不平衡的调适

我	具体模式	评价	不平衡性
主我	自己看自己	自信、上进、亲切	镜我维度与主我、客我不平衡，需要调整
镜我	别人看自己	自大、控制、严肃	
客我	大家看自己	乐观、和气、上进	

（四）适用情境

(1) 了解自己的人际关系模式，自我调适，知其然，知其所以然。

(2) 亲子关系、夫妻关系咨询。

(3) 职场生涯。

二、得寸进尺策

（一）概念解析

如果想让人完成一个较大较难的任务，就先提出让人们乐于接受的较小的、较易完成的要求，在实现了较小的要求后，人们才慢慢地接受较大较难的任务。

（二）理论依据

美国社会心理学家弗里德曼和弗雷瑟在1966年的时候做了一个无压力的屈从实验，他们就是从这项实验中发现了登门槛效应[1]。登门槛效应又称得寸进尺效应，心理学家认为在一般情况下，人们都不愿接受较高较难的要求，因为它费时费力又难以成功，相反，人们却乐于接受较小的、较易完成的要求，在实现了较小的要求后，人们才慢慢地接受较大的要求，这就是"登门槛效应"现象，犹如登门槛时要一级台阶一级台阶地登，这样能更容易更顺利地登上高处。门槛效应与承诺一致性原则是一致的，是心理学中一项重要的概念，人类行为和决策从小事开始逐渐增加稳定性，对他人的信任和可靠性也如此[2]。

---

[1] 李娟娟.心理学实验室:世界上最著名的30个心理学实验[M].北京:中国法制出版社,2020:42.
[2] 诺格拉斯.说服:沟通中的认知偏见与群体认同[M].刘鹏飞,译.北京:中国友谊出版公司,2023:41-48.

（三）实操过程

1. 先给一点

买一送一、倒杯茶、免费品尝、送点小吃等等。

例如，孩子在玩游戏，家长不想让孩子玩游戏了，他要怎么做？家长先给孩子倒杯水，若孩子不为所动，再削一个梨子放在他面前；若孩子依旧专注于打游戏，就再削一个苹果切块给他吃；然后，再倒杯牛奶给他。当孩子将牛奶、苹果、梨子享用完，家长跟他说停下游戏，学习一会儿，孩子就容易听进去了。这便是给孩子提要求之前"先给一点"。

2. 提少一点

若实际想借钱 1 万元，先借 1000 元；要求孩子学习 2 个小时，先提 1 个小时或 1 节课 40 分钟作为初始要求。

3. 谦让一点

进门先敲门；找人帮忙，先问方便否；与人相处多微笑。

（四）适用情境

（1）与青春期孩子建立关系。

（2）帮助来访者提高执行力。

（3）提升来访者的沟通能力。

（4）培养耐心的态度。

三、谦逊无用策

（一）概念解析

在人际沟通当中，不要自我感觉太好，要用谦虚、低调的方式去与他人相处，同时得处处让别人感觉到自己有价值，别用权力压人，要通过魅力去影响他人，这样才能得到和谐的人际关系。

（二）理论依据

"犯错误效应"，也称"白璧微瑕效应"，即小小的错误反而会使有才能的人的人际吸引力提高。

我国名著《西游记》、《三国演义》和《水浒传》，都经典地演绎了人际关系的"谦逊"和"无用"的道理。《西游记》中的唐僧在往西天取经的路上只做两件事,一是等着被妖怪抓,二是被抓了之后念阿弥陀佛;但他最大的本事是目标明确、意志坚定,他一旦被抓,那些有本事的人个个出来为他拼命。这是"无用"之用的最好例子。《水浒传》中宋江则是用"谦逊"征服人心的最好例子。例如,宋江看到李逵,就过去行大礼,并恭敬而亲切地叫他李大哥。李逵是个粗人,很少有人把他当回事,宋江这么把他当回事,他感动不已,愿意为宋江鞍前马后,肝脑涂地。《三国演义》中的刘备更是"谦逊""无用"的化身。例如,刘备在一场战事中儿子和老婆被敌方抢走了,他就在那儿哭。赵云见状调转马头去救。赵云救出刘备儿子阿斗,刘备一看见阿斗哭哭啼啼地就说了一句话:"你这个小畜生,差点为了你,我损失了一员大将。"刘备讲的话,阿斗听不懂,其实是讲给赵云和其他大将听的,大将们听了心里会想主公重视他们,看得起他们。刘备是降低自己和儿子的身份和价值来抬高将士们的价值感,从而激励将士们为他冲锋陷阵、建功立业。

(三)实操过程

(1)"忘我",忘记自己的身份角色。

(2)我不一定是对的,尽量让别人有价值。

(3)多讲"对不起""不好意思""打搅了",尤其是跟对方观点不一致的时候。

(4)适当犯错误,没事的。

(四)适用情境

(1)对自己缺少信心的来访者。

(2)亲子关系、夫妻关系。

(3)提升来访者的沟通能力,积极寻求生活的资源。

四、温暖回应策

(一)概念解析

人际沟通的目的在于信息情感交流、问题解决等,因此,在回应对方问题的时候,需要给予积极、舒服、正向的回应。

(二)理论依据

礼尚往来,指在礼节上注重有来有往,这里借指用对方对待自己的态度和方式去对待对方。

人际交往的黄金规则：用希望别人对待自己的态度去对待别人。

(三) 实操过程

1. 避开单字回复，不给人以敷衍、冷漠的感觉

例如：嗯、好、行、是，尤其是言语沟通中，规避持续的"嗯"。

举例：甲：你喜欢我吗？乙：嗯。

2. "三字回复法"，带有情感，且形式多样

例如：是的呀、好的啊、没事的、一定行……

举例：你喜欢我吗？回复①：当然啊；回复②：肯定啊；回复③：喜欢呀。

3. "三行"交往有讲究

人际交往的过程中分为上行、下行与平行关系。在下行关系和平行关系中，谁主动发起的谁后回复；在上行关系中，下行的人最后回复。

例如：平行关系中的朋友之间打电话，谁先挂？谁发起谁后挂，当然对方让等太久的话发起者可以先挂了。老师跟学生打电话，处于下行关系中，学生表示尊敬等待老师先挂。下属员工给单位领导打电话，下属等领导先挂。

4. 结尾的语调尽量拉长，尽量使用第一、三声

例如：一定会好的！放心哦！没有问题的！

(四) 适用情境

(1) 人际沟通不畅：同伴关系、亲子关系、夫妻关系咨询。

(2) 职场互动当中。

五、"有头有尾"策

(一) 概念解析

指的是沟通的过程中要在表达内容的前面加上称呼，在最后面要加上一个征求意见的词语或语气词。

(二) 理论依据

每个人都想当唯一，不想当之一，都想得到尊重；每个人都想有顾问，不想有太多的领导，顾问越多，说明社会的价值感越强。

(三) 实操过程

1. 表达之前先称呼

比较举例:"起床了吗?"没头没尾,让人感觉被轻视。"庆庆,起床了吗?"加上称呼会感觉更亲切。

2. 表达之后要商议

比较举例:"倒杯水!"让人感觉被命令着干什么,有被控制感。"张老师,帮我倒杯水,好不好?"平等的、商量的口吻,让人感觉被尊重。

(四) 适用情境

(1) 人际沟通不畅:同伴关系、亲子关系、夫妻关系咨询。

(2) 职场互动当中,尤其是对学生或者下属。

六、对答顺杆策

(一) 概念解析

在人际沟通中,任何时候要先认同,然后再思考表达自己的意见与想法。犹如顺杆儿爬,顺着对方的杆子往上爬,先让对方开心,先表示认同对方的内容,再表达自己的内容。

(二) 理论依据

Yes-And 沟通法则:Yes 代表的是肯定,对于对方的任何观点首先需要表示赞同,并且接纳对方的想法,然后再通过 And 来延伸自己的想法。这种沟通法则不仅可以充分交流想法,而且还能让对方接受自己的观点,产生心与心之间的共振,从而共同聚焦问题并付诸行动。

(三) 实操过程

1. 听内容,先认同

举例,孩子说:今天不想去上课了?家长先答:好的啊……

学生说:我要退费。老师先答:可以的啊……

孩子说:我要玩手机。家长先答:没有问题啊……

2. 找支点,给建议

举例,孩子说:今天不想去上课了?家长答:好的啊,那程老师那里请假怎么办呢?

孩子说：我要退费。老师答：可以的啊，但是，能和老师说说发生了什么让你这么委屈吗？

孩子说：我要玩手机。家长答：没有问题啊，那你能和我说说今天晚上的安排吗？

(四) 适用情境

(1) 人际沟通不畅：同伴关系、亲子关系、夫妻关系咨询。

(2) 任何的人际互动当中。

七、距离调控策

(一) 概念解析

距离可以分为空间距离和心理距离，人们在不同的关系中保持不同的距离。距离调控指的是通过调整人与人之间的空间距离来调整心理距离，从而调控人际关系。

(二) 理论依据

从社会交往的展开到交往关系的建立是一个彼此吸引力不断增加的过程。在这一过程中，空间距离接近、交往次数较多、特征彼此类似、需要互补等能引发双向吸引的因素成为维系和增进双方密切交往的动力。

人们往往把喜欢的情感投向周围与自己有直接交往的对象。由于同学、同事、同乡、近邻等彼此之间空间距离接近，接触的机会多，所以容易形成相互吸引关系。"远亲不如近邻"就是空间距离接近容易在彼此之间产生吸引作用的写照。在校园生活中，同班级、同宿舍的同学容易发展友谊，就是由于彼此的生活空间密切相连，为发展友谊提供了客观条件[1]。

(三) 实操过程

距离近了，再沟通。

(1) 接送孩子，陪孩子做作业，陪孩子吃饭。

(2) 一起看电影，接送上下班等。

(3) 多走进对方的空间。

(4) 不说话，只要在一起，就有沟通效果。

---

[1] 梁执群. 社交心理学[M]. 北京：开明出版社, 2012: 72.

例如，年轻人谈恋爱的时候，第一次接触，一般选择先看一场电影，看电影不怎么说话，但可以拉近空间距离，感受双方的吸引力。

例如，暑假里，一个孩子跟爸爸闹矛盾吵架，孩子把自己关在房间里，连饭都不出来吃，爸爸急得不得了，来咨询。笔者跟孩子爸爸了解了情况之后，教他两招就把问题解决了。那孩子之前吃饭都让爸爸给他点快餐，让快递员送到他房间的。笔者跟孩子爸爸说："你自己亲自把快餐送过去，但是这过程中都别说话。"送了几天之后，爸爸不仅把饭送进他房间，还在他房间吃饭，也不说话。就这样送，每天过去，再在一起吃饭，虽不说话，但随着空间距离的拉近，心理距离好像也亲近了。最后孩子主动跟爸爸说话，恢复了正常的父子关系。

（四）适用情境

（1）人际沟通不畅：亲子关系、夫妻关系咨询。

（2）恋爱交往当中。

八、漏斗复述策

（一）概念解析

在人际沟通中，信息容易被遗忘，并且会产生编码与译码效应，可以通过复述，来规避沟通的信息不同步的状况。人际沟通过程图解见图5-4。

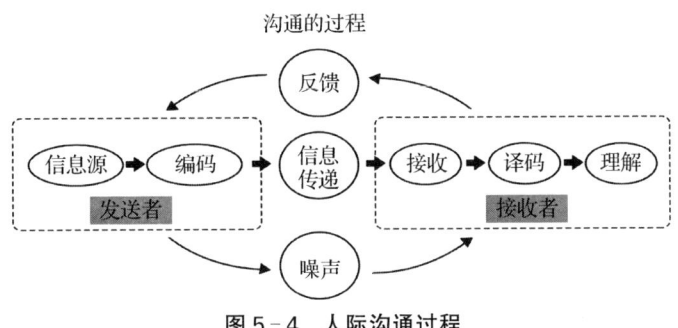

图5-4 人际沟通过程

（二）理论依据

沟通的漏斗效应是指通常情况下，一个人心里所想的是100%，说出来的只有心中所想的80%，别人听到的是你心中所想的60%，别人听懂的只有40%，结果执行的只有20%。如此这般，每一层漏掉20%，就好比是漏斗一样①。漏斗效应图解见图 5-5。复述的意义是应对漏斗效应,避免信息遗漏。

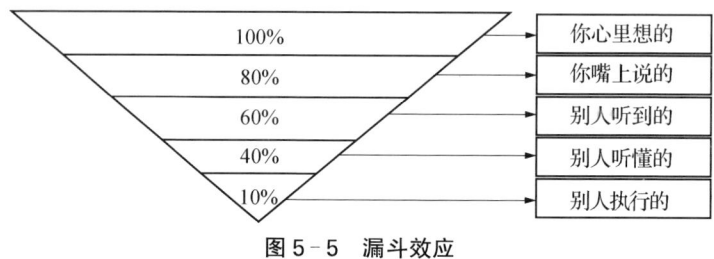

图 5-5 漏斗效应

(三) 实操过程

1. 折纸游戏

(1) 给学员发一张纸。

(2) 老师发出单项指令:

——大家闭上眼睛

——全过程不许问问题

——把纸对折

——再对折

——再对折

——把右上角撕下来,转 180°,把左上角也撕下来

——睁开眼睛,把纸打开

(3) 老师可以请一位学员上来,重复上述的指令,唯一不同的是这次学员可以问问题。

2. 对比实验,说感受

提问:做完两次实验,你的感受是什么?

(1) 沟通不仅仅包括话语,还要观察。

(2) 沟通中不懂就要问。

3. 核对信息:复述+提问

举例说明:

孩子:"妈妈,如果你掉河里了,我只能赶快跑了。"

---

① 王雪丽,薛立强,吴凤余,等. 人际交往与沟通[M]. 天津:天津大学出版社,2021:108.

妈妈:"宝贝,你跑那么快做什么呀?"

孩子:"我去叫爸爸来救你。"

(四) 适用情境

(1) 人际沟通不畅:同伴关系、亲子关系、夫妻关系咨询。

(2) 心理辅导过程中。

(3) 共情中。

九、借物喻人策

(一) 概念解析

意象是具有象征意义的表象,通过动物意象可投射出人的性格特征,通过动物之间的生存关系,来推导出家庭生活中家人的相处模式。

(二) 理论依据

意象可以反映人意识中或潜意识中的心理活动。精神分析学派最早发现了这个现象,弗洛伊德从梦这种特殊的意象开始研究,发现梦里的意象和人潜意识中的心理活动息息相关。人有不同的认知方式,逻辑思维是一种,这是我们日常意识中主要的认知方式。但是实际上,人还有另一种更原始的认知,即一种象征性的意象思维。个人潜意识和集体潜意识是通过意象思维表达的。一个人的性格的鲜活呈现可以通过"你想象出什么动物"(即动物意象)来实现。如果我们的行为或心理活动都能和动物意象对应上,那我们对自己生动的性格就会有更全面的了解。如果改变一个人的动物意象,就有可能改变人的性格特点。例如,一个女孩子原来的自我意象是一只孔雀,认同自己的性格像孔雀一样追求美丽而且好炫耀。如果她慢慢地丰富和改变着孔雀的象征含义,她就有可能改变自己的性格特点。孔雀除象征着美丽、好炫耀以外,还有自信、攻击性强的特点,而且"孔雀食毒",能"镇压"或克制人的病态的心理。因为,有一个民族的神话中,孔雀就是地府的王,在佛经中说孔雀有一个奇怪的特点,就是专吃有毒的果实。别的动物会被毒物毒死,而孔雀恰恰是吃了毒物更有力量。"毒物"和"鬼"的象征意义是相似的,都代表不健康的心理,"孔雀食毒"就是克制不健康心理的象征,而且,这些不健康的心理被孔雀转化为力量。这位女孩的孔雀意象内涵的丰富和改变,有助于她把愤怒等消极情绪转化为力量和资源，有助于她解决问题、克服困难[①]。

(三) 实操过程

1. 选定主角，讲故事

你的家庭是一个动物园，每个人选择一个动物当主角演一个故事，缓和氛围，从这个故事中提取情感的色彩，找到和家庭的相关性。

2. 打开话题，借"物"喻人

我们人类的关系也可以在动物世界中找到模型，我们也可以用动物的特点来说说家人的特点。

如果把家人比作动物，你觉得分别是什么？

你觉得家人的哪些行为最像这种动物？

3. 延伸话题，理解症状

在这几个动物中，谁是获益者？在这几个动物中，谁受到了影响？

对主角的影响是什么？在你的家庭中是这样的吗？

主角现在变得非常焦虑（和现有症状相关的词语），你觉得其他家人的动物角色需要调整吗？

4. 寻求解法，尝试改变

改变来访者的动物意象，从而改变来访者的行为方式和人格特征。例如，妈妈觉察到自己在家庭中原先是扮演着猴子的角色，自己很辛苦也很累，并且家人互动模式僵化。妈妈想做出一些改变来调整家人互动模式。妈妈可以将自己的意象从猴子改为孔雀，从而改变自己的认知和行为模式，最终改善家人互动模式。

(四) 适用情境

(1) 认识自我，了解自我特点。

(2) 家庭关系咨询、亲子关系改变。

(3) 比较理性但缺乏行动的来访者。

---

① 朱建军.我是谁:心理咨询与意象对话技术[M].北京:中国城市出版社,2001:139-140.

十、角色面具策

(一) 概念解析

每个人身上都承担着不同的社会角色,不同的社会角色对应着不同的人格面具。在人际交往中,我们要根据来访者的社会角色,理清其扮演的相应角色以及所呈现的人格面具,进行尝试调适角色冲突。

(二) 理论依据

社会角色是指处于社会关系两端位置上的由社会需要所规定的个人行为模式。社会角色是个体在与他人互动时的一种较为固定的行为模式。每一个社会角色都有相应的义务、权利和规范。角色行为是社会互动得以发生的基本条件,为了更好地履行角色义务,随着情境的变化,需要研究一些扮演技巧。角色扮演是角色行为的主观表现。个体在扮演社会角色时,并不总是那么遂心顺意、一帆风顺,经常会遇到种种的矛盾与挫折,使角色与角色之间以及一个角色内部产生冲突,这就是角色冲突。研究角色冲突的种种形式及其产生的原因,将有助于人们自觉地防止和减少角色互动中的不和谐产生,以及当这种不和谐产生的时候,采取适当的措施加以有效地消除[①]。

(三) 实操过程

1. 梳理自身角色

一个人的社会功能主要体现在生活、学习、工作和人际关系四个方面,在不同场景下,人们扮演着不同角色。思考自己在家庭生活中扮演的角色,如子女、父母、兄弟姐妹等;根据自己的工作或职业确定自己的职业角色,如教师、医生、员工、领导、下属等;考虑自己在社会中的角色,如公民、志愿者、社团成员等;在学校或学习机构中自己则是学生、同学身份。

2. 每一个角色,都有相对应的社会角色期待

例如社会对母亲和教师的角色评价维度是不一样的。对母亲的评价体系侧重情感完整性(如亲子关系质量)和生活照护能力,存在道德化评判倾向;对教师的评价更聚焦专业能力指标(如教学成果、班级管理),受制度化考核体系约束。

---

① 丁水木,张绪山.社会角色论[M].上海:上海社会科学院出版社,1992:141-150.

3. 找出角色冲突，从而进行矫正

如果一位母亲在家里对孩子总是扮演教师的角色，就是母亲角色和教师角色的冲突。这种角色冲突容易导致亲子关系问题，母亲在亲子关系中要回归母亲的角色。

婚姻中夫妻关系的经营本质上是角色关系的调整。弗洛伊德人格结构理论把人分为自我（成人）、本我（内在小孩）和超我（内化的父母）[①]。与此相应，有人说男女婚姻中有六角色：男人、女人、小男孩、小女孩、爸爸、妈妈。

就男性而言："男人"所代表的是一个丈夫成熟的具有性吸引的自我部分；"小男孩"代表的是一个丈夫的内在小孩的调皮部分，每个成年人的内心都有一个小孩；"爸爸"代表的是一个丈夫道德自我和责任的安全感部分。

就女性而言："女人"代表的是一个妻子成熟的具有性吸引的自我部分；"小女孩"代表的是一个妻子的内在小孩的温柔部分；"妈妈"代表的是一个妻子道德自我和责任的部分。

婚姻中的丈夫和妻子各分担三个角色。六个角色的相互搭配就产生了四种婚姻模式：男人和女人、内在小女孩和爸爸、内在小男孩和妈妈、内在小男孩和内在小女孩。

在两性关系互动中，丈夫要大部分以"男人"的身份出现，这样妻子才是一个"女人"。反过来也是一样，如果妻子在关系中的角色是女人，丈夫自然就是男人了。

第一种模式："男人"和"女人"。这种模式中丈夫的男人自我和妻子的女人自我相互享受彼此的浪漫情怀，各自承担责任。这种模式的优势在于家庭中拥有激情和两人世界。爱情中的核心元素——激情，在这样的婚姻中比其他模式的婚姻中体现得更淋漓尽致，性的和谐程度是所有模式中最高的。即使携手走了好久，他们看起来还像是刚恋爱的样子，有时候家中小孩子都会嫉妒。挑战在于：由于家中缺少更多的温暖的氛围，以及婚姻中的首要元素——责任，一旦遇到冲击，婚姻关系容易面临危机。

第二种模式："爸爸"和"内在小女孩"。这种模式中丈夫的父性自我倾向于照顾妻子的内在小女孩。这种模式的优势在于：家庭中很温馨和拥有责任，可爱的小女孩总能够想办法让那个像爸爸一样的丈夫去疼爱她，她也会

---

① 弗洛伊德.自我与本我[M].徐胤,译.天津:天津人民出版社,2020:153-164.

陶醉在这样的一种氛围中。挑战在于：小女孩往往会在某一天突然长大，她会发现她的世界太单一了，她应该找一个拥有雄性动物一样激情的男人交往一下，于是危机就来了。

第三种模式："妈妈"和"内在小男孩"。妻子的母性超我倾向于照顾丈夫的内在小男孩。这种模式的优势在于：家庭中很温暖和拥有爱，看起来更像一个有血缘关系的家。挑战在于：某一方在某一天受够了，需要改变角色。例如，小男孩有一天长大了，想做一个男人了，但发现家里面没有女人只有妈妈，于是危机就来了。

第四种模式："内在小男孩"和"内在小女孩"。丈夫和妻子两个人的内在小孩一起玩耍。这种模式的优势在于：家庭中拥有童话和罗曼蒂克。两个天真的小孩在一起可以创造出很多新的生活方式，这样的婚姻绝对具有传奇色彩。挑战在于：由于缺少大人的监督，小孩子容易闹别扭，像小孩子过家家一样的吵架随时都会发生，但来得快去得也快。如果他们能够学会在相互擦眼泪的过程中长大，婚姻之舟就会航行得更远，否则就会出现两个受伤的小孩，哭泣着一个向东一个向西的结局。

婚姻中的各种关系模式会因为婚姻的不断向前发展而变化。两个人刚开始恋爱的时候，女孩子可能是因为另一半无微不至的关怀和强烈的责任感才嫁给他的。这其实就是"小女孩"和"爸爸"的爱情模式。

但当两个人走到婚姻中的另一个阶段的时候，女孩子可能会因为"小女孩"的需要得到了满足，所以另外的自我开始起主导作用了，比如她的"女人"的部分就会出来主导爱情关系。这时候如果那个"爸爸"还是无微不至地照顾她，她就可能会嫌弃他不够阳刚和具有活力。当一方的三个角色的排列发生变化时，另一个也要跟随变化，不然爱情关系就不匹配了。爱情角色不匹配就会造成婚姻危机，许多婚姻就是在这样的变化中走到了尽头。

这个时候用"田忌赛马"的模式来做指导，进行排兵布阵是有必要的。你出"男人"的时候，我就出"女人"，这时候就匹配了。你的"小女孩"出来的时候，我就出来一个"爸爸"。你出"小男孩"的时候，我就出"妈妈"。两性关系尽管难以经营，但也可以做到运筹帷幄。

(四) 适用情境

(1) 自我调适，知其然，知其所以然。

（2）亲子关系、夫妻关系咨询。

十一、说话有道策

（一）概念解析

说话要给别人留面子，面子要是伤了，关系就很可能破裂了。在与人沟通的过程中，得饶人处且饶人。

（二）理论依据

认知包括言语，言语是认知的一种很重要的表达方式。一个人的思维很大一部分是通过言语来表现的，言品即人品，言多必失，出语伤人。

（三）实操过程

不说直话：直话要拐弯说，冰冷的话要加热说，多少顾及一下别人的尊严与面子。

不说闲话：来说是非者必是是非人。

不说怨话：生活不易，每个人都在负重前行，怨天尤人解决不了任何问题，只会传播负能量。没有人喜欢整天看别人摆怨妇脸。

不说狂话：人外有人，天外有天。人可以有傲骨，但不能太傲气。狂妄的人眼界狭窄，不知道天高地厚。

不说胡话：说出去的话，犹如泼出去的水。话说得清楚，事做得明白，这样的人才靠谱。

不说恶话：古语云："良言一句三冬暖，恶语伤人六月寒。"

（四）适用场景

（1）生活、家庭相处当中。

（2）工作与职场社交当中。

（3）个人素养的提升当中。

第三节 认知调适法

"认知三角形"是认知行为疗法（CBT）最常见的理论模型之一。认知行为疗法认为：我们的情绪和行为不是由外界事物直接导致的，而是源于我们对外界事物的认知，即人们对事物的认知（看法或评价），会导致相应的情绪和行为的产生，而这些情绪和行为又会强化这个认知。情绪和行为之间，也会相互影响和相互促进。古希腊思想家爱比克泰德（Epictetus）就说过："人不是被事物所困扰，而是被其对事物的看法所困扰。"人们看外界事物、问题的态度即心态、思维模式、想法观念等等都是属于认知范畴。人们通常说，人最大的敌人是自己，而自己最大的敌人就是心态。由此，认知调适是心理学极其重要和关键的方法。

一、赏析领悟法

（一）概念解析

赏析领悟法是指通过观看影视剧、动画短片等，或者阅读书籍、绘本等，领悟人生道理，改变固有认知的一种认知调适方法。

（二）理论依据

各类优秀的文学作品本身就具有很强的哲理性，蕴含着丰富的哲理，阅读、欣赏这些文学作品，会让人轻松、愉悦，打开心门，更容易自我察觉、自我反思、自我成长。

（三）实操过程

（1）收集相关素材。

① 电影类

电影《小孩不笨》——青春期亲子教育

电影《三傻大闹宝莱坞》——尊重差异

电影《头脑特工队》——理解情绪

电影《怪兽大学》——接纳自我，理解努力的意义

电影《勇敢传说》——勇气，亲子关系

电影《雄狮少年》——追求梦想，不放弃

电影《疯狂动物城》——追求梦想，不在意他人评价

电影《心灵奇旅》——感受生命当下的意义

② 短视频类

短片《微笑的力量》——理解微笑的意义

短片《缺失的一角》——悦纳自我

短片《小浣熊》——理解母爱

短片《鹬》——学会放手

③ 绘本类

绘本《一半一半》——学习辩证观点，多角度看问题

绘本《点》——发现积极教育的力量

绘本《我的情绪小怪兽》——认识情绪

绘本《安的种子》——学会等待

绘本《安婆婆有个鸟宝宝》——理解爱是给予对方需要的

④ 书籍类

书籍《被讨厌的勇气》——学习自我接纳

书籍《活着》——感悟生命的力量

书籍《终身成长》——认识成长型思维

书籍《非暴力沟通》——了解沟通的模式

书籍《从尿布到约会》——了解性教育

书籍《解码青春期》——了解青春期孩子的心理特征

⑤ 故事类

A. 自己的亲身故事

B. 其他来访者的故事

C. 故事里的故事

（2）可以单独看，也可以一起看，然后进行分享。

（3）从这些作品中，想想自己得到了什么。

（4）以书面的形式写下来，再巩固。

例如，一位初中生，青春期叛逆，他不太懂得怎么跟别人交往，人际关系处理不好，很苦恼。怎么办？父母跟他讲道理效果不好，于是决定跟他一起看电影《小孩不笨》。看完之后，让他说说感悟、收获等等，口头分享一下；分享结束，可以让他以书面的形式写出来。之后再进行观察，他的认知出现调适和改变。

(四) 适用情境

（1）针对某一方面的认知提升阶段，可用相关资源强化学习。

（2）用于布置家庭作业。

二、证据确凿法

（一）概念解析

证据确凿法，是认知行为疗法的一种，是根据认知过程影响情感和行为的理论假设，通过一定的证据来验证不良的认知，从而改变个体不良认知的心理方法。

（二）理论依据

人的情绪来自人对所遭遇的事情的评价、解释或持有的观念，而非事情本身。由于人处于不同立场，从不同角度看问题，会持有不同的观点，这些观点通常是有利于自己的。

常见的不良认知形式可概括为如下三类：绝对化要求，如使用"必须""肯定"及"绝对"等极端化表述；过分概括化，如以偏概全问题（盲人摸象、晕轮效应、刻板印象），使用"总是""一直""经常"等泛化表述；糟糕至极，如主观放大消极面，陷入灾难化思维。

（三）实操过程

(1) 识别不合理的认知。
(2) 请来访者提供支持其不合理认知的证据。
(3) 通过某种方式获取与不合理认知不一致的证据。
(4) 分享新的想法和感受。

方式一：公检辩护法

想象自己被带到一次审判中，原告（自动思维）一直在起诉你，给你贴上你是无能者、懦弱者等标签。你的任务就是扮演辩护律师，抨击这些证据，你必须认真对待这份工作。公检辩护法实操图解见表5-5。

表5-5 公检辩护法

对象	观点	证据
原告律师	你很无能	因为考试失败，朋友不跟你玩
辩护律师	你很有用	因为……因为……因为……

举个例子说明，曾经一位女士来访者到笔者这边做咨询，她一来就说：完了。"完了"是什么认知？是糟糕至极的歪曲认知。我就问她：能跟老师说说你怎么完了吗？我的目的是让她澄清这个问题，找"完了"的证据。

她说："我要把她给杀了。"我问："你要杀谁?"她说："我要杀我的妹妹。亲妹妹瞒着我，跟我老公相好了三年。"因为她自己是一个副市长，然后比较忙，为了照顾自己离婚的亲妹妹，让妹妹到家里照顾自己的儿子，结果妹妹跟自己老公好了三年，对她伤害很大。我说："如果你把你妹妹杀了，最后结果是什么?"她说："我自己也要坐牢。"接着我问："这个结果是你想要的吗?"她说："我什么都没了，还管什么结果。""什么都没了"这个认知又绝对化了。我问："你明天还能上班吗?"她说："那可以的。"我说："你现在这么难，你爸妈知道难不难过?"她说："爸爸妈妈肯定难过的。"我问："你有爸爸的关心吗?"她说："有。"我问："你还有孩子吗?"她说："有。"我又问："你孩子知道你现在这个情况吗?"她说："还不知道。"我说："你告诉我你还有什么。"她说："银行还有存款。"通过这么一些问题，结果发现她有没有其他东西? 有。这个时候她就觉察到了她有这么多美好的东西。她说自己全完了，是不合理的，不符合事实的。这个过程就是帮她找到证据，把与不合理认知相反的证据找出来。所以，如果来访者产生了绝对化、片面、以偏概全的信念或观点，我们要找出它的反面的证据。这就叫找证据。

方式二：正反反证法

① 你现在的想法是什么? 有什么证据可以支持?

② 这个想法的反面想法是什么?

③ 如果反面想法才是对的，有什么证据可以支持?

正反反证法实操图解见表5-6。

表5-6 正反反证法

观点	证据
现在的想法是什么?	
反面的想法是什么?	

方式三：三最拓展法

① 最坏的结果可能是什么，有什么证据支持?

② 最好的结果可能是什么，有什么证据支持?

③ 最中间(现实)的结果可能是什么，有什么证据支持?

三最拓展法实操图解见表5-7。

表 5-7 三最拓展法

观点	证据
最坏的结果是什么？	
最好的结果是什么？	
最中间(现实)的结果是什么？	

举一个例子说明：一位学生来咨询：老师，10天之后我就要中考了，我肯定考得很糟糕。咨询师提出了以下问题：第一，最坏的结果是什么？有多大可能，用证据去证明，并把它列出来。第二，最好的结果是什么？可能性多大，用证据证明。第三，最中间(现实)的结果会是什么？拿出证据出来。最终发现最有可能的是什么？正常发挥就好了，要正常发挥你要做点什么呢？理出自己可以做到的具体行为。这个就叫三最拓展法。

(四) 适用情境

(1) 有明显的绝对化、概括化、糟糕至极等认知偏差导致的情绪困扰。

(2) 此方法需要通过改变自己来起作用，因此来访者要有足够的积极性、认知能力和精力，来参与咨询并完成分派的任务。

三、空椅对话法

(一) 概念解析

"空椅对话法"，也叫"空椅子技术"，其本质是一种角色扮演，通过这种方法，可使内在冲突外显化，使来访者充分地体验冲突。其方法是运用两张空椅子，要求来访者坐在不同的椅子上，扮演不同的角色，通过持续进行对话，逐步达到自我的整合或者自我与环境的整合。

(二) 理论依据

自我具有多样性，我们每个人都拥有着不同的部分、模式、声音或者自我，自己并未清晰地了解自我。而人的认知具有局限性、主观性，一旦陷入认知偏差，就容易引起负性的情绪体验。

因此，通过增加对自己此时此地躯体状况的觉察，认识被压抑的情绪和需求，整合人格的分裂部分，从而改善不良的认知。同时，通过换位思考，提高认知的全面性与客观性。

(三) 实操过程

1. 征求同意，说明原理

你内心有两个矛盾的成分，一方有很多的理由，另一方也有很多的理由，我们现在要用一种技术，帮助你把这两个矛盾的成分分开，并且更清楚地感受自己的内心。我们会用两把椅子分别代表两个矛盾，你坐在那把椅子上就要完全持有它代表的理由，直到你把心里话全部说完为止。你愿意试试吗？

2. 制作标签

用尽可能简洁的词或字，分别在两张纸上，写下不同的、相互矛盾的内容。比如，我要跟他分手与我不要跟他分手。

3. 选择椅子

最好是相同的两把椅子，在来访者选择椅子时，告诉来访者把两把椅子面对面放（它们之间的距离由来访者自己决定），咨询师找自己的位置，最好在两把椅子的正中间。

4. 放松诉说

请来访者完全地沉浸在标签上写的全部有关的理由中，想好了，可以说话了，就可以说出所有的理由了。

5. 交换椅子

坐到另一把椅子上，拿起那张椅子上的标签，整个身心沉浸在这把椅子所代表的全部理由里，准备好了，就可以说了。

当说完了以后，可以问他还有吗？还想坐到那把椅子上去吗？这可以是一个来回反复的过程。

6. 结束讨论

可以这样说：你刚刚经过这样的一个过程，有什么想法吗？有什么感受吗？有什么想说的吗？

这个空椅对话整个过程就结束了。

(四) 适用情境

(1) 内心有两个势均力敌的矛盾成分，来访者面临个人难以做决定的问题。

(2) 自己和他人有矛盾，矛盾方可以是任何人。比如：在学校和同桌关系不好，可又有很多交集，很苦恼。

(3) 有未完成事件，或在现实生活中没有办法去完成的事情。比如爷爷去世时，没有在他的身边和他告别等。

四、以终为始法

(一) 概念解析

当我们遇到一些事情的时候，尤其是受挫的时候，人的心智容易陷入情绪化状态，很难理性地思考问题，这个时候，我们可以跳出当下视角，从未来的视角来审视此刻，可以拓宽视野，站得高，看得远，看得清，看得准。

(二) 理论依据

创伤理论认为，人在创伤来临的时候，认知往往会退行。当局者迷，旁观者清。离问题越远，思考越理性。一句话，走出挫折或创伤的办法是"过去不恋，现在不杂，未来不忧"。

(三) 实操过程

1. 画时间轴

从出生到死亡画一条直线，这条线就是人生线。如图5-6就是一个以终为始的时间轴。

2. 60岁自己的状态与想法、40岁自己的状态与想法、一直到现在的状态与想法

不要着手解决现在的问题，而要思考60岁自己什么状态、40岁自己什么状态，一直到现在的状态与想法。

3. 检验不同的时期，自己的想法有何异同

从未来到现在，检验不同时期自己有何想法。

4. 通过未来，看现在，我们应该怎么看

这个时候发现通过未来看现在，我们每个人想法都会变。

现在很多孩子不想读书，因为读书很累，很苦。咨询师不去跟他讲或辩论他现在所受的苦累是正常的，而是让他把一条生命线画起来，如果说活到

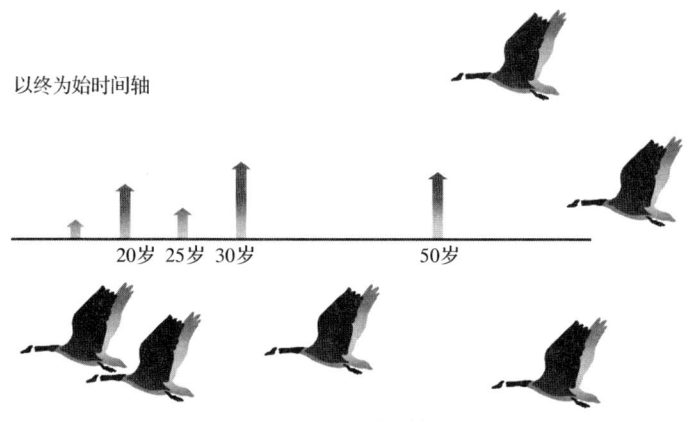

图 5-6 时间轴

七八十岁是他的终点,请问:50岁的生活是什么状态?他答:50岁我快要退休了,我每天抱着我的孙女逛公园,我把小时候没玩过的游戏统统玩一遍。想法很好。再问:你30岁干吗?答:30岁我现在是事业高峰期,我要当律师。他说得很好。再问:你20岁干吗?答:20岁谈恋爱,考上了大学,到大学里找一个对象。25岁我要当爸爸。说得很好。继续问:那么说你现在几岁?答:我现在16岁。再问:16岁要干吗?答:学习。再问:要学习,你现在为什么要学习?答:我现在不学习以后全毁掉了。让他通过生命线上每阶段的核心任务的梳理,领悟到从16岁到20岁,只要好好学几年,换来的人生很划算。这几年学习的苦和累是看得见的,如果你现在学不好,以后人生的轨迹就可能乱套了。

(四)适用情境

(1)沉浸在当前的困顿中出不来。

(2)失恋者。

(3)溺爱子女者。

五、反刍阻断法

(一)概念解析

反刍思维,是一种被动的、以自我为中心的、难以控制的重复性消极想法。反刍思维具有如下主要特征:重复、消极、侵入性、不可动摇、无法控制、抽象、被动。长此以往，将会引发心理障碍，以至精神疾病。①

（二）理论依据

认知理论认为，反刍思维是一种心理病理性的认知风格，一种非适应性的应对方式，它是一种被动、重复的思考负性情绪，专注于抑郁症状及其意义的无意识过程，长此以往，将会引发精神疾病。反刍和反思的区别见图5-7。

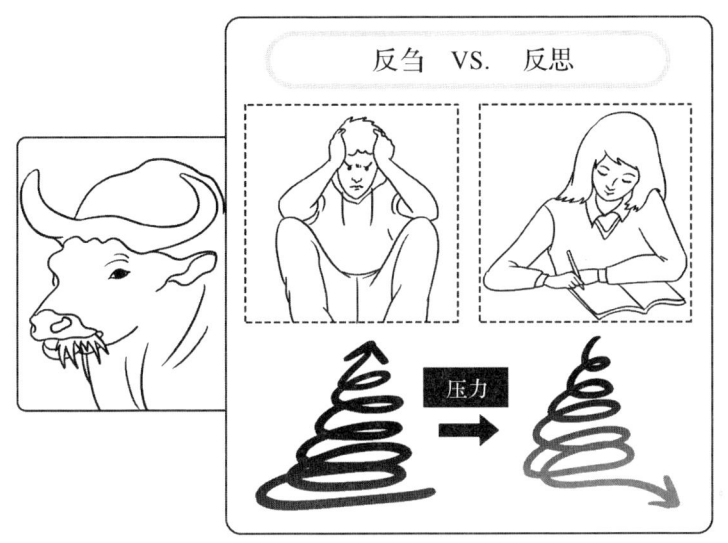

图5-7　反刍与反思的区别

反刍的本义是指动物进食后将之前吞咽下去的食物返回到嘴里再次咀嚼。心理学的反刍思维是指一个人过度地陷入曾经的负面情绪，而且不受控制地重复回忆之前带有负面性的事件，从而长期陷入这样的一种心理状态的表现形式。

反刍和反思的本质区别：

首先，反思的事情有好有坏，对往事的反思可以让我们不断积累经验、提高能力，是积极的反省方式；但是反刍的内容多是负面事件，是一个个让我们感到尴尬、痛苦的片段，只会让我们聚焦不美好的回忆，最终陷入没有解决方案的死循环。

---

①　克拉克.反刍思维：克服导致焦虑和抑郁的反复担忧、羞耻和思维反刍的CBT技巧[M].彭相珍,译.北京：中国青年出版社,2024:20.

其次，反思会帮助我们主动意识到自己的问题，但目的不是给我们带来情绪的折磨和自我价值的否定，是让我们再遇到类似的问题时，能感受到自我完善的过程，而不是阴影和挫败感再次涌入心头的体验。然而反刍是具有被动性入侵的功能的，哪怕你正在忙于其他非常重要的事情，它也会突如其来地闯入你的大脑，让你感受负面情绪的折磨，仿佛你在哪里跌倒，就要永远沉睡在哪里。

最后，反思将关注点聚焦在未来"怎么做"上，带来的是自我成长，是对漫漫人生路的自我关怀。反刍则会让我们将思绪过多地沉浸在负面事情产生的原因、带来的后果以及痛苦的感受中，就好像心底有一个声音一直在指责自己过去错误的选择。反刍带来自我厌恶，长此以往会让我们形成否定自我的习惯。

（三）实操过程

(1) 倾听来访者的故事，识别反刍思维。
(2) 引导来访者了解反刍思维带来的负面影响。
(3) 探讨阻断方式，比如：抬头、掐虎口、弹皮筋、深呼吸等。
(4) 积极强化，逐步优化合理方式。

（四）适用情境

(1) 想法过多，毫无意义地胡思乱想，被自己的想法所困扰。
(2) 注意力不集中。

六、问题拟人法

（一）概念解析

通过倾听当事人的故事，运用适当的方法，使问题外化，帮助当事人与问题进行分离，"去病理化"，通过语言的筛选为人们带来希望和鼓励。

（二）理论依据

后现代心理学认为，问题才是问题，人本身不是问题。若人们受困于无法逃脱的困难当中，可以通过外化，尤其是拟人化的方式，将问题独立成一个有生命的个体去认真对待，帮助来访者从问题情境中脱困，并看到自己从中发展出来的应对策略、能力和价值。

（三）实操过程

1. 描述问题

（1）目前你面临的主要的困惑是什么？什么时候产生的？

（2）出现这个困惑的时候发生了些什么，你的感受是什么样的？

（3）你当时的表情和动作是什么样的呢？

（4）与这个困惑相关的会有哪些人呢？

2. 给问题命名

给问题取个拟人化的名字，可以是植物或动物，不要修饰语。

举例：

拖延——蜗牛

抑郁——悠悠

焦虑——毛毛虫

3. 与问题对话

举例：

××（给困扰以命名），你对×××（来访者名字）造成了什么样的影响？

你对干扰×××有什么明确的计划和目标吗？

你怎样一步步地去影响×××的？

你觉得这是×××想要的吗？为什么呢？

你对×××的企图是什么？

当你的企图得逞了，你有什么感觉？

你为什么要这么困扰×××呢？

×××在什么状态或情境下，你容易得逞或比较容易干扰到他？

在什么情境下，×××克服了你，他不再被你所困扰？

（四）适用情境

（1）陷在问题情绪中，难以自拔，自我否定。

（2）对自我贴负面标签。

七、闪光叙事法

（一）概念解析

通过聆听当事人的故事，找出当事人叙述中的闪光事件，特别是具有积极因素的闪光点，着重引导来访者围绕闪光点展开积极的叙事，帮助当事人找出遗漏的片段，从而引导来访者重构积极故事，以唤起当事人内在力量的过程。

(二) 理论依据

建构主义认为，事实真相是主观建构的，会随着观察历程的不同而改变，事实真相取决于语言的使用，并且大部分受到人们所处的背景环境的影响。

简单地说，好的故事可以产生洞察力，或者使得那些本来只是模模糊糊的感觉与生命力得以彰显出来，为自我或我们所强烈地意识到。面对日常生活的困扰、平庸或是烦闷，可以把自己的人生、历史中的点点滴滴用不同的角度来"重新编排"、讲述，成为一个积极的、自己的故事，这是闪光叙事法，图解如图5-8。这样或许可以改变盲目与抑郁的心境。

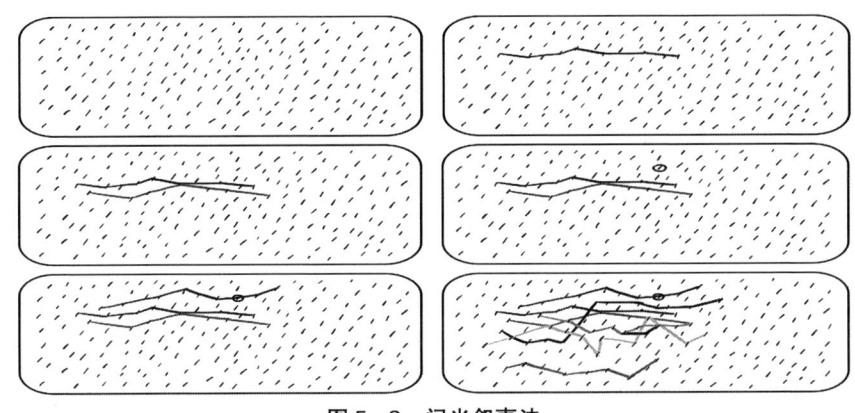

图5-8 闪光叙事法

人生就这么由一点一点组成，我们一点一点走出一条自己的路。这条路让你觉得上上下下有波动，是正常的。别忘了我们还有其他的路，人生不幸的不只有你，别人也有不幸，你在走路的过程中会发现，这条路可走，那条路也可走，人生会有很多可以让我们去走的道路。哪条路好？回过头来看以前的路，没有绝对的好坏。人生就这么复杂，人生本就有很多不同的路。

(三) 实操过程

1. 聆听当事人的故事，敏锐捕捉故事中积极的闪光线索，可以简单地做记录

举例：我听到你把那段记忆取名为"郁闷的过年"，请你回忆在那年过年

期间一件印象比较深刻的事，好吗?

2. 将叙事中的闪光点进行赋能及拓展

"哦，自制工具，你才10岁就会自制工具，很了不得啊！能告诉我，当时你是怎么自制工具的吗?"

"听起来这个扫把工具真的很有用。请问在10岁时，你就能自制工具，对你后面的人生有什么影响呢?"

3. 重新叙述自己的生命故事

请当事人重新叙述自己的故事，通过编排和诠释，重写、丰富故事内容，发现新的角度，特别是积极的角度，产生新的态度，从而产生新的重建力量。

例如，有一个女孩子到笔者这边做咨询，一进来就问："咨询师，你觉得我好看吗？人家给我取了个绰号叫'根号二'。""根号二"什么意思？指小女孩个子矮。小女孩又有内分泌失调，脸上长了很多青春痘，屁股又特别大，你说她好看不好看？确实不好看。咨询师怎么说？咨询师要找出她的闪光点。例如说："你的眼睛长得还是蛮有特色的。"她说："真的吗?"马上照镜子："老师我的眼睛真长得还不错。"这样就找到她的闪光点了。咨询师就是要从她的消极的昏暗的人生中找出她的闪光点。又如，一个孩子说："老师，中考这次我会考得很糟糕。因为我这段时间准备很不充分。"你就问他："你都做了哪些准备?"他说："我就语文准备的好一点，其他准备的都不好。"语文是怎么准备的？把他的语文的这种准备的闪光点找出来。再问："你感受一下这种语文的准备可不可以用在英语当中去，语文英语很相似的，行不行?"好的。如果不行的话，背后肯定是有困难了。可以跟老师说说英语之前你是怎么学的吗？(背单词。)单词本身积累就很重要，你能跟老师说说你怎么去背单词的吗？尽量地把它的闪光点找出来，改变他的认知，这个就叫闪光叙事法。

(四) 适用情境

(1) 对过去的经历耿耿于怀，悲观消极。

(2) 陷入情绪，难以自拔，缺乏反思能力。

(3) 对自我认知持消极、片面的态度。

八、正向改词法

(一) 概念解析

咨询师敏感地捕捉当事人的消极概念，通过言语互动的方式，将消极概念改为中性或正向概念，在当事人无对抗的条件下，用含蓄、抽象诱导的间接方法对其心理和行为产生影响。

（二）理论依据

行为主义心理学家认为，暗示是人类最简单、最典型的条件反射。从心理机制上讲，它是一种被主观意愿肯定的假设，不一定有根据，但由于主观上已肯定了它的存在，心理上便竭力趋向于这项内容。因此，人无时无刻不在受到心理暗示，积极暗示有利于为人们提供动力，保持积极向上的精神状态。

（三）实操过程

（1）倾听来访者，敏锐地捕捉消极概念。

（2）通过互动的方式，将消极概念用中性词或正向词汇来表述。

（3）分享正向词汇带来的感受，并逐步强化。

举例：

来访者：我觉得活着没意义。

咨询师：你对自己的生活并不满意。

来访者：我觉得自己做不好咨询。

咨询师：你觉得自己的咨询技能没有达到自己的预期效果？

（四）适用情境

（1）认知消极，想问题都是不好的。

（2）抱怨指责多的人群。

九、做事忘想法

（一）概念解析

想的都是问题，做了才有答案。

要想彻底放弃一些不合理的认知，还必须从改变核心信念入手。在行动中识别不合理认知，在行动中替代不合理认知，在行动中改变核心信念，即行动起来，通过做事，可以忘记一些不合理的认知，当事情做成功了，不合理的认知也自然就化解了。问题是用来解决的。

（二）理论依据

荣格认为，人的能量是守恒的。认知、情绪、行为三者组成心理过程，想得多了，做的就少了，做得多的，想得也就少了。我们可以通过做事，忘记一些负性的想法，不过度纠结在不良的认知当中，当事情做成了，认知想法也就发生改变了。

认知三角，最上面叫情绪，左边叫认知，右边叫行为，很多认知可以改变行为和情绪。行为也可以改变情绪，可以改变认知。行动起来本身就可以改变认知模式。

(三) 实操过程

(1) 说出困扰的诸多想法。

(2) 按照任务计划，先去行动，一步一步去做。

(3) 分享做起来的感受。

比如：

① 初学游泳者，不敢下水，想着会呛水，想着会沉下去……先到浅水区，练习水中行走、漂浮和呼吸等等游泳技巧。然后，逐渐往深水区练习。不下水永远学不会游泳。

② 不敢追求女孩子，想着被拒绝，想着别人会给脸色看，想着自己说不出话来……先去做，给她发信息，约她吃饭，订餐厅，买衣服，设计路线。

③ 想着不敢做咨询……

举一个简单例子，一位 31 岁的女士，她毕业后到义乌工作，但就业、创业都不顺利，交了一个男友，但对方又是渣男，在她宫外孕手术之后，男友离开了她。最后，这位女士靠银行借贷付房租和维持日常生活，天天把自己关在租的房子里，躺在床上想着各种烦心事，觉得自己已经是废人了，睡眠不好，每晚靠吃安眠药入睡，情绪抑郁，对什么事都提不起兴趣。在线上做了两次心理咨询之后，她感觉笔者能理解她，值得信任。笔者通过评估和个案概念化，与她商定做两个月的线下心理咨询，第一个月一星期一次，第二个月两个星期一次，预交六次心理咨询费。第一次约定的咨询时间到了，她却不想来了，因为笔者当时在杭州，而她在义乌。情绪抑郁的人往往是不想动的，但是钱交了只好来。在来之前她在想今天是坐高铁去还是自己打车去，想了老半天，最后想想还是坐高铁去，高铁到了之后时间还早，她又想是打车去还是坐地铁去，她觉得自己打个车方便。到了楼下，时间还早，她又在想是吃完饭再上去找咨询师，还是咨询完了再吃饭，最后吃完了饭再上去。

到了咨询时间，进到咨询室，一坐下来她说："老师我好累。"我问："什么事让你感到累？"她就把一路上的情况给我讲了一遍。她讲完之后，我共情说是会有点累的，接着问："你回去准备怎么走？先打车还是坐地铁，高铁到站之后你想怎么回去？"她把这个过程又想了一遍。最后，咨询时间结束了，她说："这么快啊，我得回去了。"我说："按照刚刚你自己说的去做。"她说："好。"第二个星期，她也不得不来，钱交了，不来心疼。结果又把第一次咨询过程做了一遍。第三个星期来的时候，她说："咨询师，今天真搞笑。"我问："怎么搞笑呢？"她说："我今天坐高铁碰到我初中同学，她也到杭州看病，她跟我一样也很倒霉，也抑郁了。"她接着说："我想让她也来找你，好不好？"我问："为什么？"她说："在路上发现朋友治疗方向不对劲，跑偏了。"我问她的朋友是怎么治疗的，她很有兴趣地给我讲了半个多小时。我问："回去你怎么走？"她说："我约这位朋友一起走。"第四个星期，她把女同学带到我这边来了，结果她们两个来的时候有说有笑，情绪明显好转。这一个月四次的心理咨询过程中，除了心理会谈帮助来访者改变认知和情绪外，来访者因心理咨询的需要走出房间，一路上打车、坐高铁、与他人接触交流等等积极行动也发挥着很大作用。来访者一旦积极行动多起来，积极情绪便会随之增多，负性想法会随之减少。这个方法也就是做事忘想法。

（四）适用情境

（1）纠结想法特别多。

（2）想法上的巨人，行动上的矮子。

（3）认知固化，缺乏反思能力。

十、理性书写法

（一）概念解析

通过纸笔或键盘，把事件的经过、自己的感受，以及"为何会有这样的感受？""这个事件为什么会发生？""我能从中汲取什么好的教训？"等，一五一十地写下来。过程中不用修改，不用检查，更不用管语法或句式对不对，只要放手去写就好了。

（二）理论依据

书写自己当前面临的负面事件，可以调动更多的理性资源帮助我们整理思路，使情绪思维的优先级暂居其后。同时，书写这一行为可以激活大脑皮层的语言区和书写区，使我们对当前遇到的负面事件有更为具体和清晰的认识。书写可以让负面情绪得到一定的缓冲，使人逐步恢复理性。

（三）实操过程

（1）明确困扰事件。

（2）用纸笔书写事件细节，特别是自己内心的想法、感受，以及事件发生对自己的意义，一条条全部写下来。

（3）重复书写，直到内心平和。

（四）适用情境

（1）情绪脑占优势，无法理性思考。

（2）思维反刍，无法深入思考。

十一、实验顿悟法

（一）概念解析

通过实验的方式，突然意识到自己的认知的不合理，及时作出调整，更新观点。

（二）理论依据

实践是检验真理的唯一标准。"不见棺材不落泪"，很多人固执己见，没有真正体验到痛苦之前不愿意改变，只有事实才能给人清醒的头脑。

（三）实操过程

1. 舍得法

（1）请来访者拿着一个价值不大的瓶子（比如矿泉水瓶）。

（2）询问：这个瓶子价值大不大？如果这么举一分钟累不累？5分钟累不累？2个小时呢？

（3）递给他一个比上面的瓶子更有价值的杯子，这个杯子意味着和谐的婚姻、优秀的儿子、健康的身体、顺心的工作，要不要呢？

（4）很多人会不放矿泉水瓶，还想抓杯子。

（5）这个时候，引导思考：应该做什么？放下什么呢？

（6）分享：很多时候，我们要的太多，要学会放下一些东西。

2. 点圈法

(1) 拿出一张白纸，在中间点上一个黑点，问来访者看到的是什么。

(2) 追问来访者：为何一张白纸，就光看到一个黑点呢？

(3) 在黑点的周边继续点一圈黑点，问来访者是什么。

(4) 把黑点连接成圆。

(5) 分享过程中的感受。

举个简单的例子，我儿子小的时候精力旺盛，很好动，上课坐不住，经常被老师批评。但是，随着慢慢长大，他逐渐展现出对体育运动的喜爱，乒乓球、羽毛球、网球、足球、篮球都学得都挺好的，他的运动协调能力尤其突出。如果我们只抓住这个孩子"好动，上课坐不住"这一点孤立对待，一味批评纠正，肯定不利于孩子特长的发展。所以我们要学会用点圈法，先画很多的点（如运动天赋、学习潜力等），最后我们可以把它们连成圈，也就是避免以偏概全地看待孩子的言行特点。

(四) 适用情境

(1) 固执己见，不听劝导，或犹豫不决，不知道听谁的主意。

(2) 要的太多，总感觉很累。

(3) 人生总找不到位置的人。

第四节 专注训练术

所谓专注，其实就是指单一从事于某一领域之事，甚至在某领域之内，专门从事其中某一事项之事，不仅如此，而且还需要尽力地避免受到其他琐碎之事的干扰。专注做一件事，花长时间把一件事做到极致，远胜于把一万件事做得平庸。

中国工程院院士陈薇认为："如果一个人20多年坚持一个研究方向，专注做一件事，只要方向正确，方法得当，换了谁都一样会成功。"

一事专注，便不平凡；一生坚守，就是非凡！

简单的事情重复做，就能成专家，复杂的事情用心做，就能成大家。

专注于某件事，能创造心流，心流能让我们更好地体会自己活着。

若执念于达成某件事，就会变成心魔，而心魔会抹掉目标以外的一切，把人变成实现目标的工具。

1. 不够专注：朝三暮四，分心了，吃着碗里看锅里。比如出轨、上课开小差以及强迫症。

2. 过度专注：偏执、一根筋，沉溺其中，走不出来。比如网络成瘾、追求完美、情有独钟。

3. 无法专注的纠结状态：拿得起，放不下，总是患得患失。比如要不要分手、孩子管还是不管。

为何要专注？

1. 人与人之间的智力差距并不大，是否有所成就，跟专注程度有关。

2. 有所成就和碌碌无为的区别，在于对时间与精力分配的不同。

3. 平庸之人之所以平庸，最大根源就是被琐碎之事浪费大量的时间与精力。

一、恰如其分术

（一）概念解析

过度关注会导致模糊，自我设限，太不关注，容易看不清，带来的是失控，适中的关注状态才是最好的。"适中关注"，即关注某个事物或人时，保持一个适中、恰当的度，既不过度关注，也不缺乏关注，强调平衡和适度，避免走向极端。适中关注的关键要素包括：平衡性，在关注对象时保持平衡，既要关注其重要性和价值，又要避免过度投入或忽视其他同样重要的事物，这种平衡有助于更全面地了解，避免片面性和偏见；适度性，即根据关注对象的实际情况和需求来分配关注度，以便更好地把握事物的本质和关键点，避免在琐碎细节上浪费精力；灵活性，即保持灵活和开放的态度，随着对象的发展和变化，我们需要适时调整自己的关注点和方法，以适应新的情况和需求。

（二）理论依据

古今中外历代哲学家都有一个共识：在一般情况下，当我们认识和处理矛盾的时候，要尽量防止走极端，要在矛盾双方之间找到一个最佳的平衡点。

例如，《易经》中的"时中"思想，儒家的"中庸"之道，老子之"守中"智慧，佛教之"中道"思想，黑格尔的"正、反、合"理论，以及马克思主义哲学的"辩证统一"，"否定之否定"和"一分为二"的观点，都包含有防止两个极端、保持"适中"的意思。

（三）实操过程

（1）拿出一张白纸，在中间点上一个黑点。

（2）先放在30厘米的地方，让来访者看，问其看到的是什么。

（3）然后逐渐拉近，继续慢慢靠近，最后靠近到眼前，感觉到眼花了，看不清了。

（4）再继续拉大距离，拉大到几米外的距离，黑点也看不见了。

（5）分享：太关注也不行，太不关注也不行。

（四）适用情境

（1）过度关注或者太不关注的人群。

（2）纠结于当前的事务出不来者。

（3）不清楚关注是什么来访者。

二、过度理由术

（一）概念解析

如果人们对某种活动有兴趣，那么外在的奖励会成为过度理由，损伤人们原有的兴趣，通过外在过度理由负向影响内在动机的发挥。

（二）理论依据

社会心理学认为，如果一种行为本就有充分的内在理由，如兴趣支持，则人们对于行为与其理由的认知是协调的。

但如果有更大吸引力的刺激（如金钱奖励），给人的行为额外增加"过度"的理由，人们对于自己行为的解释会转向更有吸引力的外部理由，减少或放弃原有的内在理由。人的行为就从原来的内部控制转向外部控制，如果外在理由不存在，如不提供金钱奖励，则行为失去理由，从而倾向于终止行为。

（三）实操过程

1. 定位来访者需要去调适的专注点

例如：青少年网络成瘾、失恋走不出来、父母对孩子过度关注。

2. 强化来访者的持续专注点，如果这个点做好了，给予其他的强化物

例如：如果青少年网络成瘾了，强制阻止是很难的。需要了解网络成瘾的最初动机和强化物，然后给予可替代的强化物。例如，一位初一男生同伴关系不良，希望通过游戏与同学交往而游戏成瘾。父母在心理咨询师指导下了解到孩子最初玩游戏的动机是交朋友，强化物是游戏中的一个个奖励后，父母为孩子创设社交场景，对孩子的微笑、打招呼、倾听、提问和表达需求等积极社交行为及时给予赞赏和鼓励，并给予孩子喜欢的奖励，让孩子不断体验现实社交活动的快乐，减少对游戏的专注。

再如：失恋再持续几天，给你买一套化妆品。朋友失恋，怎么去劝？千万不要去劝说："好马不吃回头草，天涯何处无芳草。"这样说不行的，我们要这么说："你再失恋几天，给你买一套化妆品。"这样一说，她发现她躺在家里这几天满脑子都在想化妆品了。同时也发现折腾了这么多天，自己苍老得连化妆品也遮不住了，就明白自己不能再这样伤心下去了。

再如：继续关注孩子，然后参加课程分享。有些家长对孩子很关注，为了孩子来听笔者上课，课后笔者要求他们做一个课程出来进行分享。这样一来，家长们发现关注孩子的目的发生变化了，他们关注孩子的目的原先就是为了孩子，现在变为要把对孩子的教育形成一个课程，跟别人分享。他们满脑子就是那个课程了，孩子也没怎么关注了。

3. 撤销强化物，原有关注点逐渐消退

一段时间后，撤掉原定的强化物，来访者觉得继续关注点没有意思，有一种被欺骗的感觉，于是也就不再过度关注了。

笔者曾经做过一个很有意思的案子：一个孩子初中成绩很好，到了高中开始玩游戏了，把自己锁在家里门都不出，只有一件事情是他愿意去做的——弹吉他。每个星期一下午雷打不动，都要去学吉他的。最后笔者就去找了一个咨询师，也去跟孩子的吉他老师学习吉他，并跟孩子的吉他老师说好，咨询师学的时候要让学生来教。学生跟老师学过之后去教这位咨询师。学生一看可以教别人，很开心。第一个礼拜去了，第二个礼拜也去了，咨询师说：你教我教得这么好，今天晚上我请你喝奶茶。当了师傅之后接受奶茶也合适，有价值感。于是又教了三次之后，咨询师说要给他买一样他喜欢的东西，孩

子想买一双鞋。咨询师就给他买了一双鞋,这孩子很开心。后来咨询师又跟他说,这边还有好多人也想学,问他想不想教。孩子说想教,咨询师说:那边有一个专门的青少年训练基地,你帮我去上课,你上半天课300元。孩子听了很开心。其实,这些是笔者和孩子的父母安排的,由其父母亲出钱。孩子愿意去,先是每天下午去教一次,接着告诉他,如果晚上再来,再给200元,孩子一听很开心,下午晚上都去。此时,孩子每天满脑子变成怎么多赚钱,玩电脑时间越来越少。最后告诉他,如果早上来一个上午再给1000元,这孩子听了更开心。过了两个星期他对电脑游戏没兴趣了,满脑子要赚钱,并想跑到日本去游学,要买这个东西那个东西。但是两个礼拜之后,告诉他:"对不起,因为你是高中生,学历受限,价格减半。"这时他不干了。他要到学校去读书了,因为他知道学历上去价格就上去了。他发现读书会给他带来价值。孩子瞬间转变了,现在已经在日本留学读博士了。我用的这套方法就叫过度理由术,针对一个事情找出另外一个刺激物去强化它,然后撤销强化物,原有的关注点逐渐就消退了。

(四)适用情境

(1)各种成瘾,如网络成瘾等。

(2)职场管理、家庭教育、学校教育。

三、双脑协调术

(一)概念解析

人脑分为左右两个半球,两个半球分别控制着人体的不同神经中枢与功能反射,我们可以通过科学的方式训练这些功能区,促进大脑两个半球的发育与发展,从而起到调控专注力的效果。

(二)理论依据

脑科学家大卫·苏泽研究表明孩子的大脑发育是有规律性的,负责孩子专注力、注意力的部分主要是额叶区(额头后面的大脑区域),这个部分的大脑区域控制着孩子的执行控制和冲动抑制等方面[1]。

---

[1] 苏泽.教育与脑神经科学[M].方彤,黄欢,王东杰,译.上海:华东师范大学出版社,2014:49-50.

左半球：与言语、推理、理智的和分析的逻辑思维相联系，
右半球：与感知、空间主体知觉、直觉的形象思维相联系。
左右脑功能图解见图5-9。左右脑协调发展，有助于专注力的提升。

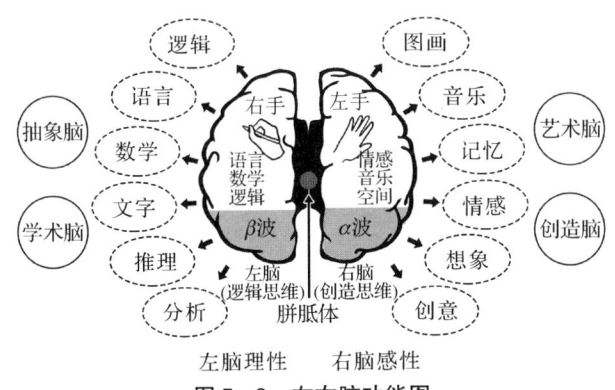

图5-9 左右脑功能图

(三) 实操过程

(1) 用左手夹弹珠、用左手写字、用左腿进行踢跳等：增强左侧肢体灵活性，从而锻炼右脑。

(2) 大声朗读：感统整合。调动视觉和听觉的互动，使思维更加活跃，加深对文字的理解和记忆，同时开发右脑，提升形象思维能力和记忆力。

(3) 左右手训练：左右脑协同。提升手指的灵活性，有效促进左右脑的协调与平衡，提高大脑的整体功能。

左右手训练方法：

① 右手竖起大拇指朝上，左手竖起食指指向右手。

② 切换：左手从食指竖起变成大拇指朝上，而右手从大拇指朝上变成食指竖起指向左手。

③ 左右手就这样反复地切换，速度逐渐加快，锻炼左右脑的协同。

(四) 适用情境

(1) 多见于少儿注意力不集中。

(2) 家庭、学校教育皆可用。

四、纠结外化术

（一）概念解析

纠结是指两个或多个相互矛盾的思维或者行动缠绕在一起。可以将纠结的内容外化，比如把纠结具象化为杯子，通过对纠结的压力感受，学会放下不必要的纠结，因为纠结会很耗能，做的都是无用功。

（二）理论依据

王阳明认为，知是行之始，行是知之成，知而不行，只是未知。当认知与行为不一致，便会带来冲突。长期的冲突会导致行动力丧失。将内在的认知冲突，通过外在的事务，运用象征的方法转化出来，有助于达到知行合一的效果。

（三）实操过程

（1）让来访者举着两个杯子，分别贴上代表纠结的两个事情的标签。

（2）一直举着，直到来访者感觉累了，吃不消了。

（3）当来访者想放下的时候，告诉来访者暂时不能放下。

（4）在此刻不能放下的状态下，让来访者分享感受。

（5）放下之后，引导来访者分享杯子与纠结的关系，并思考可以如何更好地去做。

（四）适用情境

（1）患得患失、优柔寡断者。

（2）依恋无安全感的人。

第五节 价值提升式

价值是指在实践基础上形成的主体和客体之间的意义关系，是客体对个人、群体乃至整个社会的生活和活动所具有的积极意义。人生价值是指人的生命及其实践活动对于社会和个人所具有的作用和意义。

人生的价值可以称量吗？为何要提升价值？人生的价值何时才能知道？

是生命结束的刹那间才知道吗?人的一生都在探寻自身价值。

价值规律图(图5-10)告诉我们价值和价格是有区别的。一般而言,价值是逐渐上升的,价格是围绕价值上下波动的。通过这个图可以发现,人生价值就相当于你必须阶段性地做有价值的事情,不要针对价格做事情,因为价格是波动的。

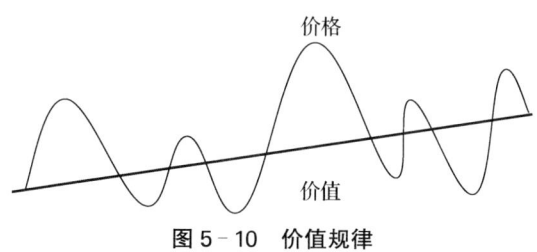

图5-10 价值规律

寻找人生价值、提升人生价值也属于人的基本需求,通过追求自尊和自我实现的需求而实现。

一、灵魂三问式

(一)概念解析

"灵魂三问式",通常指的是通过引出一系列深刻、触及本质的问题,引导人们进行自我反思、探索生命意义和价值观。在不同的语境下,"灵魂三问式"可能涵盖不同的具体问题,但往往都围绕着人的存在、目的和归属等核心议题展开。一般来说,通过"灵魂三问式"可以梳理出自己核心、真心想要的是什么,同时明白所有的价值获取都需要学会舍弃,想要的价值越高,自己拥有的越多,但同时需要舍弃的一些无关的干扰也就越多。

(二)理论依据

舍得既是一种处世的哲学,也是一种做人做事的艺术。舍与得就如水与火、天与地、阴与阳一样,是既对立又统一的矛盾概念,相生相克,相辅相成,存于天地,存于人世,存于心间,存于微妙的细节,囊括了万物运行的所有机理。万事万物均在舍得之中,才能达至和谐,达到统一。你若真正把握了舍与得的机理和尺度,便等于把握了人生的钥匙和成功的机遇。要知道,百年的人生,也不过就是一舍一得的重复。

(三) 操作过程

1. 灵魂三问

(1) 你真正想要的是什么?

(2) 你目前有什么?

(3) 为了实现目标,你能够舍弃什么呢?

首先,写下第一个问题的答案。其次,围绕你想要的东西,写出你已有的是什么和通过努力,你能获得的是什么。最后,你能舍弃什么才能把你拥有的东西充分发挥作用,最终实现你想要的目标。回答舍弃什么很难。

2. 自我察觉:自己想要的价值感是怎么来的?

需要学会舍弃。舍弃越多,所获得的往往会越有价值。

(四) 适用场景

(1) 想着不劳而获、轻松获益、走捷径的人。

(2) 还不知道自己要什么,自我价值感缺失的人。

二、自信训练式

(一) 概念解析

在心理学上,自信泛指人对自我能力的坚定信念和正面评估,能大大提高人的成就动机,降低人的成就焦虑。自信主要由两个部分组成——自信心与自我效能感。其中前者指个人对自我的正面认知与感受,后者指个人对自我能力的积极信念。自信训练,也称"肯定性训练",旨在通过特定的训练手段,帮助个体增强自信,使其成为有自信心的人。调整来访者的认知方式,打破其不合理的自我概念,从而消除不良情绪和行为,这是最为直接的自信训练方式。

(二) 理论依据

自信的建立需要积极有效的认知调整。美国著名心理学家埃利斯(A. Ellis)认为认知、情绪和行为不是各自独立的心理过程,而是高度相互依存、相互作用的整体。著名的"ABC"理论中,诱发事件 A(Activating event),个人对此所形成的信念 B(Belief)和个人对诱发事件所产生的情绪与行为后果 C(Consequence),三者关系中,A 对 C 只起间接作用,而 B 对 C 则起直接作用。换言之，一个人的情绪困扰的后果 C，并非由事件起因 A 造成，而是由人对事件 A 的信念 B 造成的。所以，B 对于个人的思想行为方法起决定性的作用。坚持某些特定的信念，往往会影响人们的推论和最终的结局。信念影响人的情绪和行为，反过来人的情绪和行为也对信念产生深远的影响，人们的情绪和行为反应能帮助自己创造环境，并对这些环境产生某一偏向的认知。认知反过来又会制约人们的情绪和行为，就像自我实现的预言。

直接调整来访者的认知方式主要有两种：劝说和暗示。劝说是认知行为疗法调整非理性认知的主要治疗方式，主要通过理性分析实现。暗示通过含蓄的言语或行动来影响心理状态，并改变人们的心理与行为。心理暗示也是催眠疗法的主要治疗方式，主要通过改变潜意识实现。笔者的青少年心理辅导实践证明，积极自我暗示是一种安全且有效的自信训练方式。

(三) 实操过程

1. 积极暗示与消极暗示的体验比较

(1) 三句积极暗示语："我很棒！""别人都喜欢我！""我一定能成功！"每句话都连续讲三遍。随后询问自己有没有感觉。如果有感觉就麻烦了，没有感觉就对了。因为没有感觉，说明平时已经习惯积极暗示，如果有感觉说明平时习惯消极暗示。

(2) 三句消极暗示语："我很没用！""别人都讨厌我！""我一定很糟糕！"

(3) 引导来访者比较前后两种暗示给自己的体验感受。

(4) 凡是用后者的，往往不开心，因为不够自信，价值感低，行动力弱；凡是用前者的，往往开心，因为够自信，价值感高，行动力强。

2. 积极自我暗示上午三次，下午三次，晚上三次

自我暗示声音洪亮、自信；坐姿或站姿端正并配合富有力量感的动作；脑中要有画面感。

3. 坚持练习三个月，形成思维（肌肉）记忆。

"道生一，一生二，二生三，三生万物。"三个月基本上能形成肌肉记忆。

(四) 适用情境

(1) 学习、考试自信心不足，情绪低落、自卑的学生群体。

(2) 性格敏感、自卑的人士。

(3) 觉得自己的人生没有价值、没有意义，产生抑郁情绪的人士。

(4) 职场不顺，被无力感、无能感的困扰的职场人士。

(5) 处于成长、发展阶段，有提升自信需求的个体或群体。

三、回顾展望式

(一) 概念解析

回顾展望式是引导来访者通过回顾过去经历、展望未来愿景的一系列心理活动，能够更好地处理情绪、增强自信、明确目标，并为之付出努力。例如，通过每天或者一段时间内，对自己学习、职业以及其他方面做的正向事情的整理，觉得过得有意义与有价值，心理就会产生认同感，同时再展望第二天或者后面一段时间的计划安排，让自己觉得心里踏实，增强自己的行动力与充实感。

(二) 理论依据

行为主义的代表人物斯金纳认为人的行为大部分是操作性行为，任何习得行为，都与及时强化有关。因此，可以通过及时强化来增强积极的行为发生。

(三) 实操过程

(1) 晚上睡觉前回顾：从早上开始，到躺下的过程中，自己都做了哪些有意义的事情。

辅导者示范：

例1：今天我运动了。这是一件我做得很有价值的事，因为运动能增强体质，身体是革命的本钱。

例2：今天上午数学课上我很专注，听懂了老师的讲解。专注是成功的特质。

例3：今天同学某某蹲在地上哭了，我过去问她怎么了，我关心同学。

(2) 回顾之后，展望一下：明天自己要重点做好哪几件事。

辅导者示范：

例1：我明天要6:30准时起床。

例2：明天数学课上我要继续保持专注，认真听课。

例3：明天我在学校看到老师和同学，要跟他/她们微笑着打招呼。

例4：明天作业中，我要重点完成哪几部分。

(四) 适用情境

(1) 学习、考试自信心不足,情绪低落、自卑的学生群体。
(2) 性格敏感、自卑的人士。
(3) 觉得自己的人生没有价值、没有意义,产生抑郁情绪的人士。
(4) 职场不顺,被无力感、无能感困扰的职场人士。
(5) 处于成长、发展阶段,有提升自信需求的个体或群体。

四、以退为进式

(一) 概念解析

以退为进式是通过对目标的解构和重构,调整最近发展区,先退一步,降低抱负水平(通常就是目标),通过努力达到目标,有效提升自尊水平,然后再一步一步达到既定的目标。

(二) 理论依据

美国心理学之父詹姆斯认为:自尊＝成功/抱负水平[1],通过减小分母或增大分子来提高自尊水平。黄希庭认为自尊即自我价值感[2],通过目标的达成体验到成就感,以提升自尊水平。美国机能主义心理学的先驱 W. 詹姆斯在《心理学原理》一书中提出:自尊＝成功÷抱负,自尊取决于成功,还取决于获得的成功对个体的意义,增大成功和减小抱负都可以获得高的自尊。成功或许有许多制约因素,不是很容易就做到的,但我们可以降低对工作和生活的期望值,这样,一个小的成功,就可能使我们欣喜不已。

(三) 实操过程

(1) 引导来访者定出自己的期待目标值。
(2) 让来访者在原有目标基础上降低一点,让自己跳起来够得着。
(3) 引导来访者分享达到目标之后的感受。
(4) 再次提出新的目标。
(5) 引导来访者在新目标基础上再降低一点,让自己跳起来够得着。
(6) 引导来访者分享再次达到目标之后的感受。

---

[1] 李德伟.个性心理学:研究·测量·理论[M].北京:中国医药科技出版社,1994:37.
[2] 黄希庭,尹天子.从自尊的文化差异说起[J].心理科学,2012,35(1):2-8.

（7）提出更大的目标，给予鼓励。

比如：

（1）小明想本次数学考 90 分以上。

（2）建议目标降为考 85 分以上。

（3）分享喜悦。

（4）下一步继续将目标定为 90 分以上。

（5）建议目标降为考 88 分以上。

（6）分享喜悦。

（7）下次建议目标定为考 92 分以上。

（四）适用情境

（1）学习、考试自信心不足，情绪低落、自卑的学生群体。

（2）性格敏感、自卑的人士。

（3）觉得自己的人生没有价值、没有意义，产生抑郁情绪的人士。

（4）职场不顺，被无力感、无能感困扰的职场人士。

（5）处于成长、发展阶段，有提升自信需求的个体或群体。

五、竞拍取舍式

（一）概念解析

竞拍取舍式是一种通过模拟竞拍过程来帮助个体厘清个人价值观、平衡心理需求与资源分配的心理调节方法。这种方法旨在帮助参与者更明确自己的价值观，学会在有限资源下做出合理的取舍。每个人一生当中都有很多值得追求的价值，但因时间、精力有限，且有价值的东西也会引起竞争，因此，可以通过在一个团队中模拟价值取舍的过程，来梳理清楚自己核心要的是什么，帮助调整价值取向，无悔于人生。

（二）理论依据

模拟实验（Simulation Experiment），指通过模拟有关情境，探寻有机体在此种模拟情境下的心理和行为反应，并根据此类观察结果进行推论。

人生没有后悔药，但可以通过模拟拍卖的过程，给我们一次后悔的机会，帮助我们珍惜眼前，明晰价值取向，不要因为错过而终生抱憾。

(三) 实操过程

1. 分组（一般 7~9 人最宜）

选出组长，发放《〈价值大拍卖〉练习单》（见表 5-8）。

表 5-8 《价值大拍卖》练习单

价值大拍卖

在下面的表格中，列有 16 个与你有关的价值项目，请团体成员自己排列这些价值在自己心目中的优先地位，1 代表最重视，16 代表最不重视，填在下表的第一栏内。假设你有 20 万元（以生命单位计算，代表一生中可以投注于工作的所有时间与精力的总和），对于各个价值项目，你愿意投资多少？请将自己预估的数额写在下表中第二栏内，填写时请注意：

1. 不必每项都填写；
2. 如果你想对某一项出价，起价不低于 1 万元；
3. 在拍卖时，可以改动原定的价码，但如果你想加价，每次至少 2000 元。

价值项目	顺序	预估价	成交价	得标人
1. 工作				
2. 财富				
3. 父母				
4. 尊重				
5. 成就				
6. 爱情				
7. 荣誉				
8. 刺激				
9. 友情				
10. 子女				
11. 休闲				
12. 健康				
13. 幸福				
14. 家庭				
15. 学习				
16. 爱人				

2. 价值排序

每个人根据练习单的内容，选择物品并依据重要程度排序，既可以全部排，也可以只排几个。

3. 价值付费

将拥有的20万元虚拟的费用花在你认为有价值的价值项目上。

4. 价值竞拍

开始，每一次出价的底价是1万元，每次加价至少2000元，直至全部物品拍卖完毕。

5. 分享提升

（1）花了多少钱。

（2）想买的跟最终买到的是否一致？为什么会这样呢？

（3）通过这个练习，自己最大的感受是什么？（尤其是围绕自己的价值取向。）

分享：小小拍卖会，尽显人生百态，耐人寻味。的确，每个人想要的都很多，但现实是很残酷的，竞争是激烈的，我们无法获得所有，但我们也不会一无所获，只要我们相信自己，努力争取，不怨天尤人，不自暴自弃，始终会得到至少一件值得我们珍惜一生的"拍卖品"。

（四）适用场景

（1）团队凝聚力建设。

（2）学习动机不强者。

（3）人生职业价值取向不坚定者。

第六章

结构化心理咨询的保障

心理咨询的伦理与设置就像是列车行驶的铁轨，它们为咨询过程提供了稳定、明确和可靠的框架，确保了咨询的专业性、道德性和有效性。缺乏伦理原则的设置就像没有铁轨的列车，可能会让咨询迷失方向、偏离轨道，甚至导致严重的后果；同样，缺乏设置的伦理原则也像是没有支撑的铁轨，无法为咨询过程提供稳定的基础和保障。结构化心理咨询师要坚守五大伦理原则，结合中国国情，在心理咨询实践中不断探索伦理原则指导下的具体的伦理规范和策略。结构化心理咨询的设置主要包括五类：时间、对象、地址、关系、督导。设置是为了更好地规范咨询过程，咨询师应避免机械地遵循咨询设置而忽视实际情况，咨询设置坚持原则性和灵活性相结合。心理咨询师则是列车的设计师，具备间接性、概括性思维品质是非常重要的。这种思维品质的训练与培育的主要路径是学校心理健康教育。

第一节 结构化心理咨询的伦理规范

中国心理学会于2018年发布《中国心理学会临床与咨询心理学工作伦理守则（第二版）》（简称《守则》）。《守则》由导言、总则、条款、专业名词定义等几个部分组成。其中伦理总则包括善行、责任、诚信、公正和尊重五大原则。伦理总则是整个伦理守则遵从的总的原则，是心理学工作的专业伦理核心价值观的体现；伦理条款是在伦理总则的指导下，针对特定情境制定的具体规定；总则属于一般性原则，各项伦理条款更为具体，属于伦理标准。心理学工作者在工作实践中无法找到可以与某些具体的专业行为直接对应的伦理条款时，参照伦理总则行事。①

钱铭怡对《守则》的意义做了更明确的解读："专业人员只有通过学习伦理守则，提升伦理敏感度，才能更清楚地意识到专业工作中的伦理议题，更好地做出伦理决策，规范自己的行为。专业人员按照伦理守则行事：对外，有助于保障寻求专业服务者的福祉，维护专业信誉，获得公众信任；对内，有助于提高自身专业素养，提升服务品质，也有利于保护自身的权益。"②

在《守则》的指导下，如何结合自己的实践，更好地遵守心理咨询伦理，为来访者服务呢？《守则》制定时间还不久，很多条文是借鉴西方国家的，存在本土化的必要性和紧迫性。例如，与来访者不能有咨询关系之外的关系，若照搬照做，在中国几乎不能开展心理咨询工作，而且会破坏原有的关系。

笔者认为，心理学工作者需要把这五大伦理总则刻在骨子里，真正做到"知行合一"。同时要结合中国国情，从心理咨询实践中探索《守则》指导下的具体规范和策略。

一、善行原则及其规范、策略

针对心理咨询伦理的基本问题——心理咨询上的利益冲突问题，咨询师要怎么做？牢记善行原则。

"善行：心理师的工作目的是使寻求专业服务者从其提供的专业服务中获益。心理师应保障寻求专业服务者的权利，努力使其得到适当的服务并避免伤害。"③ 善行原则指导下的具体规范和策略如下。

（一）不忘初心，公益理念，与人为善

心理咨询师从事心理服务工作的初心就是秉持公益理念；与人为善。公益理念，即是使来访者获益，关注来访者及其重要他人的利益，增进其福祉，避免伤害。例如，在青少年或亲子关系的心理咨询过程中，一定要想着怎么公益地帮助孩子、帮助家长，一定要有这样的理念。与人为善，即不做利益的交换，坚决不在咨访关系里收受家长或者来访者任何的东西，坚决避免发

---

① 钱铭怡.《中国心理学会临床与咨询心理学工作伦理守则》解读[M].北京：北京大学出版社，2021：7，11.
② 同①7.
③ 中国心理学会临床心理学注册工作委员会伦理修订工作组、标准制定工作组.中国心理学会临床与咨询心理学工作伦理守则[J].心理学报，2018，50(11)：1314.

生经济利益交换等事件。比如，做了心理咨询，来访者及其家属拿茶叶等送礼，这种情况也是需要坚决避免的利益交换。又如一个案例，一位心理老师帮助学生做咨询，学生发生了根本性的改善，家长给心理老师送来一张油卡，这位老师收还是不收？收下来的话，同样的道理，违背了学校心理咨询的公益理念，学校心理咨询任何时候任何情境下都不能进行经济交换。

（二）助人自助，帮助的目的是来访者的自我完善

何为助人自助？咨询师帮助来访者，提高其自知、自控、自我行动的能力，来访者把在咨询中获得的知识、方法、体验运用到日常生活中，实现知识与能力的迁移，举一反三，实现自己的成长和提升。助人自助不是指咨询师在帮助来访者的过程当中，也在不断地完善自己。来访者后续的成长和提升跟咨询师没有关系，一旦有关系就叫负移情。咨询师帮助的目的是让来访者自我完善，而在这个过程当中，心理咨询师不是从来访者身上找自我成长的价值。为什么？因为来访者找到心理咨询师，是想通过咨询师的专业技能、知识和经验得到帮助，咨询师本身自己已经具备了这些东西，只是拿出来给来访者一点点，并不是边帮助别人边自己成长的，咨询师一定不要从来访者身上找价值。

（三）不做生意，不做交易，用心理咨询的价值帮助来访者过得更好

咨询师应该以专业知识和技能为基础，为来访者提供高质量的咨询服务，并根据自身的资质、经验和行业标准制定合理的收费标准和时间安排。不以来访者的经济条件作为收费或提供服务多少的标准，不能将贫富贵贱来作为咨询的标准。

首先，以咨询师付出的时间作为标准，可以确保来访者得到适当的服务。咨询师应该根据问题的复杂程度和咨询的深度来合理安排时间，以确保在有限的时间内提供尽可能多的帮助。同时，这也避免了因为来访者经济条件优越而获得更多服务的情况，从而保证了咨询的公平和客观。

其次，不以来访者的经济条件作为收费及提供服务内容及数量的标准，可以避免咨询过程中的偏见和歧视。每个人都有自己的价值和尊严，不应该因为经济条件而受到不公平的待遇。

二、责任原则及其规范、策略

"责任：心理师在工作中应保持其服务工作的专业水准，认清自己的专

业、伦理及法律责任，维护专业信誉，并承担相应的社会责任。"[①] 笔者把责任原则解读为如下三个层面，以便操作。

(一) 有所为，有所不为，要有自知之明

心理咨询师在工作中，必须明确自己的职责和界限，了解自己的能力范围和局限性，对自己的能力短板、潜在偏见、情绪波动和认知盲点有清晰的认识，并采取措施尽可能降低或消除这些影响。

心理咨询师自知之明涵盖多个层面：第一层含义，即心理咨询师应该经常反思自己的工作，接受同行和专业人员的反馈，不断学习和提高自己的专业技能，从而为来访者提供更有效、更可靠的支持和帮助。

举个简单的例子，心理咨询师能不能做精神分裂症个案？能不能做心境障碍个案？不能做，做不了。当患有抑郁症的学生来求助时，学校心理咨询师对于能做的是什么、不能做的是什么一定要清楚。学校里边患抑郁症的学生，前来求助的话，我们心理咨询师都不帮助、不理睬吗？不是这样的，心理咨询师也是有所为有所不为的。心理咨询师不是解决精神分裂症，不是解决抑郁症，这些病心理咨询师解决不了，但可以帮助缓解他们的情绪、认知和社会功能问题等。心理咨询师需切记：一个抑郁症来访者来做咨询，咨询师解决的是什么？解决的是导致他生这个病背后的情绪、认知和社会功能问题，而不是解决抑郁症这个病。

自知之明的第二层含义是，每个人身上都有自己的"基因"（即个人特质和经验局限）。就笔者自己来说，有关情感婚恋的案子一概不接，因为笔者情感生活不丰富。另外，笔者也不做职业规划的案子，因为职业经历很简单，有关职业变动的经历少，经验不丰富，在职业规划方面无法给来访者太多的指导建议。每个心理咨询师要找到自己擅长的领域，在这一点上要有自知之明。有些案子你能做，有些案子要果断转介，这就是对来访者的负责。

(二) 异常、自杀案例坚决不接，不恋单

心理异常、自杀风险高的个案坚决不接。一方面，心理咨询师要掌握判断正常和异常的心理活动的三项原则：主观世界与客观世界的统一性原则、精神活动的内在协调一致性原则、个性的相对稳定性原则。通过首次心理咨

[①] 中国心理学会临床心理学注册工作委员会伦理修订工作组、标准制定工作组. 中国心理学会临床与咨询心理学工作伦理守则[J]. 心理学报，2018,50(11):1314.

询结构化会谈，初步评估来访者的问题是否属于心理正常。属于心理异常的个案，坚决不接。心理异常个案不属于健康心理咨询的工作范围。理论上，健康心理咨询的主要对象是一般心理问题、严重心理问题和部分神经症性问题。对于精神病性问题，心理咨询师只能进行有条件的辅助性工作。另一方面，心理咨询师要掌握自杀风险程度的评估标准。关于自杀自伤风险程度的评估主要有如下五个维度：自伤自杀计划；既往相关自杀自伤经历；目前现实压力；目前支持资源；专科医院临床诊断。对自杀风险高的来访者，一定要执行保密例外，通知来访者的监护人和相关人员将其送到精神科门诊或住院。千万不要以为自己能把这种个案搞定了，觉得有多了不起，有多光荣。明确自己的胜任力，不要恋单。否则，没有自知之明的心理咨询师很可能会成为自己和来访者的"杀手"。

不恋单，就青少年的个案来说，亲子案例最关键的在时间，时间是很有限的，不要把孩子最佳的成长时间错过了。在孩子成长阶段，什么方法能够让孩子快点好起来，心理咨询师就要采用什么方法，千万不要把来访者当作实验对象来提高自己的能力和水平。如果你要用三年搞定，而别人用三个月能搞定，你就要毫不犹豫地转介。相对来说，成人的时间重要性要低一些，一年两年慢慢来影响不大，但小孩子不行，小孩给我们的时间就这么短，所以我们坚决不要错过孩子的时间，像这些异常的个案，咨询师更是不能恋单。

（三）案例遇到困难，不要推诿、拒绝，我的问题我负责

案例遇到困难的时候，千万不要推诿、拒绝。不管碰到什么困难，只要你接过的案子都有责任，不要直接把来访者推掉。记住：我的问题我负责。

（四）处理好移情，而不能动感情

先看一位来访者发给笔者的一段话："可我没有心力，一点点都没有，可以跟我说几句吗？……朱老师，我到吃饭的地方了，来表扬一下我……朱老师你上飞机了吗？"这位来访者是一位事业成功的45岁男士，他发过来的这些话说明他的能量强还是弱？弱。但是本来45岁成功人士的能量应该强还是弱？强。他跟笔者这样说，说明他对我产生了移情，如果我按他的要求回信息，我便产生了明显的反移情。

如何处理移情？

第六章
结构化心理咨询的保障

第一，咨询师不要围绕来访者说的来，而是要围绕咨询目标来。如果咨询师为了哄来访者高兴，在来访者让咨询师表扬时，就予以表扬，那么咨访关系就类似于爸爸与孩子或恋人之间的关系了。一旦咨询师偏离咨询目标，盲目听从来访者的话，就意味着产生移情了。咨询师要想不移情，自己要搞清楚这个时候你应该做什么。比如，来访者说："朱老师，我到吃饭的地方了，表扬一下我。"若咨询师表扬了他，可能的结果是，没有咨询师的表扬他就没动力了。如此一来，咨询师对他来说越来越重要，使他对将问题解决与否完全寄托于咨询师了。所以，咨询师只说了一句话"力量你一直都有的"，给到他自己的力量，就不回复了。有些来访者来咨询，就是因为在成长过程中他的爸爸妈妈关系不好，亲子关系不良，当感受到咨询师对他接纳、尊重时，就可能想叫咨询师妈妈。同理，也有想叫咨询师阿姨、哥哥或姐姐的。来访者对咨询师的称呼变了，就是把咨询师的角色变化了，移情便产生。移情处理不好，可能惹祸上身。

第二，咨询师要明确，移情并不意味着咨访关系的深入。笔者在学校里面曾为一位有过情感创伤的女大学生做咨询。咨询之后，这位女学生下课特意跑来看望我，我到食堂吃饭，她也跟来。后来，这位女学生先是询问："我能叫你叫哥吗？"随后又说："我能当你一天女朋友吗？"这时咨询师千万不要自我感觉良好，试图从来访者身上找到自己的价值，否则必然会产生问题。笔者是这么处理这个个案的：她一来看我，我在她面前就故意歪着一摇一晃地走路。我通过刻意丑化自己的行为，即消退行为规避了她的移情。后来这位来访者给我写了一封信，她说你也不过如此。移情的原因是什么？就是来访者把他认为心目当中理想化的优良品质都集中到咨询师身上去了，并将对理想角色的期待都移到咨询师身上去了，但这些都是咨询师需要规避的。

第三，处理移情是为了优化咨访关系，不能破坏咨访关系，

一方面，咨询师要维护咨访关系，不能直接拒绝说"不行"；另一方面要运用专业技术"弱化移情""去移情"。下面列举三种移情行为及应对技术：（1）若来访者给咨询师发3～5条信息，咨询师只回1条，不要条条回，逐渐减少回复的次数和内容。（2）来访者总来看咨询师，如来访者来三次，只在第三次咨询师跟他笑一笑，前两次自己忙自己的。不要每次来，都跟他聊，否则会强化他的移情。来三次你给他笑一次，再接着来五次，你接待他一次，这样慢慢地去除移情。（3）来访者移情说："老师，我以后能不能改口，不叫

你老师好不好？"咨询师应该怎么说？咨询师要先肯定来访者的移情要求，说"好的"，接着要问来访者为什么会想着变个称呼叫老师。也就是说，咨询师后面要继续强化自己的咨询师角色。或者咨询师笑一笑，然后说："我们换一个话题，跟老师来聊一聊。"让来访者他说他的，咨询师要围绕咨询目标，用咨访角色去强化咨访关系。例如，来访者说："我可以叫你妈妈吗？"咨询师则说："好的。接下来你和老师来谈谈这个话题，好不好？"记住，咨询师要继续强化咨访关系，不要去接来访者的话茬。

三、诚信原则及其规范、策略

"诚信：心理师在工作中应做到诚实守信，在临床实践、研究及发表、教学工作以及各类媒体的宣传推广中保持真实性。"[①] 笔者把诚信原则解读为如下四个层面，以便操作。

（一）实事求是，量力而行

实事求是，量力而行，通俗讲就是行就行，不行就不行。比如，来访者问咨询师："老师，你失恋过吗？"来访者是因失恋来做咨询的，想知道咨询师能不能帮助到他。咨询师如果没失恋过就说："很抱歉，老师还真没失恋过，但老师很好奇，你为什么会问老师这个问题？"咨询师如果真失恋过就说："老师还真的失恋过，但老师很好奇，你为什么会问老师这个问题？"咨询师如实地回答，又不让自己被套进去。

（二）不坐地起价，不摆资格

不坐地起价意味着咨询师不会随意提高价格，而是根据客户的需求和自己的服务内容、时间等因素，合理地制定价格。不摆资格则是指咨询师不应该炫耀自己的资历和学历，而是应该以自己的专业知识和实际经验来赢得客户的信任。咨询师不是靠资历和学历来证明自己的能力的，而是靠自己的专业能力和服务水平来赢得客户的认可和信任。

（三）不说大话，不自我贬低

不少来访者来咨询会问："老师你能解决我的问题吗？"咨询师怎么说？

---

① 中国心理学会临床心理学注册工作委员会伦理修订工作组、标准制定工作组.中国心理学会临床与咨询心理学工作伦理守则[J].心理学报,2018,50(11):1314.

如果说不能，来访者找咨询师干吗。如果咨询师说"你放心，我一定能帮助到你的"，这叫自夸。咨询师应该怎么说？既要实事求是又要对自己的专业有自信，应这么说："一般情况下老师能解决你的问题，如果你真诚地把你的问题告诉我，积极配合老师，就一定能解决你的问题。"

(四) 遵守既定的咨询服务设置，如有困难如实相告

如果心理咨询师遇到困难，例如无法满足客户的需求或者遇到了自己不擅长的领域，应该如实相告，并尽可能地提供其他的建议或解决方案。如果咨询师帮不了来访者，给来访者转介其他的心理咨询师，也是很好的解决方案。一定要实事求是，要诚信，不说谎。用谎言去验证谎言得到的一定是谎言。

四、公正原则及其规范、策略

"公正：心理师应公平、公正地对待与自己专业相关的工作及人员，采取谨慎的态度防止自己潜在的偏见、能力局限、技术限制等导致的不适当行为。"[1] 笔者把公正原则解读为如下四个层面，以便操作。

(一) 价值中立

公正的核心就是价值中立。对价值中立不要想得太复杂，如果咨询师不评判、不评论、不建议，等于什么都做不了。笔者认为，咨询师不代替来访者做决策就是价值中立。例如，来访者过来咨询，他问："老师，你说我们两个要不要离婚？"咨询师怎么说？如果咨询师说不知道，那么来访者就会想来找你干什么呢。那么咨询师该怎么说？咨询师应该说："好，我们来分析一下，离婚带来的是什么？不离带来的是什么？"这个过程就是帮他分析，这么说就不是违背价值中立。那什么叫为来访者决策？如果咨询师说"赶紧离了好，这样的渣男不离干什么呢？"，这就叫代为决策了。咨询师不能代替来访者做决定，但可以指导来访者。例如咨询师可以说：一般来说，男人有三种情况、女人也有三种情况时，可以考虑离婚的。第一种是家暴，家暴有了第一次，后面就没完没了了；第二种是出轨；第三个是赌博。结婚的目的是更幸福，如果明摆着不幸福，需要考虑有没有必要再一起走下去。咨询师需要帮助来访者分析未来的方向，但最后离不离婚，是来访者的事。

---

[1] 中国心理学会临床心理学注册工作委员会伦理修订工作组、标准制定工作组.中国心理学会临床与咨询心理学工作伦理守则[J].心理学报,2018,50(11):1314.

例如，来访者说："老师，我孩子就让他休学算了，你看可以吗？老师你能不能帮我考虑一下？"咨询师怎么回答？应该先接住，顺着对方的杆子往上爬，要这么说："好的，我们一起来考虑一下。我们来看看休学与不休学的利弊分别是什么？""根据利弊的分析，去考虑一下，最终你觉得做什么决定比较好？"最终来访者如果说："休学算了。"这样最终的决定是来访者自己做出的，不是咨询师说的。价值中立的核心，是咨询师不给来访者做决策，但是方向和引导一定要给来访者，否则来访者本身就不知道怎么走，找你做咨询就没有价值。

（二）为人正直，表里如一

不损伤其他同行，不说同行的坏话，其他同行做得好与坏，不要去评论。例如，一位来访者在其他心理咨询师那里做咨询，做了五次之后感觉效果不好，问题没解决，又到你这边来了，你千万不要说："这五次把你搞坏掉了，早点到我这边来就不会这样子的。"而是要说："请你先把前面老师做的五次咨询给你带来的收获跟我讲讲，可以吗？你得到了什么？你现在还想解决的是哪些方面？接下来，老师来帮助你去做进一步的优化。"

（三）办事公正，别人就不会有所欺瞒

"公生明，廉生威"是一则中国古代格言，意味着公正和公开可以带来明晰、威严。这种格言强调了公正和公平在人们生活中的重要性。"公生明"意味着当事情是公正和公开的时候，真相和真理就会显现。在心理咨询的情境中，这意味着心理咨询师应该以公正和公开的态度对待客户，不偏袒任何一方，提供准确和中立的信息和建议。这样，客户就会更加信任和尊重心理咨询师，也更愿意接受其帮助和建议。"办事公正，别人就不敢有所欺瞒"，在心理咨询中，这意味着如果心理咨询师始终保持公正和客观，客户就不会隐瞒或欺骗重要信息。这样，咨询过程就会更加有效和准确，因为所有的信息都可以被完整地呈现出来。

五、尊重原则及其规范、策略

"尊重：心理师应尊重每位寻求专业服务者，尊重其隐私权、保密性和自我决定的权利。"[①] 笔者把尊重原则解读为如下三个层面,以便操作。

(一) 敬畏职业

敬畏职业,一方面,也是最关键的,要避免评论、抱怨来访者。目前有些咨询师有一个很不好的习惯,遇到来访者不好应对,对自己不尊重,就在别人面前去说来访者怎么不好怎么不好。心理咨询师需要明白:如果来访者都好了,就没必要找咨询师了,就因为不好才会来找咨询师帮助的。如果咨询师经常去说来访者这样不好、那样不好,意味着这位咨询师也跟来访者是一样的,咨询师自己可能也有心理问题。

另一方面,还要注重咨询师个人的职业素养和形象。例如,咨询师在工作的时候要有工作的状态,日常生活要有日常生活的状态。平时运动时穿运动装,去上课穿上课的服装,在咨询室里边做咨询则要穿着得体,外在形象与咨询师角色相匹配。咨询师在日常行为习惯方面也有更高的要求,在咨询时,面对来访者抽烟,或者身上有很浓的烟酒味,或者头发长久不洗,形象邋里邋遢,这些情况不仅反映出对工作对来访者不尊重的表现,也是职业素养低下的表现。心理咨询师是一种对灵魂开刀、心灵对心灵的工作。心理咨询师本身也是帮助来访者的工具,其个人品质、经验和技能,以及与来访者的互动方式,都会对咨询效果产生影响。来访者和社会对心理咨询师的期望值很高,咨询师注意外在的专业形象,也是敬畏职业的表现。

(二) 把来访者当"人"而不是病人或者敌人,不侮辱、诋毁来访者

任何一个人的问题,都是多方面造成的,不能简单地将其归咎于个人。每个人的成长和发展都是独特的,受到家庭、学校和社会环境的影响。心理治疗的意义是:"一个人的问题是源于他曾经被不恰当地对待过,而心理咨询的意义就是让这个人重新在那件事上被恰当地对待一次。"在心理咨询中,重要的是要了解个人的成长经历和背景,以便更好地理解其心理问题的根源。心理咨询师应该以尊重和支持的态度来帮助来访者识别和处理这些问题,并提供适当的支持和指导。所以,心理咨询师不应把来访者当病人,而要把来访者当成正常人去对待。心理咨询最忌讳的是,来访者有问题了,咨询师就特殊地对待他。例如,一个孩子如果说在学校里边会跟同学打架,对老师不

---

① 中国心理学会临床心理学注册工作委员会伦理修订工作组、标准制定工作组.中国心理学会临床与咨询心理学工作伦理守则[J].心理学报,2018,50(11):1314.

尊重，请问这个孩子应被特殊对待，还是应该把他当正常孩子对待？老师应明确告诉孩子：你这样跟老师说话是不对的，你这样跟同学打架是不行的，你应该如何如何去做。老师和家长就要用正确的方式教他、影响他，使他慢慢知道应该怎么做，而不能做什么。要让孩子理解，他现在跟同学交往不好，原因在哪里——在于过去被特殊对待过。于是老师和家长等周围人都充分理解他，因此现在周围人正常对待他了，他也要用正常的合适的方式对待他人。举个简单例子，孩子早上不想起床，赖在床上，原因是什么？原来孩子前几天生病了，生病之后他可以赖床了。几次生病赖床之后，孩子发现自己一生病就可以躺在床上。一躺在床上，家长就把他当病人看，他就装病。家长始终把孩子当病人，孩子就装病不起床。所以，家长正确的应对方式是什么？唤醒孩子：孩子，你好了，没问题了，应该起来了。

（三）保护隐私

保护来访者的隐私，不发朋友圈。首先，咨询师应该尊重来访者是否愿意分享个人信息和隐私的意愿和决定。如果来访者不愿意分享某些信息，咨询师应该尊重其决定，并寻找其他方式来提供帮助和支持。其次，咨询师应该采取合理的措施，保护来访者的个人信息和隐私，避免未经授权的披露或泄露。这包括在咨询过程中不要未经来访者授权进行录音、录像、记录，或传播来访者的个人信息和隐私，以及在咨询结束后销毁相关记录。最后，咨询师应遵守相关的法律法规和伦理规范，确保在提供心理咨询服务时遵守隐私权、个人信息保护等方面的法律法规，以及心理咨询行业的伦理规范和标准。

第二节
结构化心理咨询的设置要求

"设置是为了更好的设置，千万不要被设置给设置了。"下面以心理咨询的预约设置为例来进一步说明。不约不帮，是一种常见的预约设置，遵循这一原则，可以帮助咨询师更好地筛选出真正需要帮助的来访者，为其提供更加专业、有效的帮助。同时，这也有助于确保咨询师的精力和时间能够充分用于为来访者提供更好的服务。但是对于一些紧急情况或特殊情况，咨询师则需要灵活处理不约不帮的设置。比如，学校心理咨询师遇到一位情绪崩溃状态的女生，而女生没有咨询预约。咨询师如果坚守不约不帮的设置，不及时主动地给这位女生心理疏导，女生就有很大的自杀风险。那么，这个做法就违背了心理咨询的初心，违背了咨询设置的目的。

"设置是为了更好的设置"包含两层含义：第一，前面设置的一切规定和规范是为了实现咨询目标，后面所有设置的变化也都是为了更好地实现咨询目标，任一咨询设置都是旨在确保咨询效果。第二，所有的设置都是用来打破的。为什么这么说？咨询师在做咨询的过程中，随时要根据实际情况灵活调整相关设置，以便更好地实现咨询目标，但最初的咨询目标的设置通常情况下是不能改变的。在咨询过程中，咨询师应该保持中立、客观、专业的态度，避免与来访者建立双重关系，以免影响咨询效果。例如，相关的咨询设置中规定咨询师不应该接受来访者一起吃饭的邀请，以免产生不必要的误解和纠纷。但是，这并不意味着这个设置就不能打破。如果能更好地帮助来访者，更好地达到咨询目标，就需要灵活地打破原有设置。如果咨询做完了，来访者请咨询师吃个饭，而来访者咨询的问题是人际关系的问题，在吃饭的过程当中，咨询师可以从具体的情景中去感受、观察他与别人是怎么互动交流的，那么，咨询师就可以打破设置接受来访者一起吃饭的要求，从而更好地帮助来访者。

结构化心理咨询主要包括五类设置，分别是时间、对象、地址、关系、督导的设置。

一、时间

心理咨询的时间设置是保证咨询效果的重要一环。在心理咨询中，咨询师需要遵守时间设置的原则，以保证咨询效果和来访者的健康。同时，来访者也需要认真对待心理咨询的时间设置，遵守约定并积极参与咨询过程。咨询时间设置包括咨询时长、频率和周期的设置三个方面。

（一）咨询时长的设置

咨询时长是指每次咨询的时间长短。咨询时长设置的原则是将咨询控制在来访者注意力最集中的时间段，以便更有效地解决问题。一般来说，个体咨询的时间以 1 次 45～50 分钟为限，原则上不能随意延长，但也可根据具体情况加以调整，最好在咨询的开始阶段就使来访者了解此次咨询的时限。

笔者在亲子关系的咨询过程中，通常做如下咨询时长的设置。

（1）首单咨询一般分三个阶段，共需 90 分钟。第一阶段，父母会谈一般需要 40 分钟左右，从父母或重要家庭成员那里了解相关信息；第二阶段，孩子会谈，30 分钟，从孩子那里了解信息；第三阶段，父母会谈，20 分钟，将对亲子关系问题的相关信息收集情况和评估向父母或重要家庭成员进行反馈。

（2）前面长，最后短。在做咨询的时候，首次 90 分钟，慢慢地续次咨询时长会变成 50 分钟，到最后一次结束的时候变成 30 分钟，也就是说前面咨询时间延长，后面咨询时间缩短，整体咨询时间是守恒的。为什么后面的时间会缩短呢？因为来访者的状态越来越好了，需要会谈的内容逐渐减少，最后实现助人自助的目标。

（二）咨询频率的设置

咨询频率是指每周进行咨询的次数，通常有结果导向和过程导向两种设置。结果导向的频率设置，一般是一次 50 分钟左右，一周 1～2 次，不超过 3 次。这样可以保证咨询师和来访者有足够的时间进行交流和探讨，同时也不会让来访者过于疲劳或压力过大。但具体的咨询频率还需要根据来访者的具体情况和需要进行调整。过程导向的频率设置，一次 30 分钟，一周可以 5～6 次。因为有些来访者可能每天都需要互动一下，如患有抑郁症、焦虑症、强迫症的来访者或是随时有生命危险的来访者，要打破通常的咨询时长和频率设置。这类来访者的单次咨询时长不一定是常规的 50 分钟，可能是 30 分钟或 20 分钟就够了，而且可能每天都需要互动。为了保障咨询效果、实现咨询目标，对咨询频率需要进行灵活调整。

（三）咨询周期的设置

咨询周期是指整个心理咨询过程持续的时间长度，通常用咨询次数表达。咨询周期的长短因来访者心理困难程度、所用咨询方法及咨询目标不同等各种条件的不同而有所差异。一般三次起效果，通常一个阶段需要三个月。就青少年厌学来说，拒学在家一个星期，心理咨询周期为三个星期，拒学在家一个月，周期则为三个月。一般来说，心理咨询周期是学生拒学时间的三倍。

二、对象

心理咨询的对象设置主要是确定咨询的目标人群，可以包括个人、家庭、团体或组织。心理咨询的本质是解决心理痛苦，帮助个体或家庭、团体、组织等解决心理方面的问题，从而促进心理健康。通常是由感到痛苦或困扰的一方主动寻求心理帮助，因此，确定咨询对象的一个很重要的原则是"谁求助，帮助谁"。

笔者以亲子关系心理咨询为例，进一步解读"谁求助，帮助谁"这一咨询对象的设置原则。

（一）孩子本人

如果孩子觉得与父母的关系出现了问题，且因此感觉到痛苦或困惑，主动寻求心理咨询师的帮助，那么孩子就是咨询对象。在咨询过程中，咨询师会倾听孩子的感受和需求，提供支持和建议，帮助孩子处理与父母的关系问题，从而减轻孩子的心理痛苦。

（二）家长

如果家庭中有心理疾病、行为问题或学习困难的儿童和青少年，孩子不来求助，父母或其他家庭成员来求助，那么来求助的家长就是咨询对象。咨询师帮助家长处理与孩子的关系问题，通过家长的变化影响、帮助孩子。

（三）孩子与家长

当家长变化影响到孩子之后，孩子愿意和家长一起来求助，那么孩子与家长便是心理咨询的对象。

亲子关系心理咨询的对象设置是灵活多样的，根据具体情况和需求而定。除了父母和孩子之外，家庭成员也可能成为亲子关系心理咨询的对象，例如，祖父母、兄弟姐妹等家庭成员可能会对亲子关系产生影响，咨询师也会根据需要与他们进行咨询，最终调整家庭互动模式，解决亲子关系问题，从而间接地帮助到孩子。

在咨询过程中，咨询师需要温暖而坚定地坚持"谁求助，帮助谁"的原则：谁来求助，往谁身上解决，没人求助你，千万不要自己过分扩大咨询对象，这是咨询师应有的自知之明。例如一位妈妈来咨询亲子关系问题时说："孩子的问题，实际上都是我老公的问题，老公都不带孩子、不管孩子的。老师你能解决我老公的问题吗?"咨询师应该怎么应对呢?如果咨询师直接说"你老公没有过来,我不能解决他的问题,你老公问题只能由你和你老公自己解决",这样就会破坏咨访关系,咨询师专业的回应话术应是:"好的,什么时候你想办法把你老公请过来,好不好?"这是尊重对方的话术,温暖又不失对咨询设置原则的坚持。

三、地址

心理咨询中的咨询地址设置是心理咨询工作的重要一环,涉及咨询关系的建立和咨询效果的实现。通过合理的咨询场所设置,可以营造出一个安全、私密、专业的咨询环境,有助于来访者放松心情,更好地与咨询师沟通,从而达到良好的咨询效果。

(1)专门的心理咨询应该在专门的咨询室进行,学生心理咨询或辅导应该安排在学校心理辅导室或公益咨询室进行,最忌讳在宾馆、咖啡馆、茶室、图书馆等公共场所进行咨询。

咨询场所的确定一方面是保证来访者在一个安全、私密和专业的环境中接受咨询,有助于他们放松心情,更好地与咨询师沟通,另一方面也是为了保障咨访双方的安全。

曾发生这样一个真实案例:一位女咨询师周末受家长邀约,前往家长开好的宾馆房间给孩子做咨询。咨询结束之后,家长感觉这个孩子没有明显的好转。孩子爸爸怀疑是咨询师在咨询那天给他孩子喝的水里放药了,导致了孩子现在没有好转,便又约老师在茶室给孩子做咨询。然而,到了茶室,孩子爸爸竟拿着装有硫酸的水瓶对着女咨询师泼过去,泼完之后还拿打火机点火,致使咨询师严重烧伤。这样的教训是惨痛的。

(2)心理老师受邀到咨询者家里做心理咨询或辅导时,为了确保提供安全、专业和有效的服务,务必两人以上一起去,千万不要独自前往。

例如,一位学校心理辅导老师王老师接到一个家长的邀请,希望她到学生小李的家中进行心理咨询与辅导。小李的家长表示,小李最近情绪低落,不愿意上学,也不愿意出去与人沟通,他们非常担心。

王老师收到邀请后,首先与小李的家长进行了深入的沟通,了解小李的具体情况和背景。她了解到小李最近经历了一些家庭变故,情绪受到影响。

为了确保安全和专业性,王老师邀请另一位心理老师张老师一同前往小李家中。两人一同前往的原因主要有两个方面：一方面是安全考虑。虽然小李的家庭住址看似安全，但王老师为了确保万无一失，选择与张老师一同前往。两人同行可以更好地应对可能出现的突发情况。另一方面是专业性考虑，两人同行可以提高专业性，可以共同分析小李的状况，提供更加全面和专业的建议。

四、关系

"心理师应按照专业的伦理规范与寻求专业服务者建立良好的专业工作关系。这种工作关系应以促进寻求专业服务者成长和发展、从而增进其利益和福祉为目的。"[1] 咨访关系是咨询师与来访者在心理咨询中产生的一种特殊的专业工作关系，设置咨访关系的界限，是心理咨询顺利进行的保障。笔者认为，在中国这样的人情社会中，禁止心理咨询过程中多重关系的存在是不现实的。现实中的咨询师要尽可能地避免咨访关系之外的其他关系，即双重关系和多重关系，如果避免不了，咨询师要通过自我觉察和督导等方式，避免其对咨访关系界限的负面影响。以学校心理咨询为例，笔者认为心理咨询师一定要明确下面四种角色边界。

（一）心理咨询师与来访者的角色——亲人、朋友之间可否做咨询

心理咨询师的角色界限主要体现在以下三个方面：第一，建立咨询关系，心理咨询师要在专业伦理规范的指引下与来访者建立良好的专业关系；第二，明确角色定位，作为专业的心理咨询师，需要保持客观、中立和专业的态度，避免过度卷入来访者的情感和问题中；第三，明确工作范围，包括明确咨询目标、咨询方案、咨询时间等方面的规定。总之，心理咨询师的角色界限是为了确保咨询工作的专业性和有效性，同时保护来访者的权益和安全。

为了确保心理咨询的有效性和安全性，来访者的角色界限主要体现如下三个方面：第一，尊重咨询师，即尊重咨询师的权威和专业，遵守咨询的规则和约定。这包括按时参加咨询、不无故缺席、不把咨询内容泄露给外人等。第二，积极配合，即积极配合咨询师的工作，包括回答问题、分享感受、尝试新方法等。同时，来访者也需要对自己的改变和成长负责，积极参与咨

---

[1] 钱铭怡.《中国心理学会临床与咨询心理学工作伦理守则》解读[M].北京：北京大学出版社，2021：18.

过程。第三，尊重边界，来访者需要尊重咨询师的隐私和职业界限，避免对咨询师进行不必要的追问或骚扰。同时，来访者也需要保护自己的隐私，确保咨询过程的安全性。

心理咨询师经常碰到的一个困惑是：亲人和朋友之间可不可以做咨询？笔者认为亲人、朋友之间是可以做咨询的，关键是设置咨询师和来访者的角色界限。举个简单例子，中西医的医生都能给亲人、朋友看病，这是常识。那么心理咨询师也应该可以为自己的亲人、朋友看病，但是，一定要明确咨询师和来访者的角色界限。咨询师和亲人之间，如果不在咨询室里面，正常情况下是亲人关系，但如果某一亲人要找自己做心理咨询成为自己的来访者，心理咨询师必须到咨询室里进行咨询，并穿上白大褂或西装等专业服装，进入心理咨询师的专业角色，与来访者建立起专业咨访关系。例如，笔者哥哥的孩子初二的时候很叛逆，哥哥让笔者给侄子做心理辅导。笔者就按照正常的心理咨询个案的设置来做，笔者就是心理咨询师角色，侄子就是来访者，咨询时间、频率、地点以及咨询预约和付费等等均与其他来访者一视同仁。在哥哥办理咨询付费2万元时，尽管嫂子很不高兴，但是笔者还是坚持咨询付费。在咨询关系以外，笔者和哥哥一家关系挺好，哥哥家有经济困难笔者会支持他们的，但是咨询费用要跟其他来访者一样，不能因亲人关系受到影响。

（二）教师与学生的角色

在学校里，心理老师有的时候是科任老师，有的时候是心理咨询师，心理咨询师与教师的角色在某种程度上有重叠，因为两者都涉及指导和帮助个人成长。然而，心理咨询师和教师角色之间存在一些重要的界限：第一，职责不同。心理咨询师的职责主要是为学生个体或群体提供心理咨询服务，帮助他们解决心理问题、缓解心理压力和提高生理健康水平。而教师的职责主要是传授知识、塑造性格以及引导学生全面发展。第二，工作方式不同。教师通常是在课堂或课程中与学生互动，注重知识的传授和考核。而心理咨询师则是在特定的心理咨询环境中，与学生建立一对一的工作关系，提供心理支持和指导。第三，约束力不同。师生关系通常受到学校规章制度的约束，如课程安排、考试制度等。而咨访关系则不受这些约束，咨询师通常会与学生协商确定咨询计划和目标，并灵活地调整咨询方式和工作内容。

心理教师在学校里的角色界限需要根据具体情况进行设置。心理教师在学校为学生进行心理咨询时就是心理咨询师，特别需要注意以下三个方面：第一，建立信任关系，让学生感受到安全、保密和关注；第二，设定明确目标，需要与学生共同设定明确的目标，包括短期目标和长期目标；第三，遵循专业伦理，保护学生的隐私和权益，不泄露学生的个人信息和咨询内容，同时，还需要避免师生关系对咨访关系的负面影响，确保咨询的客观性和专业性；第四，及时转介，如果学生存在严重心理问题或危机，需要寻求专业医疗机构或专家的帮助时要及时转介。

（三）校领导与心理教师的角色

心理教师在学校顺利开展心理咨询和其他心理健康服务工作，需要学校领导和心理教师明确各自的工作职责和角色定位。校领导主要负责学校整体的教育教学管理工作，而心理老师则专注于学生的心理健康辅导和教育工作。唯有在明确职责的基础上，双方才能更好地发挥各自的专业优势，提高工作效果和质量。

当前中国社会领导特权在一定程度上是存在的，例如，有些领导可能利用权力关系来跟心理咨询师聊一聊，安排自己亲戚或朋友的孩子与心理咨询师见面交流，甚至请心理咨询师吃饭，希望在餐桌上给孩子做心理咨询。若咨询师遇到这种情况，可以跟他聊吃饭的事情，但坚决不聊孩子的心理问题，不做心理咨询。他讲他的，心理咨询师不要接他的茬。这是吃饭的饭局，心理咨询师这个时候的角色是客人的角色。若要为孩子做心理咨询，需要到咨询室去，咨询师穿上白大褂、西装等职业装，进入心理咨询师角色才能开展心理咨询工作。要确保心理咨询工作整个进程不受饭局、权力等关系的消极影响。校领导和心理教师都应时刻觉察和避免以上这种领导的特权关系。

一方面，学校决策和管理"听领导的"。心理教师需要与学校领导建立良好的合作关系，以促进学校心理健康工作的顺利开展。在这个前提下，心理教师需要尊重学校领导的决策和管理，积极配合学校领导的工作。在某些情况下，学校领导可能基于来自学校整体的教育教学安排或其他方面的考虑，对心理教师的工作提出一些要求或作出一些指示时，心理教师需要认真听取学校领导的意见和建议，并在自己的专业范围内进行合理的调整和改进，以实现学校心理健康工作的整体目标。在合作过程中，如果心理教师和校领导之间出现意见分歧，心理教师应主动与学校领导进行积极沟通和协商，寻找解决问题的最佳途径。在沟通协商的过程中，心理教师需要保持冷静、理性和专业，以客观的态度对待问题，并提出建设性的解决方案。另一方面，"专业意见在于心理教师"。如果校领导的某些行为可能会对心理教师的专业判断和工作开展产生干扰，心理教师需要坚守自己的专业原则和伦理规范，保持工作独立性和自主性；同时，主动与领导进行积极沟通，详细解释专业要求和限制，共同寻求合理的解决方案。心理教师虽不是万能的，但应具备专业能力，即能够设计一套解决学生问题的系统方案。

(四) 正常社会人的角色

正常社会人是指具有正常社会属性的个体。他们具备正常的智力、情感和行为能力，心理健康，遵守社会规范和道德准则，扮演着不同的社会角色，承担着相应的权利和义务。来访者经过一段时间的心理咨询之后，恢复心理健康。咨询师必定希望来访者过上正常社会人的生活，包括正常的社交生活。那么，来访者康复后，能够交朋友吗？笔者认为是可以建立正常的交往关系的。来访者心理困扰化解，心理正常了，咨访关系结束了，但是，之后他来见咨询师，咨询师避而不见，这说明咨询师脑子里根本上还没把他当正常人，始终把他当病人。在来访者康复后，咨询师与来访者之间的交往关系不再是基于工作合同，而是基于个人之间的相互吸引和兴趣。在这种情况下，双方都有权力决定是否要建立友谊关系。当然，如果来访者在后面的生活中遇到了新的心理问题，咨询师和来访者需要重新设置咨访关系。

五、督导

"心理师应关注保持自身专业胜任力，充分认识继续教育的意义，参加专业培训，了解专业工作领域的新知识及新进展，必要时寻求专业督导。缺乏专业督导时，应尽量寻求同行的专业帮助。"[①]

笔者认为心理咨询需要设置个案督导，督导有两类：一是同行督导，二是上行督导。

同行督导，是指咨询师相互之间进行的督导，通常由同一领域的咨询师或专家组成小组，定期聚会并围绕各自的临床实践和经验展开讨论。同行督

---

① 钱铭怡.《中国心理学会临床与咨询心理学工作伦理守则》解读[M].北京：北京大学出版社，2021：83.

导可以让咨询师交流经验，学习新的技能和知识，并共同解决工作中的问题。"当局者迷，旁观者清"，咨询师除了需要自己的工作团队外，经常性的同行督导也是很重要的。

上行督导，是指由督导师，即经验更为丰富的心理咨询师或专家提供的督导，提供定期和持续的督导程序，以传授专业服务知识与技术，增进其专业技巧，并确保服务质量的活动。这种督导形式的目标是促进专业成长，提高咨询效果，并确保来访者的利益得到最大程度的保障。上行督导是"借力而非尽力"，是借力与助力，而不是依赖与依靠：一方面，每个咨询师都需要有自己的一个督导系统，需要去借外部的力量。在心理咨询工作中，咨询师如果不是借力而是尽力，竭尽全力去做一个案子，容易倦怠。另一方面，咨询师接受督导是借力、助力，而不是依赖和依靠。因此，咨询师做个案之前不要找督导，而要在做了个案一次或几次之后接受督导。在做个案之前的督导不是督导，而是执行，咨询师按照督导师的意思去做，这是依赖和依靠。咨询师做完了咨询之后，接受督导，有反思有察觉，才会有真正的成长和提高。

督导与个人成长咨询不同。咨询师觉得自己在一些方面还不通透，有问题，去找咨询师或个人成长分析师做个人成长咨询，这不是个案督导。个人成长咨询主要是为了帮助心理咨询师更好地认识自己，提高自己的心理素质和应对能力，以便更好地为来访者提供服务。个人成长咨询更注重个人的成长和发展，强调自我觉察、情绪管理和积极心态的培养。而个案督导则是针对咨询师的个案工作进行督导，主要目的是帮助咨询师提高自己的专业技能和知识水平，促进其咨询效果的提升。个案督导更注重对具体案例的讨论和分析，强调对咨询过程的监控和反思，帮助咨询师掌握各种咨询技巧和方法。

第三节 结构化心理咨询师思维品质

思维品质，也称为思维的智力品质，反映了个体在思维活动中的智力和能力的差异。这种品质实质上是人的思维的个性特征。

作为能够独立开展结构化心理咨询的从业者，拥有间接性与概括性的思维品质是非常重要的。但笔者认为，这种思维品质的训练与培育不是一蹴而就的，需要从早期的基础教育开始，可以通过学校开展的心理健康教育来培养。

2023年5月，习近平总书记在中共中央政治局第五次集体学习中提出，基础教育既要夯实学生的知识基础，也要激发学生崇尚科学、探索未知的兴趣培养其探索性、创新性思维品质。林崇德教授还指出思维品质是能力与智力发展的重要突破口，个体思维品质的不同导致了其思考方式和智力也不同。①

《中小学心理健康教育指导纲要（2012年修订）》强调心理健康教育需贯穿教育教学全过程，通过多途径协同推进。其中，心理健康专题教育作为重要途径之一，依托地方或学校课程实施，通过活动化形式培养学生心理素质；同时需与学科渗透、心理辅导室建设、家校协同及校外资源整合等共同构成系统化的心理健康教育体系。

一、心理健康教育课在培养学生思维品质中的优势

相较于其他学科课程，心理健康教育课有其独特性质，对学生思维品质的培养具有独特优势。

（一）深入探索学生的情感体验和心理发展，提升思维品质培养的深刻性和敏捷性

传统学科课程主要侧重于知识的传授和技能的系统训练，而心理健康教育课则深入探索学生的情感体验和心理发展。体验性强调教育过程中的直接体验，而非仅仅关注结果。在心理健康教育课中，通过实际的活动和体验，学生可以更深入地探索和理解自己的情感和心理状态。教师的角色是创造机会，让学生能够在安全的环境中探索各种情感和心理体验，从而促进其内心的成长和理解。通过真实且具体的体验活动，使学生能够深入探索和理解复杂的情感与心理问题。这种深入的个人体验可以促进学生深刻思考，帮助他们从不同角度看待问题，并迅速做出反应。例如，通过角色扮演或模拟情景，学生可以更好地理解心理概念和发展问题解决策略，从而提高他们的思维深度和反应速度。

---

① 林崇德,培养思维品质是发展智能的突破口[J].国家教育行政学院学报,2005:21-26+32.

（二）充分发挥学生的自我效能感和心理建构，促进思维品质培养的灵活性和独创性

传统学科通常采用线性的课程设计方法，而传统的、线性的课程设计方法提倡在教学过程中允许目标和内容自然生成。这种方式认为学习是一个开放的、自我组织的过程，学生通过参与和体验来主动构建自己的心理结构，其中自我效能感发挥着重要的作用。在这种模式下，教育不是一成不变的，而是一个动态发展的过程，通过这个过程，学生可以实现自我发展和心理构建。注重学生在学习过程中的自我探索和自我表达，允许学生在探索问题的过程中自行形成见解和解决方案。这种开放式的教学结构鼓励学生在不同的情境下尝试多种思考和解决问题的方法，增强思维的灵活性和创新能力。通过自发生成的活动，如小组讨论或创造性问题解决，学生能够开发新的思维路径和创造性解决方案。

（三）紧密联系学生的生活实际与心理素质，加强思维品质培养的批判性和情感性

传统学科往往忽略了学生的生活实际，使得学习内容变得枯燥和与现实脱节。而心理健康教育课程通过选择与学生生活相关的材料和活动，使学习过程更加生动和实际，能有效激发学生的兴趣，提升参与度，进而促进他们的心理素质和生活质量的提高。将心理健康教育内容与学生的实际生活经验紧密联系，有助于学生将理论与实践结合，从而进行深入的批判性思考。通过分析和反思自己的生活经历，学生能够识别并评估不同情况下的行为和决策，这种紧密联系现实的教学方法可以切实增强学生的批判性思维能力。此外，教学内容的生活性使得知识更具现实意义和应用价值，帮助学生理解并审视自己的情感和行为模式，从而进一步提高思维的质量和批判性。

二、心理健康教育课在培养学生思维品质中的现实问题

心理健康教育课在培养学生思维品质方面有其特殊优势，然而当前心理健康教育课的实践中存在如下现实问题，使得优势无法发挥。

(一) 教学设计缺乏学生思维品质培养的意识

1. 教学目标不明以及达成要求不高，削弱思维品质提升的质量

依据布鲁姆的目标分类理论，心理健康教育课的教学目标分为认知、情感和动作技能三个领域，每个领域的学习结果由低到高分为不同层次。教学目标的层次提高，通常要求更高的思维品质，并且有助于思维品质的进一步提升。而从课程标准来看，《纲要》中部分心理健康教育课的课程目标处于低层次，例如《纲要》提出高中阶段的人际关系辅导教学目标为，帮助学生"正确认识自己的人际关系状况"。此外，心理健康教育课教师在实际制定课程目标时，也普遍存在目标层次设定偏低的倾向，如在有关自我概念辅导的心理活动课中，教师设定的教学目标为"学生知道可以从自我、他人等多个角度认识自己""了解自我关怀的三个成分，发现自我关怀的积极影响""学生了解自我认识与生活经历的关系，明白自我认识具有建构性"。

2. 教学辅导过度强调规范，阻碍思维品质提升的效果

《纲要》明确：心理健康教育的主要内容包括"学会学习"。例如，高效的学习策略有助于学生更好地处理和解决复杂问题。然而在实际教学中，这部分内容在心理健康教育课中所占比例较低。调查显示，在心理健康教育课中，教师往往过分强调学生的思想和行为应符合既定规范，一旦发现偏差，便可能将其归咎于学生的心理问题或心理健康状况。此类教学倾向导致课程内容偏离培养学生思维品质的方向，极有可能对学生的思维品质产生负面影响。具体而言，学生的创造力和批判性思维受到抑制，因为这些教学内容多关注于传授先定的道德规范，而非鼓励学生生成和内化道德规范；侧重于要求学生遵守规范而非培养解决道德问题的能力。长此以往，学生可能因被贴上品德缺陷标签而感到羞耻，从而阻碍他们进行自我探索和表达。

3. 教学方法重情感轻思考，限制思维品质提升的范围

许多研究者强调心理健康教育课教师在教学方法选择上要调动学生的兴趣与积极性，使学生产生真正的内心体验。在实际教学中，心理健康教育课教师更多地采用讲授法与活动法相结合的教学方式，注重学生情绪体验，旨在通过情感共鸣或体验式学习增强学生的情感参与。然而，当教学方法过分关注学生的情绪体验而忽视对思考和辨析的引导时，这可能会导致学生在批判性思维和解决问题的能力方面的发展受限。情绪体验的教学确实可以增强

学生的情感参与和学习动机，但若不同时加强对学生分析、评价和创造性思维的培养，可能会造成学生在思维深度和广度上的不足。思维品质的发展需要平衡知识吸收与思维训练，仅注重情感体验而忽略批判性和逻辑性的思维训练，会限制学生在复杂情境下的判断和决策能力。

（二）教学实施欠缺思维品质提升的方法

1. 教学准备不足，削弱学生的批判性思维和问题解决能力

当前心理健康专任教师通常要负责全校学生的心理健康教育课，这使得他们难以充分了解授课班级学生的社会文化背景、家庭环境以及个人经历等情况。这种情况可能对学生的思维品质提升产生一些负面影响。其一，教师若缺乏对学生个人背景的深入了解，可能无法精准地调整教学内容和方法以满足学生的具体需求。例如，教师可能使用的案例和讨论话题若未能贴近学生实际生活中的真实心理困境，极易导致教学内容与学生现实生活脱节，使学生难以将所学知识与自身体验结合。其二，缺乏基于学生特点的个性化的支持和干预措施也可能影响学生对心理健康知识的吸收和应用，从而限制了他们在批判性思维和问题解决能力方面的发展。学生如果感觉教育内容与自身经历无关或无法理解其相关性，就可能不会积极参与学习过程，也难以培养对探索心理健康领域的深入兴趣和认知能力。

2. 教学行为不当，限制学生的创新思维和分析能力

在心理健康教育课中，一些教师在与学生沟通时存在非言语沟通失当的问题，如目光交流不足、倾听不充分，以及面部表情僵硬或过于夸张，体态语言偶尔显得过于拘谨或过于放松。这些行为可能导致学生感到不舒服或不被重视，从而降低参与课堂讨论的积极性，阻碍了教师与学生之间的有效互动。此外，这种沟通障碍也可能阻碍教师准确观察学生的学习状态和提供及时反馈，这不利于学生问题分析能力的发展。若学生未能获得足够的交流和反馈，他们对问题的深入理解和创新思维的培养也将受到限制，因为缺乏必要的刺激来推动他们的思考过程。

3. 教学组织缺陷，阻碍学生的认知灵活性和思维深度

教学组织欠妥主要体现在心理健康教育课的座位安排以及小组活动时间分配上。当前心理健康教育课授课地点常位于传统教室。传统教室的座位通常是固定座位，这限制了学生间的面对面交流和与师生间的无障碍互动。

在心理健康教育课中，常采用随机分组方式形成异质性小组，以增加组内成员的认知和经验多样性。这种分组策略旨在通过组内多样性促进更深层次的交流与讨论。然而，在实际教学中，教师往往分配较多时间给小组间的分享，而忽视了保障小组内部充分讨论的时间。由于缺乏足够的讨论时间，组员之间的认知和经验差异可能无法得到有效的沟通与融合。这种情况导致学生难以通过观点碰撞深入剖析复杂问题和形成独立见解，从而可能阻碍学生批判性思维和创新思维的发展。

(三) 教学评价忽视思维品质发展的变化

在心理健康教育课中，学生学习评价通常关注学生的主观体验和心理变化，如对课堂氛围和教学内容的情感反应。例如，心理辅导课的学生满意度评价可能包含诸如"我喜欢这次课的内容""我喜欢这辅导老师的上课方式""我觉得最后一次心育活动课经历很有意义"等问题。然而，这种评价方式往往忽视了对学生认知变化和思维技能发展情况的评估。专注于情感满意度的评价可能导致课程内容和活动设计主要为了迎合学生情感，而非推动其认知挑战和思维深化。这不仅限制了批判性思维和创新性思维的培养，也可能阻碍学生在理解复杂概念和独立思考方面的能力提升。

教师教学评价在心理健康教育课中也常强调教学过程中学生的体验，而非思维品质的提升。例如，吴增强的心理辅导课的评价表中，效果评价要求有"全员参与，真情流露，坦率交流以及浓浓分享，但未体现对学生思维品质提升的考量"。

三、心理健康教育课在培养学生思维品质中的途径

要充分发挥心理健康教育课程对思维品质的培养效果，应全面考虑与改进教学设计、教学实施以及教学评价三个关键环节。

(一) 优化教学设计，系统整合思维品质的培养

1. 明确教学目标并提高达成要求，以增强思维品质提升的质量

在制定心理健康教育课的教学目标时，教师必须确保这些目标是课程宗旨的具体体现。为此，教师需首先深入研究《纲要》中的核心理念，确保教学目标的方向与心理健康教育的整体宗旨一致。此外，教师应当努力提高教学目标的具体性和操作性，避免使用模糊不清的表述，而应将抽象的概念转

化为课堂活动中可以明确培养、训练及评估的具体目标。具体而微的目标更有助于实际教学的实施，其明确性将直接提升学生对自身心理的思考深度。

在制定心理健康教育课程的教学目标时，还需着重培养学生对自身心理状态的归纳、总结以及推理能力。思维品质的深刻性表现为个体在智力活动中能深入思考问题、善于概括归类、具备较强的逻辑抽象能力，能够透过现象洞察事物的本质和规律，并能系统地理解事物的内在联系及预见其发展趋势。因此，教学目标中应明确要求学生对自身心理状态进行深入推理和解释。这不仅涉及信息的收集和分析，更重要的是引导学生批判性地评估信息，使其能够基于充分的分析作出合理判断，从而促进其思维品质的全面发展。

2. 加强学习辅导的实施，减少对规范的过度强调以促进思维品质的提升效果

为了有效解决心理健康教育课中忽视学习辅导的问题，明确心理健康教育课与品德教育课的界限，以下综合策略可以为教育决策者和教师提供一条清晰的指导路线。

首先，教育决策者和课程设计者需要全面审视和重新设计心理健康教育课程，确保课程内容全面涵盖学习动机、学习习惯、基本学习能力、学习方法、脑科学及学习策略等关键领域。这些主题的整合既能够提升学生的自我学习能力，又能促进其批判性和创造性思考。通过这种方式，课程将更加聚焦于学生的认知和情感健康的培养，而不仅仅是固定道德规范的传授。

其次，为了确保教师能够有效实施这些教学内容，需为心理健康教育课教师提供专门的培训资源和工作坊。培训内容应聚焦高效学习策略的传授，并通过实证研究展示这些策略在助力学生解决复杂问题和发展批判性思维方面的实际效果。教师的专业发展将提升他们对教学内容的认同感和投入度，从而更好地满足学生的需求。

3. 平衡教学方法中的情感体验与批判性思考，拓展思维品质的提升范围

针对心理健康教育课中教学方法过度强调情感体验而忽视思考辨析的问题，可以采用以下几个策略平衡并提升学生的思维品质。

首先，引入问题基础学习（Problem-Based Learning），PBL，通过设计与现实生活相关的心理健康案例，让学生处于解决开放式问题的情境中。这种

科学模式既能激发学生的情感体验，又能促进其批判性思维和解决问题的能力的发展。

其次，结合元认知策略，帮助学生掌握监控和评估自己的学习过程的方法，从而深化他们对课程内容的理解和分析。

再次，定期安排辩论、小组讨论或角色扮演活动，促进学生在理性层面的辨析和评价，加强他们的批判性思维。

最后，采用跨学科教学方法，将心理健康教育课与其他学科结合起来，增强学生综合和应用知识解决问题的能力。

通过这些教学策略，心理健康教育课可以更全面地促进学生的情感和认知发展，确保学生在情感参与的同时，也能在思维深度和广度上取得显著进步。这样的教学方法有助于学生在复杂的现实世界中作出更加成熟和理性的决策。

(二) 改进教学实施，确保在实践中提升学生的思维品质

1. 加强教师对学生背景的深入理解，提升学生批判性思维和问题解决能力

为了更有效地提升心理健康教育课中学生的思维品质，教师需要深入了解学生的社会文化背景、家庭环境和个人经历。具体可以通过以下几种途径实现：

首先，教师可以利用学校的数据库和学生档案系统来收集学生的基本信息。此外，通过与学生的直接交流、家长会议或家访，教师可以获得更深层次的个人和家庭背景信息。在课程开始时，教师可以设计问卷，收集学生的兴趣、学习习惯、心理状态和家庭状况等信息，这将帮助教师设计更符合学生实际需要的教学内容。

其次，通过初次上课时的小组讨论、互动游戏或个别访谈，教师可以直接观察和记录学生的行为模式、交流风格及情感反应，进一步了解学生的性格和需求。

最后，教师应与学生的家长及其他学科的教师保持定期沟通，共享有关学生表现和行为的观察，以构建更全面的学生画像。

通过这些方法，教师能够精准调整教学策略，确保教学内容和方法能够贴合学生的实际情况，从而有效提升学生的学习效果和思维品质。

2. 提升教师的非言语沟通技能，促进学生的创新思维和分析能力

为了解决心理健康教育课中教师非言语行为问题对学生思维品质的负面影响，可以采取一系列措施以优化教学行为和提升学生的批判性思维及创新能力：

首先，教育机构应为教师提供专门的非言语沟通技能培训。这包括教授教师如何更自然和鼓励性地使用目光交流、面部表情、手势及体态语言。通过工作坊、模拟教学场景和同行反馈，教师可以掌握并实践有效地调整非言语行为的技巧，从而增强与学生互动的效果。

其次，教师应培养和练习主动倾听的技巧，确保他们能给予学生充分的表达机会，并通过点头肯定、针对性提问及总结学生发言等方式展现对学生的关注和理解。这种倾听方式不仅能提升学生的被尊重感，而且有助于教师更准确地捕捉到学生的需求和反馈，从而提供更有效的指导。

最后，教师应努力营造一个开放和包容的课堂氛围，鼓励学生自由表达观点，并表扬创新的思维。这样的环境有助于学生自信地探索多元观点并质疑现有理论，从而发展他们的批判性和创造性思维能力。

3. 优化教学环境和组织结构，增强学生的认知灵活性和思维深度

针对心理健康教育课中存在的教学组织问题，如固定座位布局和小组讨论时间分配不够，可以采取以下策略来提升学生的思维品质：

首先，教育机构和教师应考虑采用灵活的座位安排，如可移动的桌椅以便于重组，促进学生间的面对面交流和自由讨论。例如，座位可以安排成圆形或半圆形，使每个学生都能看见彼此并便于与教师交流。

其次，教师应确保小组内部讨论与整体分享之间有均衡的时间分配。这可以通过设定具体的时间限制并使用计时器来确保每个环节的时间公平性。

再次，教师可以采用更灵活的小组分组技巧，如根据学生的兴趣或能力来分组，确保每个小组都有多样的视角和技能，从而提高小组内部的交流质量。

最后，教师应设计活动促进学生表达和公开演讲的机会，如辩论、角色扮演或即兴讲话等。这些活动可以帮助学生练习如何清晰地表达自己的想法，并在同伴间建立有效的沟通和反馈机制。通过这些策略的实施，不仅可以改善教学组织效率，还能有效提升学生在心理健康教育课中的参与度，推动其

批判性思维和创新能力的协同发展,助力其更好地理解复杂问题,并形成更独立和深入的见解。

(三)深化教学评价,融入学生思维品质变化评估

为了解决心理健康教育课中的教学评价过分侧重情感满意度而忽视学生的批判性和创新思维的发展的问题,可以通过以下策略有效改进评价方法,促进学生思维品质的提升。

首先,应引入一个多维度评价系统。该系统不仅评估学生对课堂氛围和教学内容的情感响应,还应涵盖他们在认知变化和思维技能上的进展。这可以通过设定具体的评估标准实现,如评估学生是否能独立分析问题或提出创新的解决方案。

其次,采用形成性评价方法是关键。该方法强调在教学过程中持续收集学生的反馈和表现来指导未来的教学实践。这包括定期的小测试、课堂讨论的反馈和项目作业的评估,通过这些手段,教师可以实时了解学生的学习状况并根据需要调整教学策略。此外,引入学生自评和同伴评价机制也是提升批判性思维能力的有效方式,这不仅有助于学生深化对自己学习过程的理解,还能促进其从不同视角分析问题的能力。

再次,教师反馈应注重针对具体性和实操性。教师应明确指出学生在思维过程中的优势和改进方向,从而帮助学生更清晰地认识到自己的进步和需要加强的地方。

最后,教育机构应定期修订评价标准,确保评价体系与最新的教育理念和学科要求保持一致,这包括与行业和学术领域的专家合作,以确保评价标准的科学性和适用性。

通过这些改进措施,心理健康教育课的评价体系将变得更加全面和科学,有效促进学生在认知和情感层面的全面发展,特别是在批判性和创造性思维能力上的提升。这种评价方法的改进不仅有助于学生掌握必要的心理健康知识,还能激发他们的思维潜能,为面对复杂的现实世界做好准备。

结构化心理咨询会谈技术高度依赖从业者的思维品质,例如概念化能力和灵活调整干预策略的能力,这些都分别对应着思维的概括性、灵活性与批判性。由此可见,心理健康教育课所培养的深刻性、灵活性、批判性等思维品质,正是未来心理咨询师掌握的结构化心理咨询会谈技术。

第七章

结构化心理咨询会谈质量的检验

心理咨询会谈质量的检验的重要性不言而喻。它不仅是确保咨询服务的专业性和保障客户权益的重要手段,还是促进咨询师成长与发展、提升行业整体水平以及优化咨询流程和效果的关键环节。

本章是结构化心理咨询会谈质量的量化研究过程和成果的概述。以中小学心理健康教师为研究对象,探索结构化心理咨询会谈质量自评的结构,编制相应的量表,并在一定范围内对量表进行检验与应用。

第一节 结构化心理咨询会谈质量自评量表的编制

一、研究目的

采用质性研究的方法,结合前人的研究,探索结构化心理咨询会谈质量自评的结构,构建适用于结构化心理咨询会谈质量自评模型。

二、研究方法

(一)被试概况

根据本研究的目的,应当采用质性研究的非概率抽样中的目的性抽样[1],选取具有丰富中小学心理咨询实践经验的中小学心理健康教师为研究对象[2]。经过筛选,共计访谈17人,其中女性12人,男性5人;平均年龄37.5岁;中小学心理咨询平均工作年限7～8年。详情见表7-1。

---

[1] 陈向明.质的研究方法与社会科学研究[M].北京:教育科学出版社,2000:105-112.
[2] 吴继霞,黄希庭.诚信结构初探[J].心理学报,2012,44(3):354-368.

表 7-1 访谈人员具体信息

序号	性别	年龄/岁	学历	相关工作年限/年	学校	专业程度
1	女	49	本科	18	高中	二级资格证
2	女	40	本科	4	高中	二级资格证
3	女	39	硕士研究生	15	高中	二级资格证
4	男	41	本科	6	初中	精神分析学派专家
5	女	31	本科	8	初中	三级资格证、B证
6	女	43	本科	7	小学	二级资格证
7	女	37	硕士研究生	15	初中	三级资格证
8	女	27	硕士研究生	3	初中	三级资格证
9	女	42	本科	4	高中	二级资格证
10	女	36	硕士研究生	13	初中	二级资格证
11	女	35	本科	5	小学	二级资格证
12	女	30	本科	9	小学	二级资格证
13	男	42	硕士研究生	6	小学	二级资格证
14	男	46	硕士研究生	5	初中	二级资格证
15	女	27	本科	4	初中	三级资格证
16	男	40	硕士研究生	7	初中	二级资格证
17	男	33	硕士研究生	5	小学	二级资格证

(二) 访谈法

对上述17位被试进行访谈，平均访谈时间为20分钟。访谈提纲为自编提纲，包括基本信息(性别、年龄、工作年限等)和结构化心理咨询会谈质量自评相关问题：(1)您认为结构化心理咨询会谈要达到的目的是什么？(2)按照您一贯的咨询经验，结构化心理咨询会谈应该如何达到这个(些)目的？(3)什么样的结构化心理咨询是高质量的？(4)咨询师应该从哪些方面自评结构化心理咨询会谈质量？访谈采取一对一语音电话访谈和现场访谈两种形式，通过追问得到上述问题较为详细的答案。访谈过程经被试同意进行录音，后将录音转为文字稿。

三、结构化心理咨询会谈质量自评量表维度的构建

(一) 访谈文本内容分析结果

通过阅读结构化心理咨询会谈质量自评访谈问卷中的文本信息,并用 NVivo 11 Plus 软件对文本信息进行词频提取,共获得与"结构化心理咨询会谈质量自评"相关的语句349句。将这些语句进行意义截取、合并,获得42个意义单元;然后,对意义单元进行提炼、概括和归类,共得到16个编码;编码结果和出现的频次、占比如表7-2所示。

表7-2 结构化心理咨询会谈质量自评编码分析情况表

编码	频次	占比/%	编码	频次	占比/%
咨访关系	16	12.50	专注	8	6.25
咨询目标	14	10.94	问题根源	5	3.91
评估问题	13	10.16	聚焦问题	4	3.13
探索想法	12	9.38	支持鼓励	4	3.13
倾听诉求	12	9.38	真诚	3	2.34
情感表达	11	8.59	观察学生	3	2.34
情感体验	10	7.81	无条件积极关注	3	2.34
共情	8	6.25	契约协商	2	1.56

(二) 结构化心理咨询会谈质量自评量表维度的调整

根据访谈内容文本编码分析结果发现,结构化心理咨询会谈质量自评主要是对咨访关系、倾听、鼓励个案说故事、问题评估、目标确定等维度进行评估。结合前期相关理论梳理结果发现,上述结果与希尔(Hill)的咨询三阶理论中的探索阶段内容基本匹配。希尔认为心理咨询探索阶段的主要内容为[①]:建立融洽的氛围并发展咨询关系;专注、倾听和观察;帮助来访者探索想法;鼓励来访者体验和表达情感;了解来访者。该理论没有涉及问题评估及咨询目标相关内容,然而结构化心理咨询应该进行的工作集中在理清并定义来访

---

① HILL C E, CHARLES C, REED K G. A longitudinal analysis of changes in counseling skills during doctoral training in counseling psychology[J]. Journal of Counseling Psychology,1981,28(5):428-436.

者问题、评估以及契约协商①。故为使模型更为系统全面，更为简洁，本研究中结构化心理咨询会谈质量自评在该理论的基础上增加问题评估和咨询目标两个维度，此外将理论中的专注、倾听和观察维度概括总结为基础技术维度，将帮助来访者探索想法、鼓励来访者体验和表达情感概括为引导个案维度。

因此，本研究认为结构化心理咨询会谈质量自评的维度包括咨访关系、目标确立、基础技术、问题评估、引导个案五个维度。结构化心理咨询会谈质量自评理论构建如下，见图7-1。

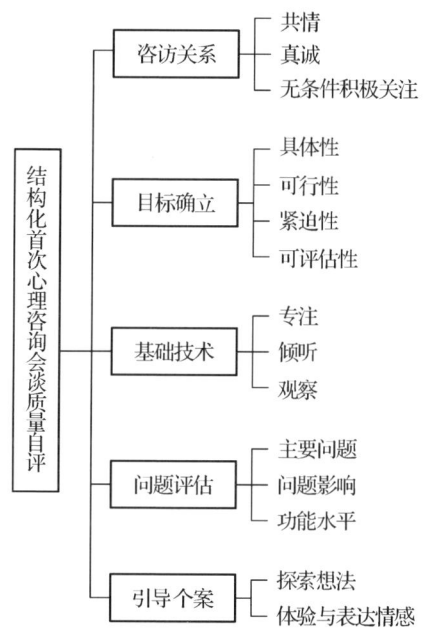

图7-1 结构化心理咨询会谈质量自评理论构建

四、结构化心理咨询会谈质量自评量表初始项目的形成

(一) 研究目的

一是基于模型研究的结果，将上述的5个方面作为初始维度，初步建立量表框架；二是思考前人的研究，参考借鉴相关量表，尽可能全面地收集与结构化心理咨询会谈质量自评相关的项目信息。

---

① BENDER S, MESSNER E. Becoming a therapist: What do I say, and why? [M]. New York: Guilford Press, 2003: 6-45.

(二) 研究方法

1. 文献分析法

利用大学图书馆文献资源和中国知网、万方数据、超星电子书数据、百度学术等在线文献资源，以"结构化心理咨询""心理咨询质量"等为关键词进行文献检索，阅读近10年的相关主题文献，对与"结构化心理咨询"密切相关文献的参考文献进一步研读，最后归纳整理出与结构化心理咨询会谈质量自评相关的内容，进行项目池的编写。

2. 访谈法

此处的访谈对象与上述模型研究的对象相同，被试相关情况前文中已有呈现。模型研究除了对结构化心理咨询会谈质量自评进行初步探索，还能根据对每个维度的内容与内涵的解释，确定该量表的项目。

3. 其他方法

除上述两种方法之外，初拟项目还参考了相关量表，具体有简明工作同盟量表修订版 WAI-SR(咨询师版)[1]、心理咨询中的人际行为评估—咨询师行为编码[2]、会谈效果问卷(SEQ)[3]。

(三) 研究结果

经过相关研究分析、相关量表参考、意见收集、小组讨论，初步得出结构化心理咨询会谈质量自评量表组成包括5个维度、53个项目。

五、结构化心理咨询会谈质量自评量表初拟项目调整

(一) 研究目的

本研究通过相关专家评价的方式对结构化心理咨询会谈质量自评量表项目的相关性、准确性与简洁性进行评估，根据评价结果及意见对现有项目进行删减或修改，以保证量表具有良好的内容效度。

---

[1] HATCHER R L, GILLASPY J A. Development and validation of a revised short version of the working alliance inventory[J]. Psychotherapy Research, 2006, 16(1): 12-25.

[2] 倪聪, 朱旭, 江光荣, 等. 咨询会谈中的人际互补及其与工作同盟、咨询效果的关系[J]. 心理学报, 2020, 52(2): 197-206.

[3] STILES W B, SNOW J S. Counseling session impact as viewed by novice counselors and their clients[J]. Journal of Counseling Psychology, 1984, 31(1): 3-12.

(二) 专家概况

具有丰富中小学心理咨询背景的专家,共计 10 人,包括学校心理健康教育专业教授 3 人、工作 5 年以上的中小学心理健康教师 7 人。

(三) 研究方法

一是邀请各位专家填写专家评审问卷,问卷内容包括研究目的、量表所测内容、维度解释;二是邀请专家根据问卷说明对项目与所测内容的相关性进行评价,方法为 4 点评分(1=完全不相关,2=有点相关,3=较为相关,4=非常相关);三是开放式问题,邀请专家对不够简洁、有歧义的项目进行修改。回收专家评审意见,计算每个项目相关性评分,保留均分 3.00 以上、内容效度良好的项目,再根据专家的修改意见对需要调整的项目进行修改。结合上述对量表项目的定量与定性评估结果,修改后的项目即为结构化心理咨询会谈质量自评量表初测版。

(四) 研究结果

根据专家意见(定性分析),对有关项目进行删减或修改,保留修改后相关性得分高于 3.00 分的项目,最后保留 41 个项目,见表 7-3。

表 7-3 结构化心理咨询会谈质量自评量表的内容效度指数

项目	项目评分	项目	项目评分	项目	项目评分
1	3.78	15	3.67	29	3.67
2	3.78	16	3.67	30	3.78
3	3.67	17	3.56	31	3.56
4	3.78	18	3.89	32	3.89
5	3.89	19	3.67	33	3.67
6	3.67	20	3.67	34	3.78
7	3.67	21	3.78	35	3.67
8	3.67	22	3.67	36	3.67
9	3.67	23	3.67	37	3.33
10	3.67	24	3.67	38	3.78
11	3.89	25	3.22	39	3.78
12	3.56	26	3.67	40	3.67
13	3.89	27	3.33	41	3.56
14	3.67	28	3.67		

六、讨论

结合对前人研究的梳理、相关理论的分析，以及访谈研究的结果，初步确定结构化心理咨询会谈质量自评的理论模型，发现该模型与希尔的心理咨询三阶段模型的第一阶段模型高度吻合，故本研究以该模型为线索，结合文献梳理和访谈研究中该模型中没有的内容，对该模型进行丰富的同时力求简练，最终确定了结构化心理咨询会谈质量评估的五因素模型。

第一个因素是咨访关系。咨询师与来访者之间需要建立什么样的关系？已有研究大多认为要建立一种信任、关怀的关系，使来访者感觉到安全、被支持、被尊重、被照顾、被看重、被赞许、被作为个体来接纳。咨询师站在来访者的角度去理解其感受和想法，理解来访者为什么会变成这样，而非把自己的想法和价值观强加给来访者。罗杰斯认为来访者首先需要被别人接纳和欣赏，然后才能开始接受自己并认为自己是有价值的。为了实现这一目标，咨询师需要尽可能地为来访者提供助长条件，其中共情、无条件积极关注和真诚三个方面尤为重要。首先，共情是一种心理过程，要求咨询师设身处地为来访者着想，努力地觉察并体验来访者的情绪和情感。咨询时要求咨询师尽管不可能完全理解来访者的感受，也要努力地把自己置于来访者的位置。其次，无条件积极关注，主要是要让来访者体会到自己的价值，所以要求咨询师无论来访者的品行、情感等如何都要不加评判地接纳和欣赏来访者。最后，真诚，又称表里如一，咨询师要让自己的体验保持开放，并且真诚地而非欺骗或虚伪地对待来访者。

第二个因素是基础技术。进行结构化心理咨询时，咨询师应当把"话语权"让给来访者，把自己置于话少的一方，通过基础技术的运用，保障结构化心理咨询的质量。在心理咨询初期，把"舞台"让给来访者，咨询师主要要做的是专注、倾听和观察，这也是这一阶段最重要的技术。专注、倾听和观察通过轻微言语和非言语的行为来达成。轻微言语行为不同于真正的言语行为，主要是"轻微"鼓励，比如采用尚无实际意义的言语、简单回应或插入语，如"是的""是这样"来鼓励来访者继续进行谈话。非言语行为则包括[①]：一是非侵犯性的目光接触，让来访者感到被关注；二是面部表情，表达

---

① 赵春晓,江光荣,林秀彬.心理咨询中的非言语行为[J].心理科学进展,2016,24(8):1257-1265.

积极的兴趣和关系；三是身体姿势；四是语音语调，用轻柔的、温和的言语，让来访者更愿意去探索。首先，就专注来说，全神贯注的神情、动作，会赋予咨询师人格魅力，全神贯注体现在咨询师对来访者声音特点、起伏、变化的敏锐察觉中。其次，就倾听而言，既有身体层面的，也有心理层面的。伊根主张倾听包含四个方面[①]：一是觉察、观察非言语行为；二是理解、倾听非言语信息；三是统合所处系统环境，能够做到全面的倾听；四是对于着重关注个案歪曲和否认现实的部分，抱着平等的、接纳的、冷静的、学习与欣赏的、体验和参与的态度去倾听。

第三个因素为引导个案。引导个案指的是引导来访者进行自我探索，包括帮助来访者探索想法、体验和表达情感。这个因素兼顾来访者的认知和情感。首先，为什么要帮助来访者探索想法？探索真实的想法有利于来访者进行深入思考而非纠缠于问题，这种鼓励来访者思考的方式可以促使其从新的视角理解自己。如何帮助来访者探索想法？关键在于让来访者表达，让来访者能够用语言表达内心正在发生的一切，知道自己在想什么，这样可以促进来访者对自己的问题进行深入的探索，探寻自己想法上的矛盾和逻辑错误。其次，体验与表达情感对促进来访者的心理健康具有重要意义。没有情感唤起，来访者不会卷入到咨询过程中来，同时也不会有动机去改变。情感体验与表达是来访者改变的动力，是心理咨询发生变化的基础，来访者只有品尝痛苦，才会有改变的欲望。只有带有情感体验的领悟和转变才会真正发挥作用[②]。

第四个因素为问题评估。广泛收集有关来访者及其主诉问题的资料，确定来访者最突出的问题，评估来访者目前的功能水平和危机程度。主要包括：目前最突出的问题、问题持续时间、问题第一次出现的时间、是否有致使问题出现的特殊事件、为何此时寻求帮助，以及问题对来访者工作、生活和学习造成的影响，影响的程度，问题与以前的经历、经验的关系。此外，还要了解来访者为了解决问题都尝试过什么办法，以便了解来访者的优点和应对技能。

第五个因素为目标确立。根据问题评估分析确立咨询目标，确立咨询目

---

① 伊根.高明的心理助人者[M].5版.郑维廉,译.上海:上海教育出版社,1999.132.
② 朱海娟.情绪体验在心理咨询中的应用[J].现代企业教育,2014(4):154.

标时可询问来访者想要什么样的改变、达到什么样的程度等,然后咨访双方共同商定咨询目标,注意商定的目标应当注意满足以下几点:具体的、现实可行的、分清轻重缓急的、可评估的。好的咨询目标能够为咨询提供方向,引导咨询过程,便于对咨询的质量效果进行评估。

然后,经过相关研究分析、参考相关量表、意见收集、小组讨论等,尽可能全面地形成自编量表的项目池,共计收集了53个与结构化心理咨询会谈质量自评有关的项目。

最后,为了保证项目的内容效度和项目的质量,通过定量与定性两方面的研究对结构化心理咨询会谈质量自评量表的项目进行删减、合并和修改,在53个条目中删减11个,合并2个,并对其中10个项目的措辞等进行调整,用剩余的41个项目构成量表初测版。

七、小结

初步确定结构化心理咨询会谈质量自评量表模型由5个因素组成:咨访关系、目标确立、基础技术、问题评估、引导个案。

自编结构化心理咨询会谈质量自评量表初测版本包括41个项目,具有良好的内容效度,可以进行下一步的心理测量学的分析。

第二节 结构化心理咨询会谈质量自评量表模型检验

一、量表模型的探索

(一)研究目的

采用初测版的结构化心理咨询会谈质量自评量表进行施测,收集数据,对初测版的量表进行心理测量学分析,进一步对项目进行筛选和调整,确定最终版的量表。

(二)研究对象

研究对象大部分源于华东地区,主要包括浙江省、江苏省、福建省的中小学心理健康教育教师216人,其余地区的中小学心理健康教师50人,共计

266人。其中男性心理健康教育教师87人(32.7%),女性心理健康教育教师179人(67.3%);25~30岁者83人(31.2%),31~40岁者121人(45.5%),41~50岁者62人(23.3%);小学心理健康教师69人(25.9%),初中心理健康教师88人(33.1%),高中心理健康教育教师109人(41.0%);研究生及以上学历者57人(21.4%),本科学历209人(78.6%)。见表7-4。

表7-4 初测被试情况一览表($N=266$)

人口统计变量	类别	数量 n	百分比/%
性别	男	87	32.7
	女	179	67.3
年龄	25~30岁	83	31.2
	31~40岁	121	45.5
	41~50岁	62	23.3
所教学段	小学	69	25.9
	初中	88	33.1
	高中	109	41.0
最高学历	研究生及以上	57	21.4
	本科	209	78.6

(三) 研究工具

1. 基本信息调查表

自编人口学基本信息调查表,包括性别、年龄、学历、中小学心理健康教育工作年限、教授学段、心理咨询专业受训情况。

2. 结构化心理咨询会谈质量自评量表

自编结构化心理咨询会谈质量自评量表,初测版量表共计41个项目,每个项目均为5级评分,1=非常不同意,2=比较不同意,3=一般同意,4=比较同意,5=非常同意,量表总得分范围为41~205分,最终得分越高说明结构化心理咨询会谈质量越高。

(四) 研究方法

1. 调查方法

采用自编基本信息调查表、结构化心理咨询会谈质量自评量表进行调查,结合线上"问卷星"的形式和线下现场发放的形式。通过便利取样的方式，对被试进行施测。最终共收集270份问卷，筛除4份作答时间过短（小于300秒）和填写不完整的问卷，有效问卷266份，问卷有效回收率98.52%。

2. 统计方法

采用SPSS25.0统计软件进行项目分析和探索性因素分析。

(五) 研究结果

1. 项目分析

首先，采用"临界比率法"进行项目分析，具体操作为：计算结构化心理咨询会谈质量自评量表的总得分，将总分从高到低排序，总分前27%的为高分组，后27%的为低分组，将两组研究对象每个项目得分进行独立样本t检验，如若差异检验显著，则证明该项目的区分度良好。[①] 结果显示，第2、4、5、7、21这5个项目差异不显著，需删除，其余项目检验均具有显著差异（$P<0.05$），表示区分度良好，故予以保留。

其次，采用相关分析法进行项目分析。采用皮尔逊积差相关分析，检验每个项目与总量表的相关性，相关系数低于0.3的项目予以删除。[②] 结果显示，项目得分与总分的相关系数小于0.3的是第20、23、26项，删除这3个项目，其余均显著大于0.3（$P<0.05$）。

表7-5 结构化心理咨询会谈质量自评量表项目分析结果

项目	高分组($n=71$)	低分组($n=71$)	t	题总相关
1	4.48±0.65	2.10±1.03	16.45*	0.777**
2	4.52±0.67	1.46±0.83	24.18	0.840**
3	4.42±0.60	2.04±1.08	16.28***	0.769**
4	4.65±0.54	1.34±0.48	38.84	0.862**
5	4.35±0.74	2.11±1.12	14.10	0.745**
6	4.52±0.67	2.25±1.13	14.52**	0.764**
7	4.30±0.73	1.55±0.92	19.72	0.792**
8	4.41±0.69	2.07±1.10	15.19*	0.749**

---

① 吴明隆.问卷统计分析实务——SPSS操作与应用[M].重庆:重庆大学出版社,2010.

② 同①.

续表

项目	高分组($n=71$)	低分组($n=71$)	t	题总相关
9	4.41±0.69	2.13±1.03	15.55*	0.764**
10	4.54±0.65	2.03±1.08	16.73*	0.788**
11	4.41±0.67	2.28±1.12	13.71**	0.731**
12	4.55±0.63	2.15±1.19	14.99**	0.774**
13	4.62±0.64	1.23±0.42	37.31***	0.888**
14	4.24±0.77	1.38±0.54	25.67**	0.804**
15	4.49±0.88	1.44±0.58	24.52**	0.821**
16	4.51±0.72	1.34±0.58	28.93*	0.866**
17	4.06±0.86	1.32±0.50	23.14*	0.790**
18	4.04±0.89	1.34±0.53	22.05**	0.786**
19	4.07±0.90	1.32±0.56	21.90**	0.800**
20	4.17±0.86	3.44±1.39	3.77***	0.123*
21	4.63±0.54	1.31±0.47	39.24	0.816**
22	4.20±0.79	2.66±1.04	9.92**	0.565**
23	4.27±0.88	3.46±1.36	4.18***	0.195*
24	4.25±0.77	2.65±1.07	10.26**	0.541**
25	4.30±0.73	2.83±1.16	9.03***	0.504**
26	4.31±0.80	3.49±1.32	4.46***	0.191*
27	4.10±0.86	3.04±1.22	5.94**	0.329**
28	4.39±0.62	1.66±0.83	22.27**	0.733**
29	4.32±0.73	1.38±0.59	26.30*	0.768**
30	4.15±0.92	1.35±0.59	21.63***	0.766**
31	4.21±0.75	1.34±0.53	26.21**	0.762**
32	4.35±0.72	1.38±0.59	26.84*	0.768**
33	4.41±0.65	1.34±0.53	30.91**	0.773**
34	4.18±0.85	1.37±0.64	22.33*	0.703**
35	4.17±1.04	1.27±0.56	20.67***	0.763**
36	4.44±0.73	1.35±0.56	28.15*	0.824**

续表

项目	高分组($n=71$)	低分组($n=71$)	t	题总相关
37	4.18±0.80	1.38±0.49	25.23**	0.762**
38	4.30±0.78	1.49±0.58	24.22*	0.775**
39	4.59±0.50	1.23±0.42	43.66***	0.831**
40	4.44±0.58	1.27±0.48	35.60***	0.848**
41	4.31±0.79	1.30±0.55	26.57**	0.751***

注：$*P<0.05$，$**P<0.01$，$***P<0.001$。

2. 探索性因素分析

第一步，在探索性因素分析前，首先，根据因素分析对样本量的要求：样本量至少为项目数的5倍[1]。结构化心理咨询会谈质量自评量表经过项目分析后，共有32个题项，样本量为266，满足因素分析样本量要求。其次，要对量表进行Bartlett球形检验和KMO检验。球型检验显著，揭示变量间具有相关性，才能进行探索性因素分析。KMO系数的判断标准为：0.6~0.7为一般；0.7~0.8被认为可以进行因素分析；0.8~0.9被认为进行因素分析是比较合适的；0.9以上则完全适合进行探索性因素分析[2]。结果显示，所收集的样本数据完全适合做探索性因素分析，见表7-6。

表7-6 KMO及Bartlett球形检验结果

KMO取样适切性量数		0.965
Bartlett球形检验	卡方	9456.846
	自由度	528
	显著性	<0.001***

注：$***P<0.001$。

第二步，探索性因素分析采用的是主成分分析法和最大方差旋转法。查看碎石图结果，对初始特征值大于1的因子予以提取。本文采用的项目删减原则为[3]：（1）共同度小于0.5的项目；（2）因子载荷在两个维度上大于0.5

---

[1] GORSUCH. R. L. Factor analysis[M]. 2nd ed. Hillsdale,NJ:Lawrence Erlbaum Associates,1983.
[2] 戴忠恒.心理与教育测量[M].上海:华东师范大学出版社,1987.
[3] 傅安国.脱贫内生动力的结构、机制与治理:基于管理心理学视角[D].天津:天津大学,2020.

的项目;(3)因子载荷小于0.5的项目;(4)此外还应该考虑维度具有可解释性,即可以进行命名。根据上述标准,遵循每次只删除一个项目的原则,逐步删除不达标的项目,多次重复直到得到理想结果。

第三步,探索性因素分析的结果表明,当结构化心理咨询会谈质量自评量表提取5个因子时结果最为理想,5个因子总方差解释率达到76.76%。问卷最终保留了29个项目,各个项目的共同度及其在相应因素上的载荷如表7-7所示。

表7-7 中小学心理健康教师结构化心理咨询会谈结构的探索性因素分析结果(旋转后)

项目	因素1	因素2	因素3	因素4	因素5	共同度
1	0.751					0.759
3	0.718					0.745
6	0.741					0.744
8	0.733					0.726
9	0.730					0.746
10	0.749					0.774
11	0.717					0.696
12	0.757					0.769
13		0.687				0.901
15		0.736				0.850
16		0.668				0.851
17		0.705				0.786
18		0.725				0.803
19		0.702				0.802
22			0.780			0.739
24			0.686			0.580
25			0.803			0.731
27			0.767			0.642
28				0.742		0.762
29				0.679		0.725

续表

项目	因素1	因素2	因素3	因素4	因素5	共同度
30				0.746		0.787
32				0.724		0.770
34				0.666		0.641
35				0.717		0.756
37					0.780	0.859
38					0.736	0.824
39					0.659	0.827
40					0.593	0.825
41					0.752	0.840
特征值	59.906	5.014	3.452	7.144	4.243	
累计贡献率/%	21.776	37.571	47.688	63.609	76.758	

第四步，根据前文理论构建结果和探索性因素分析结论，将结构化心理咨询会谈质量自评量表定为五个维度，对析出的因素进行命名。

因素1命名为咨访关系。方差解释率为21.78%。主要内容包括共情（要求咨询师尽管不可能完全理解来访者的感受，也要努力地把自己置于来访者的位置）、无条件积极关注（指的是非评判性的接纳和欣赏来访者的品行和情感）和真诚（也称表里如一，咨询师需保持开放，真诚而非虚伪或欺骗地对待来访者）。

因素2命名为基础技术。方差解释率为15.80%。主要包括专注、倾听和观察（这是来访者中心理论的具体表现）。要求咨询师专注、接纳地倾听来访者所说，而不是去臆断，同时仔细地去感知来访者对会谈经历的感受和反应。咨询师通过非言语行为（如目光接触、面部表情、身体姿势、语音语调）和轻微言语行为（主要是轻微鼓励，通过没有实际意义的声音、插入语或简单的回应，如"是的""这样哦"去鼓励来访者继续进行会谈）来达成。

因素3命名为引导个案。方差解释率为10.12%。这一维度体现会谈质量评价对来访者想法和情感的重视。主要包括，引导来访者探索想法，支持和鼓励来访者体验和表达情感。

因素 4 命名为问题评估。方差解释率为 15.92%。主要包括来访者最突出的问题、功能水平和危机程度。

因素 5 命名为目标确立。方差解释率为 13.15%。主要包括目标的具体性、可行性、紧迫性、可评价性。

二、量表模型的验证

（一）研究目的

对经过探索性因素分析并修改后的结构化心理咨询会谈质量自评量表进行再测，采用收集到的数据对自编量表进行验证性因素分析，检验不同样本获取数据的一致性，即检验探索性因素分析得出的结构模型与验证性因素分析结果的拟合度，验证五因素模型是否为最佳理论模型。

（二）研究对象

研究对象是中小学心理健康教师群中的中小学心理健康教师，共计 331 人。其中，华北地区 88 人（26.59%），华东地区 101 人（30.51%），华南地区 63 人（19.03%），华中地区 33 人（9.97%），其余地区 46 人（13.90%）；男性心理健康教育教师 123 人（37.16%），女性心理健康教育教师 208 人（62.84%）；小学心理健康教师 63 人（19.03%），初中心理健康教师 160 人（48.34%），高中心理健康教育教师 108 人（32.63%）；研究生及以上学历者 41 人（12.39%），本科学历 290 人（87.61%）。见表 7-8。

表 7-8 再测被试情况一览表（$N=331$）

人口统计变量	类别	数量 n	百分比/%
性别	男	123	37.16
	女	208	62.84
所教学段	小学	63	19.03
	初中	160	48.34
	高中	108	32.63
最高学历	研究生及以上	41	12.39
	本科	290	87.61

（三）研究工具

自编人口学基本信息调查表，包括性别、年龄、学历、中小学心理健康教育工作年限、教授学段、心理咨询专业受训情况。

结构化心理咨询会谈质量自评量表，正式版量表共计 29 个项目，每个项目均为 5 级评分，1＝非常不同意，2＝比较不同意，3＝一般同意，4＝比较同意，5＝非常同意，量表总得分范围为 29～145 分，最终得分越高说明中小学心理健康教育教师结构化心理咨询会谈质量越高。

（四）研究方法

仍然采用便利抽样的方式结合线上线下进行问卷调查，选取通过便利取样的方式，对被试进行施测。最终共收集 337 份问卷，筛除 6 份作答时间过短（小于 300 秒）和填写不完整的问卷，有效问卷共 331 份，问卷有效回收率98.22%。然后用 Amos 24.0 对数据进行验证性因素分析。

（五）研究结果

用于进行验证性因素分析的软件为 Amos 24.0，用模型的拟合度指标来判断模型的拟合度，本研究用三类指标，即相对拟合指标、绝对拟合指标和简约拟合指标，来评估模型的优劣[1]。具体选择的指标为 χ^2、χ^2/df、RMSEA、CFI、IFI、PGFI、PNFI 这几个编制心理测量学量表常用的指标，其判别标准见表 7－9。

表 7－9　模型拟合度指标及其判别标准

指标		适配标准
绝对拟合指标	χ^2	概率值达到显著水平
	χ^2/df	数值大于 5 时，表明模型拟合度较差；介于 3～5 之间，说明模型可接受；数值在 1～3 之间，说明模型拟合理想
	RMSEA	数值在 0.08～0.10 之间时，表明模型拟合尚可；数值在 0.05～0.08 之间，说明拟合合理；小于 0.05，说明模型拟合非常好
相对拟合指标	CFI	指数越接近 1 表示模型拟合越好，一般大于 0.9 表示模型拟合理想，大于 0.8 模型尚可接受
	IFI	

---

[1] HAIR J F, ANDERSON R E, TATHAM R L, et al. Multivariate data analysis[M]. 5th ed. Upper Saddle River, NJ: Prentice Hall, 1998.

续表

指标		适配标准
简约拟合指标	PGFI	数值大于0.5表明模型能够接受
	PNFI	

1. 五因素模型

本研究用再次收集的量表数据对构想模型进行拟合，并在模型拟合过程中，尝试采用最大似然（ML）估计对模型进行修正，但结构化拟合后查看修正指数，发现修正指数都很小（小于10），对模型拟合程度的改变微乎其微，因此不再对模型进行修正，最终获得的结构化心理咨询会谈质量评估模型如图7-2所示。表7-10所示的模型拟合指标表明，该模型拟合良好，五因素模型得到验证。

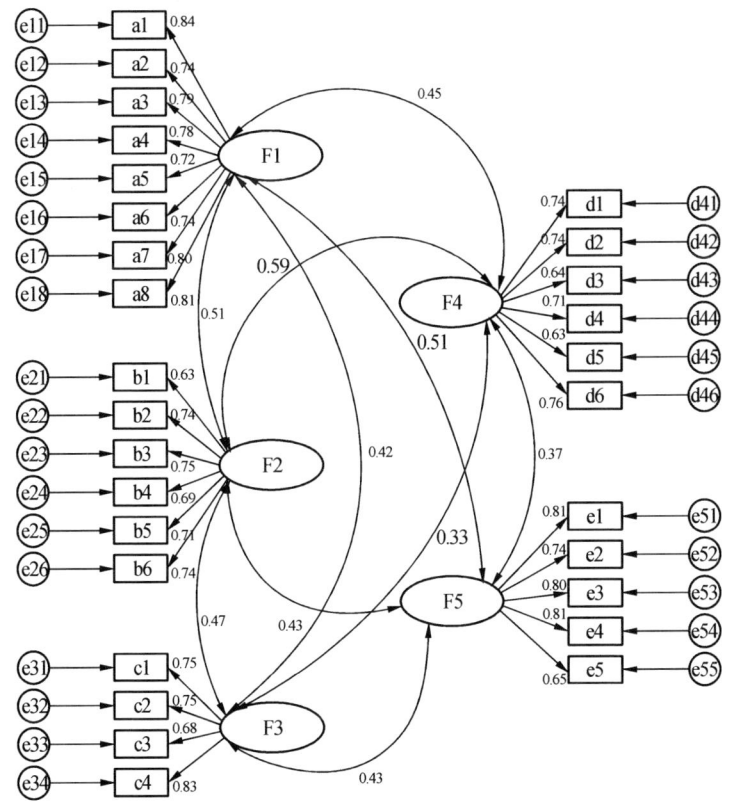

图7-2　五因素模型验证性因素分析载荷图

表7-10 五因素模型整体拟合系数表（$N=331$）

拟合指标	χ^2	df	χ^2/df	RMSEA	IFI	TLI	CFI	PNFI	PGFI
数值	746.34	367	2.034	0.056	0.926	0.918	0.926	0.782	0.837

自编量表的29个项目因子载荷处于0.63~0.84之间，表明各个项目能够较好地代表所表示的潜变量，对潜变量有较大的方差解释率，观测变量与潜变量之间的关系具有一定可靠性。

2. 竞争模型

本研究进一步将结构化心理咨询会谈质量评价的五因素模型与其他可能的竞争模型进行比较，以确定其是否是最优模型。因为本研究的五个因素间具有一定的相关性，因此本研究提出了结构化心理咨询会谈质量评价的单因素模型作为备择的竞争模型，通过比较两个模型之间的优劣，以确定最优的结构化心理咨询会谈质量评估内容模型。竞争模型的因子载荷情况见图7-3和表7-11。

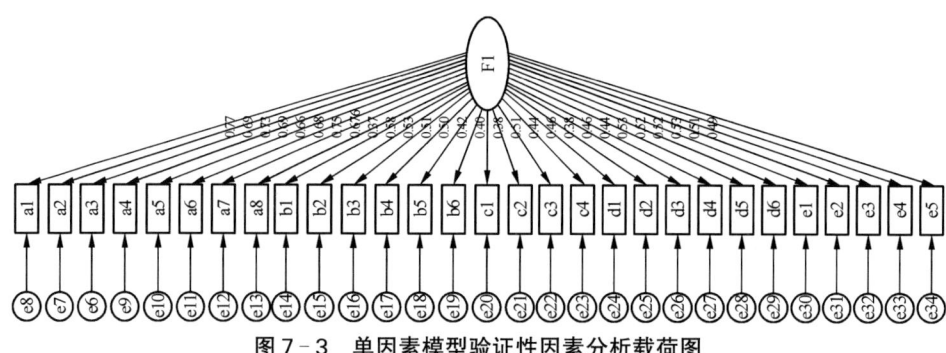

图7-3 单因素模型验证性因素分析载荷图

表7-11 单因素模型整体拟合系数表（$N=331$）

拟合指标	χ^2	df	χ^2/df	RMSEA	IFI	TLI	CFI	PNFI	PGFI
数值	2677.40	377	7.102	0.136	0.553	0.515	0.550	0.478	0.511

结果显示，单因素模型的三类拟合指标都不理想，因此单因素拟合模型不合理，排除单因素模型，表明结构化心理咨询会谈质量评估五因素模型是较为理想的结构化心理咨询会谈质量评估内容结构模型。

三、量表的信度与效度分析

(一) 研究目的

对结构化心理咨询会谈质量自评量表的信度和效度进行分析和检验。

(二) 研究对象

前一个阶段中进行验证性因素分析的 331 个有效样本,样本人口学信息在前一阶段中已有呈现。

(三) 研究工具

在验证性分析阶段,使用的工具包括基本信息调查表、结构化心理咨询会谈质量自评量表、心理咨询会谈评估量表(SES)。测量工具的详细信息前文已有介绍,在此不赘述。

(四) 研究方法

对 331 个样本进行调查研究后,采用 SPSS 25.0 和 Amos 24.0 对所收集的数据进行信度分析和效度分析。

(五) 研究结果

1. 信度分析

信度(Reliability)代表的是测验内容的一致性以及测量的数据、结果跨时间的稳定性,又称"测量的可靠性程度"。[1] 量表的信度考察的是总量表或量表各大维度的不同项目反映同一个概念的程度,实质是不同题项的一致性程度。本研究采用内部一致性信度和构念信度。

(1) 内部一致性信度

内部一致性信度(Internal Consistency Reliability)指的是这样一种程度:量表及其各维度内的项目所测量的是同一概念的程度,通常根据克伦巴赫 α 系数来判断。总体来看,α 系数的判断原则如表 7-12 所示。[2]

结构化心理咨询会谈质量自评量表的内部一致性系数见表 7-13。总量表的 α 系数为 0.926,说明自编量表的内部一致性非常理想;各分维度的 α 系数在 0.840~0.924 之间,说明自编量表的各维度间内部一致性很好。

---

[1] 黄希庭,张志杰.心理学研究方法[M].北京:高等教育出版社,2010:89-99.
[2] 吴明隆.结构方程模型:AMOS 的操作与应用[M].2 版.重庆:重庆大学出版社,2017.

表 7-12 克伦巴赫 α 系数的判定原则

系数值	维度层面	总量表
α≥0.90	非常理想	非常理想
0.80≤α<0.90	理想	佳
0.70≤α<0.80	佳	可以接受
0.60≤α<0.70	尚佳	勉强可接受，最好修改、增加题项
0.50≤α<0.60	尚可接受，需修改或增加题项	不理想，需重新编制或修订
α<0.50	不理想，删除	非常不理想，删除不用

表 7-13 总量表及各维度的内部一致性信度

维度	克伦巴赫 α 系数	项目数
咨访关系	0.924	8
目标确立	0.872	5
基础技术	0.859	6
问题评估	0.855	6
个案引导	0.840	4
总量表	0.926	29

(2) 构念信度

构念信度(Construct Reliability, CR)又名"组合信度"或"建构信度"，是一组潜在构念指标之间一致性程度的评估依据，能作为潜在变量的信度指标。其计算公式如下：

$$CR = (\sum \lambda)^2 / [(\sum \lambda)^2 + \sum(\theta)]$$

在上述公式中，θ 为观测变量中的误差变异量(Indicator Error Variances)，λ 为观测变量代表的潜变量的标准化参数估计(Indicator Loading，因素载荷量)。通常认为若潜变量的构念信度大于 0.60，则说明模型的内部一致性程度较高。[①] 本文中各个潜变量的构念信度依次为 0.924、0.859、0.840、0.855、0.872，均高于 0.60 的标准，表明各维度具备良好的构念信度。

---

① 吴明隆.结构方程模型:AMOS 的操作与应用[M]. 2 版. 重庆:重庆大学出版社,2017.

2. 效度分析

效度(Validity)是指量表能否反映想测的概念、特征等及其程度。有两层含义：一是指测量工具实际所测的是想研究的概念、特征等，而非其他；二是指概念、特征等被准确测量的程度。[①] 效度被认为是科学的测量工具所必须满足的最重要指标。本文采用结构效度、效标关联效度与内容效度三个效度指标评估自编量表的效度。

(1) 结构效度

结构效度(Construct Validity)，又称"构念效度"或"建构效度"，代表的是量表对某种理论构想或特质的测量程度。[②]

首先，自编量表经过探索性因素分析后得出5个非常清晰的因素，达到76.76%的总方差解释率。其次，对另外收集的数据进行验证性因素分析结果显示，五因素模型有良好的拟合度，这与前文研究得到的理论构想一致性较高。因此，探索性因素分析和验证性因素分析结果都表明了自编量表具有良好的结构效度。最后，进行相关分析来检验自编量表结构效度，计算维度与维度之间、维度与总量表之间得分的相关。判断标准为：维度与维度之间需呈中等相关(0.1～0.6)，而维度与总分之间相关不能太低(0.3～0.8)[③]。分析结果显示自编量表具有良好结构效度。见表7-14。

表7-14 总分与各维度相关分析结果(r)

	咨访关系	目标确立	基础技术	问题评估	引导个案	总量表
咨访关系	1					
目标确立	0.465**	1				
基础技术	0.446**	0.368**	1			
问题评估	0.390**	0.326**	0.500**	1		
引导个案	0.372**	0.358**	0.388**	0.285**	1	
总量表	0.807**	0.672**	0.744**	0.688**	0.647**	1

注：**$P<0.01$。

[①] 黄希庭,张志杰.心理学研究方法[M].北京:高等教育出版社,2010:89-99.
[②] 黄希庭,张志杰.心理学研究方法[M].北京:高等教育出版社,2010:89-99.
[③] 戴忠恒.心理与教育测量[M].上海:华东师范大学出版社,1987.

(2) 效标效度

本研究以 5 个项目的心理咨询会谈评估量表(SES)为效标,采用相关分析法检验自编量表的效标效度。心理咨询会谈评估量表(SES)由希尔等人编制,本研究使用的是从咨询师角度评估的 5 项题目版本(题目为:① 我很高兴参加本次心理咨询会谈;② 我对这次会谈的收获不满意;③ 我认为这次会谈很有帮助;④ 我认为这次会谈很有价值;⑤ 我认为这次会谈是有效的),5 级评分,量表总分为 5~25 分。该量表已经被证明克伦巴赫 α 系数为 0.89[①],通过计算该量表在本研究中内部一致性信度为 0.802。

结果显示,自编量表总分及各维度得分与效标量表得分之间的相关系数如表 7-15 所示,两两之间均为显著正相关,表明自编量表具有较高的效度。

表 7-15 自编量表与 SES 的相关分析结果(r)

项目	咨访关系	目标确立	基础技术	问题评估	引导个案	量表总分
体验感	0.849**	0.405**	0.440**	0.346**	0.335**	0.712**
满意感	0.540**	0.394**	0.831**	0.487**	0.411**	0.745**
帮助度	0.531**	0.429**	0.460**	0.340**	0.827**	0.717**
价值性	0.456**	0.418**	0.552**	0.851**	0.354**	0.726**
有效性	0.417**	0.903**	0.336**	0.320**	0.323**	0.613**
SES 总分	0.748**	0.664**	0.686**	0.605**	0.629**	0.934**

注:** $P < 0.01$。

(3) 内容效度

内容效度(Content Validity)是指测量包含了欲测内容范围的程度,也称"逻辑效度"。通常来讲,不存在精确的数量化指标去评估测量工具的内容效度,通常采用专家分析评价法来评估内容效度。[②]

本研究先根据理论探索和半结构化访谈等研究,参考相关量表,经过小组讨论等,收集结构化心理咨询会谈质量评估的项目,随后邀请具有丰富心理咨询经验的心理学教授、讲师、中小学心理健康教师共 10 人,通过专家评

[①] HILL C E, KELLEMS I S. Development and use of the helping skills measure to assess client perceptions of the effects of training and of helping skills in sessions [J]. Journal of Counseling Psychology, 2002, 49(2): 264-272.

[②] 黄希庭, 张志杰. 心理学研究方法[M]. 北京: 高等教育出版社, 2010: 89-99.

价问卷对项目的相关性进行定量评价，统计分析结果表明相关性良好，并对精确性、简洁性进行定性说明。此外，研究者在施测过程中与各类代表性被试进行了探讨交流，并再次修改完善题项。这些都可以作为自编量表具有较高内容效度的证据，说明量表能够反映和测量出中小学心理健康教师结构化心理咨询质量的主要内容和真实情况。

四、讨论

通过项目分析与探索性因素分析对结构化心理咨询会谈质量自评量表的项目进行删减，在41个项目中删减了12个项目，剩余29个项目构成量表正式版，其中包含5个维度：咨访关系维度8个项目；基础技术维度6个项目；引导个案维度4个项目；问题评估维度6个项目；目标确立维度5个项目。探索性因素分析的结果与中小学结构化心理咨询会谈质量自评模型的探索相契合。综上，可认为确立的结构化心理咨询会谈质量自评量表是符合理论与实践研究的，可以进行下一步的心理测量学的分析。

本研究编制的《结构化心理咨询会谈质量自评量表》，在广泛阅读相关理论文献的基础之上结合前人的研究，特别是以希尔等人的助人技术三阶段理论的第一阶段理论为着重点，结合半结构化访谈等研究，构建结构化心理咨询会谈质量评估的理论结构。以初步获得的理论结构为线索，本着科学严谨的原则，在量表编制过程中广泛采纳相关专家的意见和建议，以更好地保证量表的内容效度，通过项目分析、探索性因素分析等心理学检验后确定了29个项目版的量表。

验证性因素分析结果再一次显示，五因素模型的各项指标拟合良好，证明五因素模型是比较合理的。编制的量表涵盖了关系、以来访者为中心、情感体验、问题评估、目标确立等多方面的内容，与传统会谈质量测评工具，比如SES量表相比，包含了更丰富的测评内涵，是较为全面的测量工具。量表共有5个维度，共计29个项目，采用五点记分法。维度之间的得分越高说明心理健康教师在这方面做得越好，总分越高说明其结构化心理咨询会谈质量越好。

本研究结合内部一致性信度、构念信度两方面考察自编量表的信度，结果显示，量表的信度良好，即具有较高的可信度与稳定性。此外，本研究从结构效度、效标效度和内容效度三个角度，考察量表的效度。量表的5个维度之间的相关性为 0.30~0.50，维度与总量表的相关为 0.67~0.81，证明量表的结构效度良好。量表的各个维度、总分与效标各个维度、总分相关显著，证明量表的效标效度良好。标准化的研究操作与过程则保证了量表的内容效度。

五、小结

（1）结构化心理咨询会谈质量自评量表的 29 个项目区分度良好，能够较好地区分出教师结构化心理咨询质量的差异，能够鉴别出高质量水平和低质量水平的结构化心理咨询会谈。

（2）结构化心理咨询会谈质量自评量表由 5 个维度组成：咨访关系、目标确立、基础技术、问题评估、引导个案。

（3）本研究编制的结构化心理咨询会谈质量自评量表信效度良好，符合量表编制的心理测量学标准，可以用于结构化心理咨询会谈质量的相关研究。

参考文献

[1] SOUSA D A. 脑与学习[M]."认知神经科学与学习"国家重点实验室脑与教育应用研究中心,译.北京:中国轻工业出版社,2005.

[2] 奥苏伯尔,等.教育心理学:认知观点[M].余星南,宋钧,译. 北京:人民教育出版社,1994.

[3] MCINTVRE D, O'HAIR M J. 教师角色[M]. 丁怡,马玲,等译.北京:中国轻工业出版社,2002.

[4] LABINOWICZ. 皮亚杰学说入门:思维·学习与教学[M]. 杭生,译. 台北:五洲出版社,1987.

[5] GREDLER M E. 学习理论与教学应用[M]. 吴幸宜,译. 台北:心理出版社,1994.

[6] MINTZES J J, WANDERSEE J H, NOVAK J D. 促进理解之科学教学:人本建构取向观点[M]. 黄台珠,熊召弟,王美芬,等译. 台北:心理出版社,2002.

[7] 安德森.认知心理学[M]. 杨清,等译. 长春:吉林教育出版社,1989.

[8] 伍尔福克.教育心理学[M]. 伍新春,张军,季娇,译. 北京:中国人民大学出版社,2015.

[9] 鲍尔,希尔加德.学习心理学[M]. 邵瑞珍,皮连生,吴庆麟,等译. 上海:上海教育出版社,1987.

[10] 申克.学习理论:教育的视角[M]. 韦小满,等译. 南京:江苏教育出版社,2003.

[11] 霍尔,戴维斯.道德教育的理论与实践[M]. 陆有铨,魏贤超,译. 杭州:浙江教育出版社,2003.

[12] 加德纳.多元智能:7种智能改变命运[M]. 沈致隆,译. 北京:新华出版社,2004.

[13] 鲍里奇.有效教学方法[M]. 易东平,译. 南京:江苏教育出版社,2002.

[14] 加涅,布里格斯,韦杰.教学设计原理[M].皮连生,庞维国,等译.上海:华东师范大学出版社,1999.

[15] 加涅.学习的条件和教学论[M].皮连生,王映学,郑崴,等译.上海:华东师范大学出版社,1999.

[16] 霍夫兰,贾尼斯,凯利.传播与劝服:关于态度转变的心理学研究[M].张建中,李雪晴,曾苑,等译.北京:中国人民大学出版社,2015.

[17] 格里格,津巴多.心理学与生活[M].王垒,王甦,等译.16版.北京:人民邮电出版社,2003.

[18] 格里格,津巴多.心理学与生活[M].王垒,等译.19版.北京:人民邮电出版社,2014.

[19] 皮亚杰.结构主义[M].倪连生,王琳,译.北京:商务印书馆,1984.

[20] SOMMERS-FLANAGAN R.心理咨询面谈技术[M].陈祉妍,等译.北京:中国轻工业出版社,2001.

[21] 考利.心理咨询与治疗的理论及实践[M].石林,等译.北京:中国轻工业出版社,2004.

[22] COREY G, COREY MS, COREY C.专业助人工作伦理[M].修慧兰,林蔚芳,洪莉竹,译.2版.台北:新加坡商圣智学习亚洲私人有限公司台湾分公司,2019.

[23] 弗洛伊德.精神分析导论[M].张艳华,译.北京:清华大学出版社,2016.

[24] 弗洛伊德.梦的解析[M].殷世钞,译.南昌:江西人民出版社,2014.

[25] 弗洛伊德.性学三论与爱情心理学[M].李妍,译.北京:台海出版社,2016.

[26] 霍妮.自我分析[M].徐娜,译.北京:世界图书出版公司北京公司,2016.

[27] 霍妮.我们时代的神经症人格[M].冯川,译.南京:译林出版社,2015.

[28] 霍妮.我们内心的冲突[M].王作虹,译.南京:译林出版社,2015.

[29] 阿德勒.超越自卑[M].陈海涓,译.北京:研究出版社,2016.

[30] 阿德勒.生命对你意味着什么:超越自卑,成就内心强大的自己[M].王倩,译.海口:南海出版公司,2015.

[31] 阿德勒.儿童教育心理学[M].吕正,译.天津:天津人民出版社,2018.

[32] 荣格.分析心理学的理论与实践[M].成穷,王作虹,译.南京:译林出版社,2014.

[33] BECK J S.认知疗法:基础与应用[M].张怡,孙凌,王辰怡,译.2版.北京:

中国轻工业出版社,2013.

[34] BECK J S.认知疗法:进阶与挑战[M].陶璇,等译.北京:中国轻工业出版社,2014.

[35] 默恩斯,索恩,等.以人为中心心理咨询实践[M].刘毅,译.重庆:重庆大学出版社,2010.

[36] 沙泽尔,多兰,科尔曼等.超越奇迹:焦点解决短期治疗[M].雷秀雅,刘愫,杨振,译.重庆:重庆大学出版社,2015.

[37] 卡尔森,沃茨,马尼亚奇.阿德勒的治疗:理论与实践[M].郭本禹,吕英军,译.重庆:重庆大学出版社,2012.

[38] 麦克凯,伍德,布兰特里.辩证行为疗法:掌握正念、改善人际效能、调节情绪和承受痛苦的技巧[M].王鹏飞,等译.重庆:重庆大学出版社,2018.

[39] 蒙克,温斯莱德.叙事调解:用故事化解冲突[M].李明,元雪晴,曹杏娥,译.重庆:重庆大学出版社,2020.

[40] JENKINS R,KETER V,STONE J.心理治疗与法律[M].胡连新,主译.北京:人民卫生出版社,2009.

[41] 麦克劳德,麦克劳德.心理咨询技巧:心理咨询师和助人专业人员实践指南[M].谢晓丹,译.上海:上海社会科学院出版社,2016.

[42] 刘世宏,高湘萍,徐欣颖.心理评估与诊断[M].上海:上海教育出版社,2017.

[43] 山崎启支.NLP高效沟通:趣味漫画图文版[M].郭晨然,译.哈尔滨:北方文艺出版社,2018.

[44] 萨提亚,鲍德温.萨提亚治疗实录[M].章晓云,等译.2版.北京:世界图书出版有限公司北京公司,2019.

[45] 萨提亚,等.萨提亚家庭治疗模式[M].聂晶,译.2版.北京:世界图书出版公司北京公司,2019.

[46] 心屋仁之助.慢慢成功:用自己舒服的方式去奋斗[M].司荔,译.天津:天津人民出版社,2021.

[47] 博塞夫.心理学研究中的伦理冲突[M].苏彦捷,等译.重庆:重庆大学出版社,2012.

[48] 维尔福.心理咨询与治疗伦理[M].侯志瑾,等译.3版.北京:世界图书出版公司,2010.

[49] 高宣扬.结构主义[M].上海:上海交通大学出版社,2017.

[50] 格拉塞斯费尔德.激进建构主义[M].李其龙,译.北京:北京师范大学出版社,2017.

[51] 陈晓明,杨鹏.结构主义与后结构主义在中国[M].2版.北京:首都师范大学出版社,2011.

[52] 陈琦,刘儒德.当代教育心理学[M].3版.北京:北京师范大学出版社,2019.

[53] 张公社,周喜华.教育心理学[M].北京:中国人民大学出版社,2012.

[54] 张建伟,孙燕青.建构性学习:学习科学的整合性探索[M].上海:上海教育出版社,2005.

[55] 张庆林.当代认知心理学在教学中的应用:如何教学生学会学习和思维[M].重庆:西南师范大学出版社,1995.

[56] 章志光.社会心理学[M].北京:人民教育出版社,2004.

[57] 朱智贤.心理学大词典[M].北京:北京师范大学出版社,1989.

[58] 张爱卿.动机论:迈向21世纪的动机心理学研究[M].武汉:华中师范大学出版社,2002.

[59] 刘儒德.学习心理学[M].北京:高等教育出版社,2010.

[60] 许又新.神经症[M].北京:人民卫生出版社,1993.

[61] 钟友彬.中国心理分析:认识领悟心理疗法[M].沈阳:辽宁人民出版社,1988.

[62] 钟友彬.现代心理咨询:理论与应用[M].北京:科学出版社,1992.

[63] 郭念锋.临床心理学[M].北京:科学出版社,1995.

[64] 曾文星,徐静.心理治疗[M].北京:人民卫生出版社,1987.

[65] 徐俊冕,季建林.认知心理治疗[M].贵阳:贵州教育出版社,1999.

[66] 许又新,吕秋云.现代心理治疗手册[M].北京:北京医科大学、中国协和医科大学联合出版社,1997.

[67] 钱铭怡.心理治疗[M].长春:吉林教育出版社,2002.

[68] 钱铭怡.心理咨询与心理治疗:重排本[M].北京:北京大学出版社,2016.

[69] 江光荣.心理咨询与治疗[M].合肥:安徽人民出版社,1995.

[70] 江光荣.人性的迷失与复归:罗杰斯的人本心理学[M].武汉:湖北教育出版社,2000.

[71] 王登峰.心理治疗的理论与技术[M].北京:时代文化出版公司,1993.

[72] 雷秀雅.儿童心理问题评估与咨询[M].重庆:重庆大学出版社,2020.

[73] 张亚林.行为疗法[M].贵阳:贵州教育出版社,1999.

[74] 徐光兴.西方心理咨询经典案例集[M].上海:上海教育出版社,2003.

[75] 樊富珉.大学生心理健康教育研究[M].北京:清华大学出版社,2002.

[76] 金瑜.心理测量[M].上海:华东师范大学出版社,2001.

[77] 汪向东,王希林,马弘,等.心理卫生评定量表手册[M].增订版.北京:中国心理卫生杂志社,1999.

[78] 张继志.精神医学与心理卫生研究[M].北京:北京出版社,1994.

[79] 张明园.精神科评定量表手册[M].2版.长沙:湖南科学技术出版社,1998.

[80] 林家兴.谘商专业伦理:临床应用与案例分析[M].台北:心理出版社股份有限公司,2014.

[81] 蒙谨.陪伴孩子走过青春期:一个心理咨询师给家长的建议[M].北京:清华大学出版社,2012.

[82] 赵中华.洞见人的渴望:家庭系统疗愈师的27个真实个案集[M].北京:中华工商联合出版社,2022.

[83] 张建伟.概念转变模型及其发展[J].心理学动态,1998(3):33-38.

[84] 张建伟.基于问题解决的知识建构[J].教育研究,2000(10):58-62.

[85] 刘儒德.论建构主义学习迁移观[J].北京师范大学学报(人文社会科学版),2001(4):106-112.

[86] 刘永芳,赵海,李莉.内隐学习研究的现状及其争议[J].心理学动态,1998(2):17-21.

[87] 中国心理学会.中国心理学会临床与咨询心理学工作伦理守则:第2版[J].心理学报,2018,50(11):1314-1322.

[88] RUSH A J,MICHAEL B. First,Deborah Blacker,et al. Handbook of psychiatric measures [M]. 2nd ed. Washington, DC: American Psychiatric Publishing,Inc,2007.

[89] BECH P. The Bech-Rafaelsen,Mania Scale in clinical trials of therapies for bipo-lar disorder:A 20-year review of its use as an outcome measure [J]. CNS Drugs,2002,16(1):47-63.

[90] 林崇德.中小学教材编写心理化设计的建议[J].课程·教材·教法,2019:9-11.

[91] 林崇德.培养思维品质是发展智能的突破口[J].国家教育行政学院学报,2005:21-26+32.

附录 1
结构化心理咨询服务书面方案的实例

《"青少年厌学"心理咨询服务书面方案》

一、人口学信息

首单收集来访者人口学基本信息主要按下表框架进行。

人口学信息

二、成长史

(1) 父母信息：母亲×岁，父亲×岁，儿子×岁。母亲是××职业，性格特征有哪些；父亲是××职业，整体特征有哪些；儿子现在就读×年级，来咨询时已经在家休息了一个星期。

(2) 幼儿园阶段：出生方式，喂养情况，养育人身份，养育人的性格特征及养育方式，孩子的表现情况。

(3) 小学阶段：孩子学习和生活情况，与同学、老师互动情况，兴趣爱好，有没有印象比较深刻的事件等。

(4) 初中阶段：孩子初中阶段与小学阶段相比有无明显的改变？学习及交友情况怎样？孩子性格像谁？

(5) 高中阶段：上了高中之后，孩子发生了什么变化？现在孩子的作息时间怎样？吃饭、睡眠情况怎样？学习成绩如何？对自己的成绩满意吗？和同学、老师的关系怎样？孩子一般会如何评价同学和老师？

三、症状表现

（1）生理方面：妈妈出现叹气、坐立不安、疲惫、偶尔失眠等状况，大部分时候正常。

（2）认知方面：妈妈感觉很迷茫，觉得孩子没有对网络成瘾，想要孩子找到学习的价值感。同时，妈妈担心孩子不能坚持自己的兴趣爱好，容易放弃，担心孩子以后会越来越差。

（3）情绪方面：妈妈看到孩子在打游戏的时候会担心，其他的时候正常。

（4）社会功能方面：妈妈容易分心，工作效率略有下降。爸爸和妈妈曾经因为这件事冷战，现在尝试接受，但也会有无力的时候。

（5）持续时间：持续3年左右。

四、求助经历

（1）去精神科做过诊疗：父母带孩子去医院精神科做过诊疗，医生说孩子正常，要求父母改变自己，遵从孩子的意愿，没有配药。

（2）接受过咨询：父母和孩子都在精神科医生那里接受5次左右的咨询，后来孩子不愿意去了。

（3）父母开始学习心理学：孩子遇到成长的问题后，父母开始学习心理学。

五、成因分析

（1）父母对孩子比较溺爱，以自由和平等为由，对孩子的教育比较随性。父母在孩子小时候没有给其在学习上建立规则，孩子没有养成良好的学习习惯。

（2）社会缺少"家长学"。家长普遍不懂得如何教育孩子，明显缺乏家庭教育的知识，随着孩子日趋长大，也未能及时改变教育观念，自认为理解孩子，实则根本就不懂孩子内心的世界以及身心发展特点。家长把孩子没有养成良好的学习习惯当成对学习不感兴趣，缺乏价值感，于是一味地鼓励孩子要自信，寻求医学干预。孩子在父母的影响下也逐渐以为自己有问题而拒绝面对困难。

（3）教育需通过父母分工协作实现协同效应，而获得1+1＞2的效果。早期因父母比较忙碌，长辈与保姆介入的比较多，父母角色的缺位导致对孩子缺乏了解，孩子没有父母的监管变得过于任性。后期父母想插手时，孩子对父母高度的不认同，没有敬畏之心，更缺乏基本的感恩意识。此时的父母作为家长角色的价值感明显受挫，陷入高度的自我怀疑与自责，伴随强烈的无力感与迷茫感。

（4）界限模糊。在长期的问题模式的互动中，父母和孩子的关系呈现，界限模糊的特征，容易被对方的情绪影响，此时父母已经被孩子所控制，家庭里做主的人成了孩子。

（5）学习习惯问题。接触到网络以后，孩子养成了用上网来逃避学习困难的习惯，把注意力都放在了网络上，在学习上投入越来越少，导致成绩下降，成绩下降后又用上网来逃避，从而形成恶性循环。随着高中学业难度和强度的加大，孩子总说自己不喜欢学习，隔段时间便请假在家休息、上网。厌学的症状由此形成。

六、初步评估

1. 父母教育焦虑

父母教育焦虑是一种状态焦虑，在教育情境中产生，具体是指家长在教育子女的活动中，由于教育结果的不确定性和对自身教育能力的担忧以及对教育失败给孩子带来的消极影响的恐惧，体验到紧张、不安、忧虑、烦恼、恐慌等情绪。

父母教育焦虑的影响：

（1）当父母存在较高水平的教育焦虑时，会持续担心无法教育好孩子，在工作中也承担着巨大压力，这不仅影响自身的睡眠质量、主观幸福感和生活满意度，严重时甚至会影响身体健康。

（2）父母直接或间接影响孩子对任务的判断力、任务处理的独立性和执行力。

（3）父母容易自暴自弃，自信心受到打击，自尊受损。

2. 孩子厌学

厌学是学生对学习的负面情绪表现，指学生消极对待学习活动的行为反应模式。厌学主要表现为学生对学习的认识存在偏差，情感上消极对待学习，行为上主动远离学习。厌学具体表现为：对学习无兴趣；上课注意力分散，不认真听讲；思维缓慢、情绪消极；作业拖拉马虎、敷衍了事；学习效率低下；考试及作业错误率高；学习不主动；等等。

孩子厌学的影响：

（1）孩子出现学习兴趣下降、注意力下降、做作业拖拉等，严重影响学习成绩，进而导致价值感受挫，人格发展不完善。

（2）孩子出现情绪问题，如自我封闭、消极、暴躁、抑郁、双相障碍等。

（3）孩子人际关系受挫，如容易待在家里不出门、自闭、脱离社会，形成回避型人格等。

七、咨询目标

1. 短期目标

（1）父母。心理咨询师与父母建立良好咨访关系，了解父母的育儿理念及其形成原因；父母觉察原有的亲子关系模式的问题，情绪趋于稳定；父母提升教育理念，懂得孩子身心发展的特点及规律，客观看待孩子成长中出现的问题，能让自己慢下来；初步建立家庭规则，鼓励孩子向前迈出一小步。

（2）孩子。心理咨询时与孩子建立良好的咨访关系，了解孩子现阶段的想法和兴趣，懂孩子的个性特点。

2. 中期目标

（1）父母。心理咨询师与父母的关系进一步巩固；父母的教育理念发生迭代更新，情绪平稳；心理咨询师持续给予父母支持；父母角色归位，重塑家庭规则，在教育孩子的过程中拥有力量感。

（2）孩子。心理咨询师与孩子的关系进一步巩固，引导孩子了解自身问题的成因，了解成长过程中的创伤事件，使其情绪趋于稳定；心理咨询师持续给予孩子支持，激发其兴趣，鼓励其与人交往，找到价值感，开始返校学习。

3. 长期目标

（1）父母。心理咨询师持续与父母建立良好的咨访关系，父母持续改变，家庭关系和谐，拥有幸福人生。

（2）孩子。心理咨询师持续与孩子建立良好的咨访关系，帮助孩子适应校园生活；持续鼓励孩子改变，给孩子学业上的支持，利用动机教育、学业分析、试卷分析、学习方法辅导帮助孩子提升学业价值感；了解孩子真实的需求，引导家长给孩子营造一个适宜的环境。

八、服务形式

服务形式为电话咨询、当面咨询、文字咨询。

九、服务专家

1. 心理咨询师

×××，二级心理咨询师。

2. 督导师

×××，心理学教授、国家心理咨询师高级考评员。

十、服务过程

（一）服务类型

1. 次数服务

次数服务过程：分三个阶段，每阶段5～10次，根据来访者的问题严重程度评估而定。

2. 顾问服务

顾问服务过程：分三个阶段，每阶段一周/一个月/两个月，根据来访者的问题严重程度评估而定。

（二）服务实施及技术

1. 第一阶段：短期总体目标

（1）咨询主体：父母

阶段目标1：充分掌握父母在养育孩子过程中的全面信息，与父母建立良好的信任关系，使父母情绪趋于稳定。（次数服务2～5次；顾问式服务3～4周）

第一次（第一周）：与父母建立良好的咨访关系，充分掌握父母更加全面的信息，清楚其情绪产生的动因。

第二、三次（第一、二周）：通过心理学技术与方法，父母掌握了化解情绪的管理技巧，情绪变得稳定，逐渐学会不被孩子的事情所困扰。

第四、五次（第三、四周）：父母更加懂得自己的孩子，并习得巩固情绪管理的能力，为下一步目标的实现做准备。

常用技术：中药调理、耸肩法、抬头法、眼动脱敏再加工技术等。

阶段目标2：引导父母觉察原有的亲子关系模式存在的问题，使其明白孩子问题的背后是亲子关系的互动问题，通过系统的成长梳理，剖析孩子问题的成因及影响因素，指导家长能够客观地看待孩子成长中的困惑，转变教育理念，初步建立家庭规则。（次数服务2～5次；顾问式服务2～3周）

第一至二次（第一、二周）：帮助父母梳理孩子成长过程中的重要事件以及对孩子的影响，意识到孩子问题的背后是亲子关系的互动问题。

第三至五次（第二、三周）：通过心理学技术与方法，剖析孩子问题的成因及影响因素，指导家长能够客观地看待孩子成长中的困惑。

常用技术：精神分析、客体关系疗法、叙事疗法、角色扮演、电影赏析观摩、教育好文分析、绘本阅读启示法等。

（2）咨询主体：孩子

阶段目标1：与孩子建立良好的咨询关系，了解孩子现阶段的真实想法、兴趣及内心的需求。

第一至二次（第一、二周）：通过定期咨询或者组织孩子感兴趣的活动（比如吃饭），和孩子建立良好的咨询关系。

常用技术：叙事疗法、电影赏析、介入。

阶段目标2：建立良好的咨询关系，了解孩子的成长经历，掌握孩子的个性特点。

第三至四次（第三、四周）：通过心理学技术与方法，从孩子的角度搜集其成长信息，了解现阶段孩子的真实想法、了解孩子感兴趣的活动以及孩子对家庭关系的看法。

常用技术：中药调理、耸肩法、抬头法、叙事疗法。

（3）阶段效果指标

首先，与父母及孩子初步建立了良好的关系，彼此信任。

其次，父母及孩子情绪日趋稳定，能够初步学会自我情绪管理。

最后，父母及孩子关系处理能力初步提高。

（4）预期效果

首先，父母能够跟咨询师建立良好的关系，觉察家庭中亲子关系模式的问题。

其次，家长对孩子问题的成因有较清晰的认识，意识到孩子的问题需要家长联动去解决。

再次，家长对于孩子教育有了一定把握，有信心跟着心理咨询师一起成长。

最后，孩子能够和咨询师建立良好的关系，梳理成长的经历。

(5) 需要注意的地方

其一，家长着急，想着快速改变现状，而"绑架"咨询师，让咨询师成为家长的"帮凶"，去改变孩子。

其二，家长的理念根深蒂固。这是正常的，需要坚持转变家长的固有观念。

其三，家长还会继续被孩子的问题牵着走，不能坚持父母的角色建立规则，未能听从心理咨询师的思路去改变，知行不一。

其四，家长担心别人知道自己接受心理咨询后，会因为对心理咨询的误解而以为自己有病，心理压力大。

其五，心理咨询师急切地和孩子展开工作，做了父母的"帮凶"。

2. 第二阶段：中期总体目标

(1) 咨询主体：父母

阶段目标1：心理咨询师与父母的关系进一步巩固，并使父母逐步懂得孩子身心发展的特点及规律，教育理念发生迭代更新，情绪趋于稳定，较少受到孩子问题的影响。（次数服务三至五次；顾问式服务一至二周）

第一、二次（第一周）：继续巩固与来访者的良好咨询关系，通过心理学技术与方法，教会父母化解情绪的管理技巧，使其情绪能够稳定，慢慢地不会被孩子的事情所困扰。

第二、三次（第二周）：帮助父母习得情绪管理的基本技能，使其能够自觉地将技能应用在家庭教育以及其他场景当中。

常用技术：中药调理、耸肩法、抬头法、眼动脱敏再加工技术、芳香疗法、情绪ABC疗法等。

阶段目标2：家长深入学习孩子身心发展的特点与规律，父母角色归位，根据孩子日常的言行举止，在心理咨询师的指导下及时调整教育方法和行为，重塑教育规则。（次数服务3~5次；顾问式服务3~4周）

第一、二次（第一、二周）：通过学习《发展心理学》、观看相关电影（如《小孩不笨》）以及阅读相关绘本，让家长了解孩子身心发展的特点及规律，并进行深入讨论。

第三、四次（第三、四周）：做好设置，对于孩子在家里的日常行为模式，积极的给予强化，负性的及时做好矫正，重塑"规则"。

常用技术：精神分析、客体关系疗法、叙事疗法、角色扮演、空椅子技术、电影赏析观摩、教育好文分析、绘本阅读启示法、认知疗法等。

阶段目标3：学会亲子沟通的技术，与孩子初步建立良好的关系，逐渐懂得孩子的心理需求，在日常的相处中，调整沟通方式，逐步改变原有的沟通模式，形成新的、科学的沟通模式。（次数服务4～6次；顾问式服务2～6周）

第一、二次（第一、二周）：通过学习《发展心理学》以及观看相关电影（如《银河补习班》《摔跤吧！爸爸》），让家长了解孩子身心发展的特点及规律，并进行深入讨论。

第三、四次（第二、四周）：在平时的生活中，通过练习，觉察和别人沟通的模式的问题，并有意识地做出改变；在和孩子的沟通中保持觉察，刻意练习，促进亲子关系。

常用技术："登门槛效应"、心理的融合与分化处理、角色扮演、空间距离技术、对答技术、反问技术、有头有尾话术、"动物园技术"及沟通的十大提问技术等。

阶段性目标4：夫妻教育角色重新归位，在家庭中分别扮演相应的角色，共同致力于孩子教育，形成合力，更高效地助力孩子成长。（次数服务3～5次；顾问式服务1～2周）

第一、二次（第一、二周）：心理咨询师了解夫妻从恋爱到结婚两人关系和二人各自所扮演角色的变化，梳理婚姻里的多重角色。

第三、四次（第一、二周）：模拟现实中的教育场景，合作化解孩子的问题，有效助力孩子成长。

常用技术：角色扮演、认知行为疗法、沙盘疗法、沟通技术等。

（2）咨询主体：孩子

阶段目标1：心理咨询师与孩子的关系进一步巩固，引导孩子了解自身问题的成因，化解创伤，提升解决问题的能力。

第一、二次（第一周）：继续巩固与孩子的良好咨访关系，通过回溯过往的经历，了解孩子的成长经历和创伤事件。

第三、四次（第二周）：孩子习得情绪管理的基本技能，能够自觉地应用到平常的学习生活中，提升人际交往技能。

常用技术："登门槛效应"、沙盘技术、叙事疗法、心理融合与分化的处理，热门电影、时事探讨。

阶段目标2：心理咨询师与孩子关系进一步巩固，找到孩子的兴趣点，激发孩子的价值感。

第一、二次(第一、二周)：通过谈论时下的热点和时事了解孩子感兴趣的内容，并了解与该活动相关的成长经历。

第三、四次(第二、三周)：查阅资料，和孩子适当同频，和孩子进一步巩固咨访关系。

常用技术："登门槛效应"、沙盘技术、叙事疗法等。

阶段目标3：陪伴孩子适应家庭的规则，引导孩子找到更多有效的解压方式，转移其对网络的注意力。

第一、二次(第一、二周)：通过家庭咨询让孩子和家长分别对家庭规则的建立阐述自己的看法，允许孩子表达自己的不满，引导家长温和而坚定地坚持自己立场。

第三、四次(第二、三周)：引导孩子看到自己真正的价值，一起观看励志的影片，激发情感，完成一些作业。

常用技术：精神分析法、客体关系疗法、叙事疗法、角色扮演、空椅子技术、眼动脱敏再加工技术等。

阶段目标4：持续给孩子赋能，助力孩子返回校园。

第一、二次(第一、二周)：通过家庭咨询让孩子和家长分别对家庭规则的建立说出自己的看法，允许孩子表达自己的不满，引导家长温和而坚定地坚持自己的立场。

第三、四次(第二、三周)：给孩子布置适当的任务，回校上课时定期记录自己上课互动的情况和感受。

常用技术："登门槛效应"，沙盘技术，心理融合与分化的处理，电影、时事探讨等。

（3）阶段效果指标：

① 与来访者深入建立关系，彼此信任。

② 来访者情绪日趋稳定，初步掌握情绪管理技巧。

③ 来访者关系处理能力明显提升。

④ 来访者专注力有效提升，时间管理能力增强。

(4) 预期效果

① 家长情绪日趋稳定,教育理念逐步转变,不轻易被孩子影响。

② 家长初步掌握并有效应用沟通技巧,亲子、夫妻关系明显改善,父母角色归位,逐渐形成新的家庭相处模式,有一种"脱胎换骨"的变化。

③ 家长能够主动学习亲子教育知识,系统了解孩子的心理发展特点及心理需求,灵活调整教育方式以跟上孩子成长的步伐,与孩子共同成长。

④ 孩子和心理咨询师建立良好的关系,能够处理好和家长的关系,逐渐适应家庭的新规则。

(5) 需要注意的地方

① 若家长因感觉到孩子的阶段性改善,就放松引导,就可能会削弱孩子持续改变的动力,甚至导致问题复发,进而怀疑咨询的效果。

② 在改变的过程中,孩子若有抵触,家长就放弃争取孩子的支持,产生沮丧、无力的情绪。

③ 所有技术的运用不是一蹴而就的,效果的体现是一个过程,应避免懈怠或半途而废。

④ 心理咨询师在和孩子沟通的过程中,要循序渐进,凡事看透不说透。

3. 第三阶段:长期总体目标

(1) 咨询主体:父母

阶段目标1:家长能够自发地通过有效的渠道学习亲子教育的技术及知识,在家庭中重塑规则,家庭规则和学校要求有效衔接,避免孩子趋利避害。(次数服务1~2次;顾问式服务1~2周)

第一、二次(第一、二周):持续给父母支持,及时了解家长和孩子的互动情况,对于孩子在家里的日常行为模式,积极的给予强化,负性的及时做好矫正,持续重塑规则。

常用技术:整合沟通技术、"滚雪球"效应、做事疗法。

阶段目标2:夫妻关系、亲子关系日趋融洽,父母能够游刃有余地运用夫妻沟通、亲子沟通艺术,遇事都能通过沟通的技巧来化解,父母和孩子持续成长,对未来生活有憧憬。(次数服务1~2次;顾问式服务1~2周)

第一、二次(第一、二周):引导家长拓展亲子教育知识学习的渠道,并进行有效分享,让其感受到亲子教育是一门艺术,需要一辈子学习。

常用技术：做事疗法、隐喻故事等。

(2) 咨询主体：孩子

阶段目标1：心理咨询师持续与孩子建立良好的咨访关系，懂得孩子的需求，缓解孩子返校后的焦虑情绪，使其自主适应学校的学习生活。

第一、二次(第一、二周)：心理咨询师通过家庭咨询了解孩子和家长现阶段的情况，了解孩子心理的变化和需求。

第三、四次(第一、二周)：心理咨询师给予陪伴，倾听孩子的情绪变化，肯定、鼓励并提出建议，帮助孩子适应校园生活。

常用技术：抬头法、做事疗法、正念技术、叙事疗法等。

阶段目标2：心理咨询师持续鼓励孩子做出改变，给予孩子学业上的支持，利用动机教育、学业分析、试卷分析、学习方法辅导帮助孩子提升学业价值感。

第一、二次(第一、二周)：和孩子谈论人生和理想，帮助孩子通过树立目标确定自己未来的方向，做好动机教育。

第三、四次(第二、三周)：根据孩子现阶段的学习和考试情况，分析孩子面临的困难，通过适当的方式帮助孩子及时提升学习成绩。

常用技术：做事疗法、沙盘技术、隐喻故事、叙事疗法等。

阶段目标3：心理咨询师和孩子持续互动，了解孩子不同阶段的需求，反馈给家长，共同给孩子营造一个良好的环境。

第一、二次(第一、二周)：通过家庭咨询让孩子和家长同步现阶段的情况，了解孩子心理的变化和需求。

第三、四次(第一、二周)：父母更了解孩子现阶段的特点，和孩子同频。

常用技术：抬头法、做事疗法、正念技术、叙事疗法等。

阶段目标4：心理咨询师引导家长及时肯定孩子的点滴进步，充分发挥最近发展区的作用，并支持孩子改变，使孩子形成新的自我认知。

第一、二次(第一、二周)：心理咨询师和孩子谈论人生和理想，通过兴趣和爱好或者现阶段点滴的进步给孩子赋能，引导孩子积极归因，多角度看待自己，形成新的自我认知。

常用技术：做事疗法、沙盘技术、隐喻故事、叙事疗法等。

(3) 阶段效果指标

① 家长能有效地控制自己的情绪，与孩子建立起边界，情绪和情境相

匹配。

② 家长育儿理念提升，关系处理能力有效提高。

③ 孩子自我效能感增强，开始形成自己的价值观。

④ 孩子认知模式趋向合理化发展，社会适应能力显著增强。

（4）预期效果

① 家庭规则重塑，孩子不再把家和网络当作逃避的地方。

② 家长育儿理念提升，亲子关系和谐，有能量、有力量面对孩子的未来，并助力孩子成才。

③ 孩子建立对学业的信心，找到价值感。

（5）需要注意的地方

① 家长持续支持孩子的学习成长，跟上孩子发展的步伐，核心靠孩子自己，避免过度依赖心理咨询师。

② 孩子完成得好的给予支持，未完成的给予忽视，遵循最近发展区原则。

③ 当孩子在成长中遇到新的问题，父母要拥抱变化，继续用新习得的技术、技能帮助孩子成长，而不能否定之前的成绩，可以回头看，但不能回头走，要面向未来。

心理咨询师这个阶段要着重给予孩子支持，关注孩子返校后的状态和父母对规则的执行情况，巩固家庭系统改变成果。

附录 2
续次结构化心理咨询实操案例

【案例一】 陈某某求助有关失眠、生活无意义感问题

一、首单心理咨询信息收集、初步评估和心理服务书面方案

（略）

二、第一次续次结构化心理咨询服务的逐字稿——"三动九步法"实操过程

第一步：激活情绪

心理咨询师：小陈好，你今天衣服穿得有点少啊！（一句寒暄问候，让小陈感觉到亲切温暖）

小陈：还好，不冷。（心理咨询师感受到小陈声音和情绪平静）

心理咨询师：小陈，能反馈上周过得怎么样吗？

小陈：情绪比以前要稍微好一些。晚上还是失眠，想一些乱七八糟的，有时候想着想着就想不开了。

心理咨询师：情绪好一些了，有什么表现？

小陈：自己在控制情绪，不会向女朋友乱发脾气了。

心理咨询师：很好。

第二步：巩固效果

心理咨询师：上次首单咨询结束时，我们约定，你来关注并记录一下自己睡不着时主要想一些什么，你做得怎么样？（心理咨询师检查作业）

小陈：我关注了。就是想去死掉算了，就觉得没有意思。白天晚上都有这样的想法。

心理咨询师：是什么事让你有这么极端的想法？

小陈：突然就有，脑海里面，就好像我正在专心做一件事，脑海里面突然就会出现一种念头，假如说这件事就是让我感到不开心了，或者说突然心

里就有那种情绪了以后，就会往那方面想，最后就再想到我女朋友，想到我爸，然后再终止这种想法。以前的话只有晚上睡觉的时候睡不着了，躺在那里会想，但是现在的话就越来越频繁。

心理咨询师：好，这周你对自己的想法的关注和觉察做得挺好的。（心理咨询师对小陈巩固作业行为，给予无条件积极关注）

第三步：聚焦目标

心理咨询师：我再了解一下，在这个过程当中，自己突然间心里有想法，晚上睡不着失眠，这种情况是从什么时候开始的？（心理咨询师探索小陈失眠问题的变化过程）

小陈：大概就是从去年，去年几月份我记不得，因为我发现我自己睡不着觉、失眠的时候，我就想办法治疗。我当时因为性子比较急，没有什么耐心，然后我就直接去了医院。去了医院，我跟医生说我睡不着，给我开安眠药。他给我开了一种安眠药，我吃了以后，整个人就像喝醉酒了，就睡着了，就直接无意识地睡着了。然后第二天早上醒来会模糊不清的，记忆不是特别清晰的，你睡前的事就基本上已经不清晰了，像喝醉酒了一样的。

心理咨询师：吃了多久？

小陈：半个月。那个时候体重也在比较快地往上升，我也觉得有点胖，然后我就停掉。就没再吃了，但还是失眠。

心理咨询师：不吃就开始失眠？

小陈：对，吃了那个药以后，整个人就是意识不清了。

心理咨询师：当时为什么突然发觉自己失眠了，你自己知道是什么原因吗？（心理咨询师探索导致小陈失眠问题的具体原因）

小陈：没有原因。想不到有什么原因，当时也没有什么特别大的变故。

心理咨询师：跟你朋友之间关系有没有关联？

小陈：没有。

心理咨询师：那就是说没有影响到自己生活这样的问题？

小陈：没有。突然感觉，说不上来吧。莫名其妙，我也不知道，睡不着。那时候我还不怎么玩手机，我玩手机是看视频，是失眠了之后才开始的。我以前最多是凌晨1：00肯定睡着了。我发现我失眠的时候，感觉精神状态就不好。

心理咨询师：明白，那么现在就睡不好这个问题，你去过哪些地方，除了刚刚去的医院开的药,还有吗?

小陈:大多数都是开的安眠药。在凤岗一个医院,还有广济医院,两个医院。他们给我开安眠药,我就吃,但是也吃了没多久。有的时候我吃两天我就不想吃了,因为感觉就是整个人记忆力有所减退,然后再加上意识有点模糊不清晰,因为我上班要保持头脑清醒,我脑子要转,所以吃那个药反应又迟钝了。第二天早上醒来的那种状态,怎么形容呢?无意识的状态,像梦游一样。

心理咨询师:什么药你还记得吗?

小陈:叫什么安眠药,反正挺厉害的,记不清楚,名字比较绕口,那些安眠药名字都比较绕口,记不清楚。

心理咨询师:舍曲林片吗?

小陈:有什么酸。我真的一点都回忆不起来。一共看过三次,每次都是开安眠药。两个医院好像都差不多。

心理咨询师:那么他们让你吃几片?

小陈:每次就给我七片,让我睡前服一片就可以了。对,每次就只给我七片。这一年半里面去医院开过三次。我感觉就好不了。

心理咨询师:吃药最长吃多少时间?

小陈:半个月,没什么好转,就是说整个人睡觉睡得早了。吃药以后你不想睡也得睡,因为吃了以后你眼睛根本就睁不开,整个人无意识地就睡着了。第二天早上醒来你又不记得你睡前发生的一些事,刚睡醒的那会你整个人就好像没有意识一样,梦游一样,就是这样。

心理咨询师:在朱老师看来,目前其实对你影响最大的就是两个问题,第一个就是睡眠质量不好,第二个就是引起极端的想法或者说行为的产生。(心理咨询师锁定小陈本次求助的问题)

小陈:我也不知道怎么了。每次一有那些想法的时候,我整个都已经想好了,我都已经准备了,比如说我晚上睡觉的时候,在那突然想,我都已经规划好怎么自杀了。

心理咨询师:之前有过吗?

小陈:之前也有,一年多前偶尔会有,但还是越来越频繁了,想着死了算了。一年多前,就想完就完了,也没什么痛苦。

心理咨询师:现在就觉得好像蛮痛苦的?

小陈：现在就想得比较清晰了，就一整个怎么去死都想好了。

心理咨询师：为什么现在想清晰了？

小陈：说不上来。

心理咨询师：你感受一下，你主要是不是觉得现在生活没意义？

小陈：有，但是就唯独我女朋友，别的就没什么感觉了。

心理咨询师：觉得未来没奔头？

小陈：对，一眼望到头了，就这样了，因为你这一辈子就这样，没有什么感觉，没什么意思。

心理咨询师：好，第一，你感觉到好像自己睡不着，就给自己带来很多痛苦和烦恼。第二，现在觉得没意思，没什么好留恋的，生活没意思，什么都没意思，未来没奔头。这两者当中你觉得哪个权重会大一些？（心理咨询师再次确认问题，区分问题的严重程度）

小陈：我睡不着。

心理咨询师：用百分比估计占多少？（心理咨询师量化问题的严重程度）

小陈：百分之六七十。

心理咨询师：占比也确实比较大。小陈，假如你现在睡好了，你会怎么样？（心理咨询师探索小陈的问题及问题背后的需求和目标）

小陈：我个人感觉可能会改善。

心理咨询师：哪些方面就改善了？

小陈：不用那么痛苦了。

心理咨询师：哪里痛苦？

小陈：我觉得我每天一睁眼就是痛苦。一睁眼工作，每天要面对的这些人、这些事。什么人都有，你比如说像老板娘，我平时就是说吃早餐的地方，老板娘再加上同事，身边的人都是这样的，我就感觉跟他们相处就没有意思。谁都是，除了我女朋友之外，因为我比较在乎我女朋友。其他人，我都觉得没什么意思。

心理咨询师：都针对你？

小陈：没有的没有的，但是自己的心理上就是排斥跟他们去沟通去交流。不想跟他们交流，我觉得就不想多说话，但是我又碍于这个工作，也包括一些其他的好像人情世故一样，我又不得不去跟人家礼貌回应。比如说我早上要去买一瓶水买一包烟，和小店老板我们两个人打招呼，是不是要沟通一下，有时候甚至会开个玩笑，多说两句话，你要不要回应别人？肯定要的，但是我不想他跟我说那么多，我也不想跟他说那么多。不是说不想深交，没意义，你干吗要和我说那么多，我也不想和你说那么多，我只是来你这里买东西，我会有这种想法，就这样。

心理咨询师：这是一个烦恼。

小陈：对。我痛苦，因为我每天一睁眼就是工作，然后我又会想到我的后半生也是这样的工作，有什么意义呢？也就每天反正都重复。过一年也是那样，过一年就那样，日复一日重复。

心理咨询师：明白，我回应一下，现在感觉到最大的烦恼，反正就是睡不好，也蛮痛苦的，那么每天早晨起来面对这些人去打交道，自己也不太喜欢。对吧？（心理咨询师用复述技术核验小陈的主诉问题）

小陈：对。

心理咨询师：好像目前这个工作，看不到未来的方向？（心理咨询师探索小陈问题背后的目标和人生方向）

小陈：也不是，工作的话不管从哪个方面来看还是比较有前途的。但是我怎么说，假如说你现在给我换一份工作，我也会这样子想，因为我觉得工作本身就没有意义，我就是为了生活，为了吃饭去工作的。之前我是有兴趣感，我觉得比较有意思，我会去钻研，而现在我不会深入地去研究它，就是怎么形容，不知道用什么来形容，可能就是为了吃饭，意义感没这么大，对不对？

心理咨询师：就是简单地为了生活，为了结婚生小孩、买车。你这些想过没有？这些想了没有？（心理咨询师再次探索小陈问题背后的目标和人生方向）

小陈：没怎么想。

心理咨询师：你这些东西真想得多了，你感觉有意义了。

小陈：但我很少想。因为我一想到这些就痛苦。

心理咨询师：为什么？

小陈：你结婚，如果我不工作了，拿什么来结婚？如果我不工作了，拿什么养孩子？

心理咨询师：为什么不工作？

小陈：我讨厌，我不想后半辈子都在工作，就是这种痛苦。

附录 2
续次结构化心理咨询实操案例

心理咨询师：好。朱老师大体明白了。当下困扰你的有两个问题：第一个，睡不着，给你带来很多痛苦和烦恼。第二个，现在觉得工作、生活没意思，没什么好留恋的。相对应的，你这次咨询的目标：第一是改善睡眠；第二，对工作感到有兴趣有意义，未来有奔头。是这样吗？（心理咨询师锁定小陈的咨询目标）

小陈：是这样，但是我感觉好不了，就这样了。

第四步：应用技术（闪光叙事法）

心理咨询师：在与你的谈话中，我有两个明显的感觉：第一，你思路挺清楚，脑子好用；第二，语言表达能力强，表达很清晰顺畅。这些就是生理基础所决定的，你的基础特别好。因此你要去做一件事情，你肯定能做得好，你能去钻研，你能去理解它，逻辑结构你能搞得明白，所以从你身上看到你想做一件事情，你基本上就能做好，这是朱老师给到你的一个判断（心理咨询师运用无条件积极关注技术赋能小陈）；但是很遗憾，朱老师从你的成长经历中了解到，初中的时候你有没有真正地把学习当回事去做？（咨询师运用反问技术，启发来访者自我探索，探索其自身的资源。）

小陈：没有。

心理咨询师：当时还是学生的时候，手机玩得好不好？

小陈：我都玩游戏，玩得好不好反正是游戏。

心理咨询师：跟别人比，你是不是玩得比别人好一点的？

小陈：打游戏是好一点。

心理咨询师：打游戏这个事情你打得蛮好的，后来你去做快递工作，你这个事情做得好不好？一条龙从头到尾能把它做好。

小陈：当时我在那里做快递打包工作的时候，是中途有一个客服辞工不干，老板就问谁打字最快，因为我在这边读初一的时候我爸就给我买台电脑，我那时候打字速度还是很快的，然后我就当了客服。我一开始的时候只接待那些来询问的，比如说朱老师你去淘宝上面买一个东西，你要问一下，我在后面回复你一下，就是这样；再后面就做到了售后，售后工作比售前工作工资高一点，售后工作难度也大一些。售后工作需要跟客户打电话，有时候客户打电话过来张口就骂，我们当时是做玻璃浴缸的，如果没有打包好寄到人家手里碎了，有的客户脾气不好，就打电话过来骂你们怎么搞的，会不会搞？我们这边肯定要道歉，重新给他补发。后面这个工作我也不做了。

心理咨询师：你当时做得好不好？

小陈：可以。

心理咨询师：你现在做电工做得好不好？

小陈：可以吧。

心理咨询师：更重要的，你当时把初一初二初三再读一遍，你也能够读得下来。

小陈：都读下来了。

心理咨询师：你这几年基本上都坚持下来了，所以你自己感受一下你想要做的事情，你能不能把它做好？

小陈：应该可以。

心理咨询师：这句话重复一遍，你想做的事情能不能把它做好？

（上面心理咨询师运用"闪光叙事法"，让小陈看到自己的资源和力量：自己坚持干一件事就能干好。下面心理咨询师运用"以终为始法"，让小陈认识到不同人生阶段的开心点和意义点是不同的，在不同人生阶段要确定不同的人生目标）

小陈：应该可以。

心理咨询师：对，可以的。很遗憾的是什么呢？你做的所有的这些事情，你的意义都是为了让自己活着，得有碗饭吃。

小陈：也就是这个问题。

心理咨询师：你感受一下，以前小的时候，为了让自己有口饭吃，有没有意义？

小陈：小时候不知道什么东西，小时候感觉无忧无虑的，没有烦恼。

心理咨询师：小时候你吃饱了就好了，想干活就干，不想干就不干，开不开心？

小陈：对，那个时候吃饱了，吃好了，我有地方睡我就很开心了。

心理咨询师：但你现在的话是能吃饱也能吃好，却不开心了，为什么不开心呢？各方面的不开心，都来自身边的或者是一些人或者是所有人，你现在的开心点要不要变化一下？

小陈：我不知道有什么值得开心的，因为我很少发自内心地去开心，也就是上次，今年9月20日我请假去了我女朋友家那里，请假请了六七天去我女朋友老家去见丈母娘去了，然后在她家的话就整个人比较放松。因为都是陌生人，说实话，都是陌生人的话，我就比较冷漠，我不知道怎么形容，当时我也不理人，比较冷漠的那种感觉。那几天的话，我心里还是比较舒服的，就没有好痛苦的感觉。

心理咨询师：朱老师想表达的意思，小陈你现在长大了，年龄在一点点增长了，开心的点跟以前的点有没有区别？

小陈：不知道。

心理咨询师：按理说有没有区别？

小陈：应该要有。

心理咨询师：但你现在有没有把它区别出来？

小陈：我也不清楚。

心理咨询师：感受一下有没有区别？

小陈：应该有。

心理咨询师：要不要有区别？这种10岁时候的开心，跟20岁有没有区别？10岁的时候玩得开心就好了。20岁时，自己开心，还得让女朋友开心，对吧？40岁时，如果有小孩子的话，肯定是为小孩子着想。60岁时，自己只要身体没病就可以了，没有毛病就行了。好，这个事你发现了没有？每个人不同阶段的开心的点有没有区别？

小陈：有。

心理咨询师：你说你后半辈子都这个工作，哪里是这样的呢，后半辈子五六十岁你就可以不干了，所以接下来你的工作干多少年？

小陈：好几十年，我觉得很漫长很漫长。

心理咨询师：你现在几岁？

小陈：24岁。

心理咨询师：那么我们干到60岁还有多少年？

小陈：36年。

心理咨询师：60岁之后不工作，我们现在人基本能活到80岁，有多少年我们可以享受一下生活？

小陈：20年。

心理咨询师：长？短？

小陈：相比漫长的工作时间，20年毕竟是比较短的。

心理咨询师：但是你别忘了，你前面到20岁，基本上又被你玩掉了，你在这干活才多少年，前面这10来年是不是都在玩了？

小陈：差不多有一半。干一半玩一半差不多。

心理咨询师：干一半玩一半，不吃亏。

小陈：但是我活不到80岁。

心理咨询师：对，所以说现在你要做一些什么呢？

小陈：明天我开心就好了。

心理咨询师：好，你这种开心就10岁的状态了。

小陈：我想要我明天开心，并不代表着我明天会开心。

心理咨询师：小陈，接下来我们这个阶段肯定都不会让自己开心。

小陈：我不清楚。

心理咨询师：为什么？现在有很多东西要去处理，它怎么会开心？

小陈：对。每天一睁眼反正就是一些烦琐杂事。

心理咨询师：所以接下来朱老师想跟你表达第一点，不开心正常。你不满意而你开心，这反而不正常。

小陈：对。

心理咨询师：实际上现阶段你能不能每天都让自己处于很开心的状态？不能。你现在长大了，长大了之后，你要面对这十几二十年的不开心的生活模式，但这些不开心是为后面的开心做铺垫的，理解吗？血压是怎么样的？高压(收缩压)和低压(舒张压)变换的，有高低波动的，心情有波动也是正常的，一天里有情绪波动，一段时间里也会有情绪波动。

小陈：当时来看的话是开心的。

心理咨询师：现在朱老师想想都很不开心，我儿子在高中苦得不得了，你这种苦都没受过的，对吧？那也就是说你之前是不是都处于一个较开心的状态？相对来说你现在回想的话是开心的吧？你一直都这样开心下去，做得到吗？

小陈：应该做不到。

心理咨询师：怎么办？

小陈：无所谓。

心理咨询师：反复是人生的第一常态，就像我们身体的血压有高有低是常态一样，你不可能都是过着开心轻松的生活的。所以，首先第一点你要让自己知道，接下来这些年，就是有高兴的和不高兴的，碰到不高兴的事是正常的。

小陈：我现在虽然说很认同你说的，我们两个沟通很好很顺利，我也认同你跟我讲的这些，但是可能我走了之后，明天睡醒时又是那种状态。

心理咨询师：没事，慢慢来，你首先第一点要先认识到我现在不高兴，我要去做什么？

小陈：想办法让自己高兴。

心理咨询师：不是想办法。你想办法高兴，又回到希望永远高兴的状态。而是不高兴我也接纳。小陈，我说明白了吗？这个观念要改过来，我不高兴我偏让自己高兴，累不累？累。难不难？很难。第一点，朱老师今天想跟你讲的是：不高兴，就让自己先接受不高兴，好不好？

小陈：但是这样子我会很烦。

心理咨询师：当你发现烦的状态变为常态，你就是天天都很痛苦。你每天都很烦很痛苦，你会怎么样？这个时候偶尔来点高兴的事情，你会怎么样？

小陈：那就会很高兴。

心理咨询师：很好，这就是有高有低了。每天你创造出一些高兴的事情来，第一点告诉自己不高兴正常，能接受；接下来第二点，你记住自己不高兴是正常的，但是我要让自己创造出一些高兴的东西来。举个简单例子，接下来你是不是要规划一下这个工作的路径，我怎么可以走得更好？你现在帮人家打工，有没有看到自己当老板的可能性？

小陈：应该有。因为我从小就比较渴望当一个老板的。

心理咨询师：对啦，老师感觉到你有这种潜力和特质。但是老师怕的就是你的恒心，理解吗？

小陈：不理解。

心理咨询师：你换了很多份工作，意味着什么？

小陈：没有坚持，没有一个专长。

心理咨询师：目前这份工作还是比较专一的，因为毕竟已经持续两年多了，这已经很难了，很好了。所以我们能不能在这条路上，考虑一下有没有自己当老板的可能性？

小陈：有，但是要很久。

心理咨询师：好，朱老师认为当老板很重要，就是要贵人相助。

小陈：对，我姑父就是可以相助。

心理咨询师：你姑父可以帮你多好啊，你说你幸福不幸福？

小陈：相对来说还是比较好的。

心理咨询师：你要去看接下来从姑父身上可以学一些什么，怎么学。

小陈：我现在每天都跟他在一起。

心理咨询师：那你就学他怎么说话、怎么做事、怎么与人相处的，好不好？耳濡目染。你知道他好，你以前没有这种向他学习的想法，你现在要刻意去学。

小陈：对，我平时都有留意的。

心理咨询师：接下来加强留意，好不好？有没有异议？

小陈：你现在这么说的话，我感觉还是很有趣的。没有异议，就挺正常的。我去留意一下他的行为，我刻意去留意也好，不刻意也好，我觉得很正常。

心理咨询师：好，从留意学习到把学到的用起来，可以吗？

小陈：我在做这些事的时候，我的心情状态很平淡的，没有说是痛苦的。

心理咨询师：最好平淡。平淡，这是人生。

小陈：我现在甚至都觉得那种平淡才会让我舒服。

心理咨询师：对的。平淡这是正常的，有高有低都不正常，最正常的状态是不高不低，是平淡。小陈理解吗？正常状态是这种不高不低，但偶尔也有高低的体验。这是第一点，你要去考虑工作，要有一个规划，但是慢慢来，下次我们可以再探索，朱老师可以再帮你做分析。第二点你女朋友好不好？24岁的你应该考虑什么？

小陈：考虑结婚了，但是，我们的财力举办婚礼什么的不够。我和女朋友都觉得结婚彩礼的话就可以随意，就是说多少她都可以接受的，我这边也没问题。问题是我不想举办婚礼，女朋友也同意，她说我们就直接拿户口本领个结婚证。但是不办婚礼的话，我觉得对她有所亏欠。

心理咨询师：可以有两种方案，一种你领结婚证马上办婚礼，第二种先领结婚证，把日子过好，后面有孩子之后你可以再办婚礼。

小陈：关键问题是我们两个都不想生孩子。

心理咨询师：不想生，可不可以先缓缓？

小陈：我需要缓缓。

心理咨询师：对，但缓缓，你们也一定要规划好，可以跟谁商量？

小陈：我跟我女朋友两个人。

心理咨询师：你们两个商量什么，你们两个人本身就是同级别的，要找一些有经验的人，站在更高处的人帮你们两个人共同去走一段路。

小陈：结婚没问题，但结婚也有烦恼。

心理咨询师：当然，有烦恼很正常的，除了前面讲的，烦恼才是常态，烦恼过后平淡，所以说你现在要做的就是能够去接受面前的状态，碰到一个问题想办法去解决。好，发现一个问题，解决一个问题，给自己带来的是什么？

小陈：平淡。

心理咨询师：对，过上平淡的生活。你接下来要稳定下来，没有大起大落的，对吧？你还想背起行李去湖南，或去哪儿就去哪儿，没有的，也不可能。接受烦恼是常态，反过来就是什么？一不小心一个很大的开心来了。但是记住开心了还得下来的，平平淡淡的生活才是人生，这是一个长大必经的阶段。好，这是第二点，要去慢慢思考。第三点是最重要的一点，现在朱老师很遗憾地告诉你，你这个工作跟你吃药是一样的，你吃个药也吃几天就不吃了，没专注，吃下去好不了的。人的睡眠是有记忆系统的，有生物规律的，就好比我们早上吃饭中午吃饭一样的，到那个点不吃要饿了，对吧？好，你知道吗？有些地方人吃两餐的，晚饭不吃的，而我们不吃会怎么样？饿。所以它是有一种记忆系统，我们睡眠也有这种记忆系统，你一段时间那个点不睡，它就把你的睡眠闹钟调到那个点，即生物钟。但这个生物钟调过来靠我们睡是没用的，跟胃一样的，胃痛了之后你再吃是没用的，需要药物调理了。

小陈：还有一个问题就是我现在睡着了以后，第二天基本上就等于自己醒不过来，得有人去推我的身体才醒。

心理咨询师：我建议：要去医院，而且要去好一点的专科医院，朱老师可以帮你介绍。你要随时向医生反馈你的用药情况，按医嘱用药。这个药不是你这么吃的，是要按照合适的剂量来，有可能不吃一颗而是吃半颗的，需要调整剂量。我举个例子：你今天吃了一颗，明天感觉很累，剂量过大了，明天晚上就要吃半颗了，马上要调整了，如果第二天还是很累，再少吃一点点。调整到你感觉比较好的状态，维持一段时间，再慢慢给它减下来。不是说一直每天这样吃的。我说明白了吗？

小陈：明白了，但是我本身没什么耐心。

心理咨询师：所以朱老师前面就讲了，做事情最重要的要有什么？有耐心，耐心也就是专注，要搞就把它搞好。朱老师告诉你，你这个药要吃三个月。

小陈：三个月，应该可以坚持，我让女朋友帮我。

心理咨询师：三个月怎么吃，你先吃一颗，要看看感觉到什么，第二天不舒服，说明药量太大了，这个药效还没过去，要减一半，或者减三分之二。药量可以增减的，医生有没有跟你讲的？

小陈：他只跟我说你前两天吃半粒，后面吃一粒。但是我当时吃了那个药以后，第二天整个人都不好，就很累。

心理咨询师：说明半颗还太多了。

小陈：但是他没跟我说。

心理咨询师：这个事你要去跟医生说，医生才会知道你没这么严重，说明这个药对你反应比较敏感，需要减下来。减下来，第二天睡不好了，还得加上去，就这样慢慢调整。

小陈：理解。

心理咨询师：现在三句话牢牢记住。第一句话，不开心，烦恼是常态，不要让自己一定开心，要接纳自己的不开心。小陈，跟朱老师说一遍，不开心是什么？

小陈：不开心是常态，是正常的。

心理咨询师：对，是正常的。那么这个不开心是为了未来要开心。如果想在五六十岁退休不干了，可以的。

小陈：这种事情的话，其实我就觉得世事无常，也许明天我就没了。我怎么样才能够活到七八十岁。就以我目前这种身体状态肯定活不到。

心理咨询师：这样的身体状态能不能调？可以调理的。几个方面要调的，接下来在不烦恼的情况之下，怎么让自己慢慢"还款"，考虑到工作的问题，怎么慢慢地让这个工作赚到更多的钱，你要去想的。

小陈：我肯定要想。

心理咨询师：虽然你自己会好好想，但你还要跟一些厉害的人去说，让他们帮你去想一想，你可以跟姑父去商量、聊一聊。你自己想到什么是有限的，你都自己想，那叫自言自语了。人生要有贵人相助，对不对？要找人帮你想想跟女朋友怎么交往下去、怎么建立家庭等。

小陈：我就只有我女朋友，就我们两个人。

心理咨询师：我后续再帮助你做一些梳理工作，好不好？举个简单例子，请你现在把沙发搬起来。（心理咨询师运用实验顿悟法，改变小陈的认知，探索与他人合作的问题解决路径）

小陈：这么大的沙发我怎么搬？

心理咨询师：你怎么办？想想。

小陈：你帮我抬一下。

心理咨询师：对。我帮你抬一下不就好了吗？懂了没有？任何事情要找什么？找人帮忙。所以你说你脑子好不好用？一讲就通了，是很清晰的，清楚了没有？任何事要找人帮忙，这是第二点。第三点调理身体，调两个，第一个身体是能看好的，但是看不是你这样看的，你这叫乱看，看来看去等于白看，反而不好。

小陈：我觉得是这样子。

心理咨询师：对，所以说我们现在要把睡眠看好。要想把睡眠看好，药要系统地去吃，不能按照自己这样来，至少吃三个月，坚持下去，好不好？那就恢复了，恢复了之后慢慢地下一步要调整自己的预期。好，你早晨要睡好了，活到多少岁？

小陈：七八十岁。

第五步：检验效果

心理咨询师：好，最后小陈跟朱老师回忆一下，今天跟朱老师会谈之后，自己最大的感受是什么？

小陈：能正确认识到一些事情。

心理咨询师：具体可以分享1、2、3点吗？

小陈：不开心的话本身它就是一件很正常的事。

心理咨询师：很好。

小陈：心情总是有高有低的，慢慢地学会调整一下自己的这种心态。

心理咨询师：第三点？

小陈：人生本来就是平平淡淡的，你接受这样就好。

心理咨询师：很好。做事还是要专注一点。这点最宝贵了，那么这点跟你看病也是一样的。

第六步：鼓励重复

心理咨询师：小陈，请你将今天的整个咨询过程用1、2、3几点复述一下可以吗？

小陈：(1)我开始时觉得自己就是一个病人，失眠，吃安眠药也没用，想法极端，觉得工作和活着都没有意义，不开心。(2)朱老师很耐心地听我说话，帮我分析，还告诉我基础好，想干什么事就能把什么事干好。这一点我以前自己是没有想到的。(3)我有点理解了不开心是正常的，我要接纳不开心，我自己要搞出一些这个时候的开心的事。(4)我要持续地吃三个月的药，药量要调到合适的量。

心理咨询师：太好了，总结得很全面。

小陈：做事情专注一点，确实比较难。怎么形容呢，还是要持续性地坚持一下。

第七步：导出新问题

心理咨询师：对，坚持一下好不好？围绕这些方面去努力。下次心理咨询时，我们就这个问题可以继续探索，让你成长更多。

小陈：好的。

心理咨询师：没有问题，只是之前我们有些方面可能有点跑偏，再专注地这样走下去，不会有问题。好，今天先这样？

小陈：先这样。

心理咨询师：现在有点依依不舍是吧？

小陈：我再回想一下，我现在的心态没有很高兴，就很平常。我本来认为我是一个病人，我们两个人今天这次谈话后，我整个人感觉还是很平淡。

心理咨询师：对的，没有太高兴，平淡状态，没有很高兴的。

小陈：对的，这个平淡我觉得是正常的，对，正常的。

第八步：布置家庭作业

心理咨询师：我们商定家庭任务：第一，要按前面说的方法吃药，要吃三个月左右。第二，要接纳自己的不开心，知道不开心是常态，然后可以尝试做一些让自己开心的事。记录几件这样的事，可以吗？

第九步：过程监控

心理咨询师：通过与小陈及其周围人的联系，收集信息，关注小陈的信息。

【案例二】 葛某某厌学问题("青少年厌学")续次结构化心理咨询实操

一、葛某某厌学问题心理服务书面方案(略)

二、来访者李女士(葛某某的妈妈)第六次心理咨询服务的逐字稿——"三动九步法"实操过程

第一步:激活情绪

心理咨询师:李女士你好!两把椅子,喜欢坐哪?好,请坐。再次见到你很高兴,感觉到你今天的状态比上一次放松多了。

李女士:是吗?谢谢。这段时间确实心里感觉轻松多了,我们自己的情绪比以前好控制一些了。

第二步:回顾效果

心理咨询师:好,你们自己的积极变化和成长已经很明显了。可以跟老师说说,孩子这段时间都有哪些积极变化吗?

李女士:孩子的情绪也稳定一些了,他以前会发脾气,跟他爸讲几句就可能会打架。最近没有了,他爸说他,也不会有很激烈的这种肢体的对抗了,对自己的情绪好像没以前那么失控,这是一个。第二,就是他也更加愿意出门了,我不知道他的目的是什么。比如说这段时间他没去学校,有时候我下午就带他去城市书房,然后他在那里看书。在我自己家旁边有个城市书房的,然后我也坐在旁边陪他,他大概也能出去。然后平时的话,寒假里面去上了一个作文辅导班,还有一个就是他的架子鼓课现在也上得比较轻松,有段时间架子鼓课就是上上停停,最近一段时间他都能坚持去上,一个星期一节课,他都能去上架子鼓课,有时候在家里也会练习。第三,前一段时间中午我们都是去我婆婆那里吃饭的,他以前是不愿意去的。

心理咨询师:明白了,也就是说这段时间以来孩子好像出门比以前多了。

李女士:对,出门情况比以前多了,情绪比以前会好。

心理咨询师:孩子情绪相对比以前稳定一些,跟你们的关系要好一些。

李女士:对,再一个,孩子好像也想去上学,但还是害怕。

第三步:聚焦目标

1. 发现问题

心理咨询师:孩子想去上学,但还是害怕上学。这是一个问题,可以具

体说说吗？

李女士：他总是说他的害怕，我不知道怎么去帮助他，因为他这一段时间来，总是说明天下午去，然后每次都去不了，然后他说星期一去，那星期一他又去不了，那去不了了之后，我发现他表现得就比较气馁。上个学期他在家里都有自学的，也做作业的，然后一课一课会做下来。然后开学到现在，我说你还没回学校，把前面落下的功课我们先做做，然后他表面上是好的，但是学习的主动性就没有了，他会拖着不做，就这样刚开始答应你好好的，然后接下去就不做，我不知道面对他这种方式，我是任由他还是要强制他去做这个事情？

心理咨询师：明白，对孩子学习的规矩，你怎么去把握好这个尺度的问题。

李女士：对，怎么去把握，一方面怕他就这样散下去，另一方面就觉得好像我不知道用什么方式去要求他去做这个事情，目前为止找不到很好的方式。

心理咨询师：明白了，这是一个问题，其他问题还有吗？

李女士：第二个问题就是说，他上学期都没去上学，然后一直在家里自学的状态，他爸怕他成绩跟不上，所以他有种意思就是说我们这半年要不要直接给他办休学得了，因为他这半年又一个多星期了，他也去不了，怕他到初二跟不上，他爸说我们要不要给他办休学。然后我不知道办休学对他是利大于弊，还是弊大于利。我们在考虑这个问题，所以就这个问题想要问一下心理咨询师。

心理咨询师：现在两个问题了，还有吗？

李女士：第三个问题是孩子不相信心理咨询师，不来见心理咨询师，我该怎么办好？

心理咨询师：其他还有吗？

李女士：没了，目前遇到的大问题就是这三个问题。

2. 探索问题

心理咨询师：就三个问题。好，需要再做一些了解。今天是新学期开学第二周的周二了，第一周孩子的情况是怎么样的？

李女士：开学第一周的周一，本来说好自己要去学校的，然后他在前一天晚上睡不着，在那徘徊来徘徊去，导致第二天早上起不来，起不来就没办法去学校，没去学校，他又心情不好。星期一是他的情绪比较多的一天，然后他中午就不去我婆婆那里吃饭了。这个学期到现在都还没去学校。每周他都想去，但是去不了。

心理咨询师：孩子他每周都想去？

李女士：对，有时候下午我就把他带到学校门口了，但进不去学校。他就不进去。他说自己害怕就不进去，我把他带到校门口，有时候我就跟他一起在校门口坐一下，然后他坐长了他也受不了，他说这样子很难受，他说再坐一会我们回家。然后就坐一会，回来我就把他带到城市书房去。

心理咨询师：那么半年来孩子早上作息时间是怎么样的？

李女士：早上真的很难起来，有一段时间比较好一点了，大概8:00起来，然后最近这几天又起不来。因为那段时间的话，我们是谈条件的，比如说你这个星期有多少天能起来，我给你干什么，这段时间我不想跟他谈条件，因为我觉得谈条件不好，所以谈条件我基本上都拒绝了，之后他就好像没有动力了。然后还有一个我自己早上不是有上课的吗，我也不能够迟到。我教语文的，然后我也不能够那么早地盯着他，或者他爸有时候也有课，然后早上基本上他得靠他自己。有时候我走了之后就把闹钟给他，我说你看时间，我说希望我回来的时候你已经起来了，有时候起来了，有时候就没起来。星期一是特别难受的一天，后面的话他好一点，我回来他基本上自己起来了。

心理咨询师：孩子早上起来做什么？

李女士：看书。

心理咨询师：看什么书？

李女士：课外书。他以前看，因为我最近都不给他买课外书了，他就看以前看过的书。

心理咨询师：手机玩吗？

李女士：他没手机，他有时候会一天向我要个几十分钟，以前我会给，这段时间我就早上10分钟，晚上10分钟。今天就是因为手机的问题，他还跟我起冲突了。今天他没返校，然后我说那去城市书房，本来说得很好的，结果去的时候，他说让我回来之后手机给他20分钟。我说不行，妈妈又不是跟你交换条件，去城市书房是应该要做的事情，我不跟你交换条件。我不跟他交换，他说他就不去了。我说你不去我也要去的。然后我就开车把儿子带去城市书房，他说我不下车，我说你不下去你就在车里等我，然后我就自己进去了，我自己进去待了一个半小时，出来他就一个人在车上。

心理咨询师：孩子在车上干吗？

李女士：有时候在我的车上听听歌，发现他后来就自己在看书，书包带着在车上就看，他说自己看了语文。

心理咨询师：明白。那么孩子每周都有一些冲突，书也在读，但是可能以看课外书为主。

李女士：对。书也在读，以看课外书为主，是这种情况。

心理咨询师：生活规律比以前要好一些。

李女士：对，只要他第二天早上不觉得自己要去学校，他基本上也能保持那个规律，比如说晚上10：00～11：00睡觉，早上大概8：00～9：00起床，我基本上要7点多出门，然后我早自习自己也都没有去。我7点多出门，然后他大概8：00～9：00起床。

心理咨询师：孩子这些方面的一些变化了解了。那么，你们夫妻俩面对孩子的教育，这半年有什么变化？

李女士：本来前面他爸爸都还挺配合我的，开学初的时候孩子一直没去上学，这一个多星期来他爸好像就有点急躁起来，有时候孩子没去，他就会对孩子发脾气，然后发完脾气之后他就不理孩子。比如说昨天他一天都没理孩子，然后我昨天刚好有事情，他晚饭也没回家，我孩子就自己一个人在家里待了一天，就吃了个小面包。他爸都不回家，他说为了避免冲突，说自己不回家。我说你冷静一下也好。

心理咨询师：你说他之前都配合你哪些？

李女士：比如说对孩子有耐心一点，或者说他晚上会陪孩子做作业，会给孩子辅导作业。

心理咨询师：他爸爸也是教高中的？

李女士：对，然后辅导他作业。我也教高中。

心理咨询师：你也教高中，然后他会辅导孩子作业，对吧？

李女士：我不在家的时候他会去陪孩子，他现在好像觉得自己做这些都没用，所以他这段时间情绪也不是特别稳定。他说换一种方式，他的换一种方式就是可能他觉得对孩子要强硬一些，他说不要理孩子，让孩子自己在家里好了，自生自灭，好像有这种意思，就是这样一个态度。他有时候这么做，我也没跟他说什么,昨天我回去看孩子饿了一天了,又烧了个面给他吃,今天孩子说自己要尝试一下煮玉米吃。

心理咨询师:明白了。复述一下了解的情况:第一个问题,孩子要不要休学的问题;第二个,孩子害怕去学校;第三个孩子不见心理咨询师。对吧?

李女士:对。

3. 锁定目标

心理咨询师:所有的问题了解了,我们的目标是孩子正常上学,是这样吗?

李女士:当然是的。

第四步:应用技术(方法)

1. 证据确凿法——化解"孩子要不要休学的问题"

心理咨询师:那么,对第一个孩子要不要休学的问题,我建议不要办休学。第一个依据,孩子学都没去上过,不存在休学的概念。你现在一旦休学了,给了孩子天经地义的不去上学的理由。孩子认为反正学校不用去了,对不对?第二个依据,休学的原因要么身体不好,要么学业跟不上,总是有原因的,他现在学都没上过,我们找不到原因。第三个依据,孩子他本身已经"休学"了,你再去休学,到时候他更不会去上学,休学让他比其他同学都大,更存在同学适应的问题。所以我不支持休学,你们的想法呢?

李女士:我怕他初二跟不上,有碍他返校怎么办?

心理咨询师:他到底害怕的是学业还是同学,我们没有搞清楚。

李女士:他的首要因素是同学,但我怕这样下去他学业上也会有问题,其实他怕语文,主要怕自己作文跟不上。

心理咨询师:这些都是他的理由,他做都没做,怎么知道跟不上,比都没跟人家比,怎么跟得上,对不对?所以,现在休学这个词你提都不要去提。就不要提,一提就给了他一个本身就不用去学校的理由。好不好?

李女士:好。

心理咨询师:你跟他爸爸统一思想和做法。我复述一下,不敢休学的三个理由:第一你休学的原因就是你要有问题才去休学,你连问题都没碰到,对不对?第二他本身就比其他同学要晚一点读书的,对吧?那么再晚的话,他跟同学交往就更加有问题了。第三个就是现阶段我们如果说一旦休学资格给了，他有充分的理由不用去学校了，孩子复学、正常上学的目标就更难实现了。

李女士：好的，我跟他爸爸统一起来。

2. 证据确凿法——化解"孩子不相信心理咨询师，不来见咨询师的问题"

心理咨询师：你说的第三个问题是孩子不相信心理咨询师，不来见咨询师，这个事你不知道怎么去跟他沟通。你找心理老师的目的就是让他去学习，他是很明白的，那么他没必要找一个人帮助你做让他上学的事情。

李女士：对，他可能知道这个。

心理咨询师：孩子肯定知道你来找心理咨询师的目的，他也知道自己这样的做法是不对的，对不对？所以，孩子不愿意找一个人过来帮妈妈逼着做自己不愿意做的事情，是不是？那么，不让你们去找心理咨询师的目的也是一样的。你们都不去找心理咨询师了，就好了，随他的心意了。所以，让孩子见心理咨询师这个事情你先不要去想，暂时搁置。

李女士：我需要向他解释吗？

心理咨询师：解释什么？

李女士：比如说我的目的是什么？他说我是逼他去学校的，我是不是可以说我不一定是逼他去学校，我是为了让自己过得更舒服一点。

心理咨询师：舒服你自己去舒服，干吗把他叫过去？而且你这样舒服需要跟他做解释吗？

李女士：我解释也不用解释，对吧？

心理咨询师：是的，甚至你都不需要讲有心理咨询师帮助。

李女士：我开始前面都没讲，但他爸讲了。

心理咨询师：他爸讲了就讲了，接着不要去强化就好了。

李女士：不要强化，这事情就不用对他讲。

心理咨询师：对，他的真正的问题是什么？不去学校。无非找人来让他去学校，这是他愿意的吗？对不对？这是第一个原因。第二个原因，你舒服就你舒服，你干吗跟小孩去解释这么多？

李女士：有道理，我也不需要跟他说什么。

心理咨询师：对的，这是第二个原因。第三个原因，现阶段我觉得你们做得蛮好的，还是有一些积极变化，但现阶段我个人觉得你们这个模式还是需要变化，就是爸爸说的有一定的道理，你让孩子在家里待着读书，还是太舒服了。可以让孩子先不舒服一下。

李女士：心理咨询师，他爸采取不理他的这种方式可取吗？

3. 实验顿悟法、系统脱敏法——化解"校园恐惧问题"

心理咨询师：他爸的做法有可取的地方。我们这样来看，心理咨询师建议不要星期一去。你先跟他讲，我们规矩先定好，我们这周先选两个下午进去，行不行？

李女士：但是他这样会去吗？因为他的压力来自担心同学们说他一下去一下不去，他会觉得自己压力更大。他现在最大的压力就是怕别人去说他，别人来问他。

心理咨询师：好，那么你就跟他讲：你到底是要听别人说话还是要读书？你到底要的是什么？你到学校的目的是干吗？所以，第一步你们一定要先围绕孩子正常上学去，他星期一不是不想去吗？早上起不来吗？好，我们就退一步，那么星期一下午去，星期三的下午去。

李女士：好，心理咨询师，我得记录一下，我一下记不住。

心理咨询师：一周我们去两个下午。

李女士：好。

心理咨询师：围绕这两个下午，妈妈可以帮他做一些工作，如到学校门口，妈妈可以陪他一下，然后再到里面去，对吧？运用系统脱敏疗法消退孩子对学校的恐惧，好不好？

李女士：好的。

心理咨询师：第一步我们先到校门口，第二步进去之后围绕学校转几圈，接着在操场上或者教室外面待一下再回来，行不行？

李女士：好。

心理咨询师：今天是周二，再给他缓一缓，星期四我们到学校门口坐一个小时，对吧？星期五下午到操场上去，慢慢给他提高要求。我们可以快一点或慢一点，如果慢一点，那么好，我这两三天都要到学校门口去坐一个小时，再两个小时，时间给加上去。然后实行第二步，到学校里边去。他不是害怕同学，是害怕学校里边的环境。

李女士：对，他现在在门口坐半个小时，他就说我们可以走了，我有点难受，他就这样要走。我说我们要坐一下，我说你去感受一下。

心理咨询师：提前先跟他讲好坐多长时间，让他说到做到，好不好？

李女士：可以的。

心理咨询师：我复述一下，分三步走：第一步在校门口坐半个小时、一个小时，慢慢延长；第二步到学校里边走动半个小时、一个小时；第三步在教室门口感受感受。一步一步来，好不好？我们争取用一两个星期的时间完成。规矩要有，如果说他做到了，妈妈会答应他的相关的条件和要求，如果没有做到，你就要选择忽视，甚至爸爸觉得不理他，我觉得没有关系，挺好的。你对孩子的做法是什么？记住四个字：不求不帮。

李女士：记下了。什么叫不求不帮？

心理咨询师：孩子不找你，你不主动去给孩子做事。例如，孩子说想吃面条，孩子没来求你，别给他做。他求你，你就说"你什么都没有做，很遗憾，你自己的事情没做完，如果你做了自己的事情，我们会给你做的"。

李女士：他来求我们做，有些事情我们可以不用做，但最基本的吃饭这个问题做不做？

心理咨询师：也不做。因为孩子肚子饿了，晚上回家我们给他吃。对不对？那么中午这餐我们坚决不做，正常上学的孩子中饭在学校有得吃的。早餐我们可以给孩子准备，晚上我们大人自己就回家吃饭的，中午这个时候我们就没必要去特地帮他准备了，不求不帮。所以这个过程中，我们要沉得住气，在冲突的过程当中，不要让爸爸忍着，否则爸爸也难受，好不好？

李女士：好的。

心理咨询师：没有关系的。

李女士：比如说他爸爸就是不理他，有时候骂得很难听，这种方式可以吗？

心理咨询师：没关系的，亲子关系改善需要原生态一点，让爸爸老憋在心里，对爸爸也是不合适的。

李女士：也对，他最近说自己也很难受。

心理咨询师：你就让他表现出来。客观上讲，孩子的确没达到我们的要求，我们对孩子也不错，是不是？你就让爸爸原生态去表现。但是，我们该做的还是要去做。

李女士：对。如果他爸爸用这种方式对待他的话，我知道了，我的做法应该是不求不帮。

心理咨询师：爸爸该怎么做就让他怎么做，也不能让孩子太舒服。

李女士：好的，好好。他不愿意在有同学在的时候去学校，我们能不能周末去或者说晚上去？

心理咨询师：可以周末或晚上去一两次，然后再安排上课时间去。如果孩子做不到，你就说"对不起，既然你没有做到答应妈妈的事，妈妈也不帮你做事了。因为你现在长大了，很多东西就是要去承担"。妈妈你要狠得下心来。

李女士：好的。

心理咨询师：但这个过程中间会反反复复一段时间。对孩子学业的期待暂时不要太高，对学子的学业我们一步一步来。先入校、适应，再学业跟上。跟孩子沟通一些学业规划，例如，你如果正常的初中下来，接下来我们去哪里，上高中以后的路怎么走，你跟爱人商量一下，给孩子未来的规划怎么去走，要多谈谈。

李女士：他对自己未来倒是挺有想法的，比如他说最近对日本的文化比较感兴趣，说能不能让他去日本留学。

第五步：鼓励重复

心理咨询师：可以的。对他的学业规划可以给予鼓励支持，但是你要告诉他规划一下怎么实现，怎么去做到，告诉他，理想和愿望不是说说想想就一定能实现的。接下来，请你跟我重复一遍我们前面谈的话，可以吗？

李女士：学校的问题就是有个过程的，先到校门口对吧？然后慢慢延长时间，然后可以去操场转转，再到教室门口。有做到了相应的计划的话，就可以满足一定的要求，如果没做到的话就不求不帮。

心理咨询师：对，我们再具体一点，比方说你今天回去先不跟他谈，明天跟他谈。这样今天就不跟他讲你与心理老师见面的事。说了反而好像背后有心理老师帮你搞他，他反而更反感。

李女士：对，我今天可以先不跟他谈。

心理咨询师：对，不跟他谈，你也不要跟他讲我。好，你明天跟他讲，你这段时间有了哪些好的变化，那么接下来妈妈觉得你是时候慢慢地要去适应学校了，或者爸爸压力慢慢地大了，吃不消了，更重要的这对你未来的职业的发展也是不利的。这样讲好不好？这个会讲吗？

李女士：这样说：妈妈先跟你商量一下，我们得订一个计划，你看明天下午我们先在学校门口坐一个小时，星期五下午我们再到门口坐一个小时，下周一的下午我们到门口坐两个小时，星期二的下午我们到学校里边去逛一圈。如果这计划做到了，妈妈可以给你要的奖励，如果做不到，妈妈也不会按你的要求做事的，可以吗？

　　心理咨询师：好，你看你一听就会。你自己心里有个计划，如果后面做不出来，你先做三天的，先做半个小时，再做一个小时、两个小时。到时你碰到问题可以跟心理咨询师联系，看孩子的表现我们去做调整。学校一定要去，接着我们在学校外围绕一圈也可以的，再到学校里边逛一圈也可以，要慢慢让孩子适应到里面去。我的判断孩子不是同学适应问题，如果真的只是怕同学，学校是会进去的。学校也进不去，则主要是对学校恐惧。

　　李女士：对对。

　　心理咨询师：好，你这个计划要做细一点，你要坚持下去。你自己课多吗？

　　李女士：我还好，因为他爸是段长，然后家里有事的话，有些事情他爸也会帮我安排一下。我和他爸是同一个学校的老师。我就是担心，如果有时候我家孩子脾气很拗，就不去，我该怎么办呢？

　　心理咨询师：那个不去没关系的。他总会有要求我们的吧？你可以告诉他，你要这么样，对不起，妈妈可以不答应你的要求了。因为现在的孩子还要靠你们的，他要给你提要求了，你可以不答应。你也可以拗，但最后就看谁拗得过谁了。我觉得你只要跟他拗，他应该基本上还会屈服一下的。

　　李女士：对，现阶段是这样。

　　心理咨询师：常说爱字头上一把刀，你现在就是爱字头上要有一把刀的问题，话好好说，叫温柔而坚定，话都是好好跟你说的，但是规矩我就守在那边，我是纹丝不动的。好不好？

　　李女士：好的。

　　心理咨询师：这个事情我们先做一两个星期，按你的计划把它排好，然后过程中有什么问题你来跟心理咨询师讲。过程一定没这么顺利的，但是不顺利没关系，你们已经在一定的范围里面有推动了，接下来也一定会推动起来的，因为现在孩子主观上还是有意愿去做的，这个是好事情。第二个，爸妈你们自己的能量已经起来了。第三个，现在看孩子的情绪相当稳定了。

　　李女士：对。我们现在不像以前了，他怎么样我也不发脾气了，以前他发脾气我也发脾气，现在他如果有时候情绪上来，我就会走开。对，现在也不一样了。

心理咨询师：他现在青春期来了，我们一定要坚持下来，尊重他，好好跟他说话，但是规矩一定要守好。记住，冲突不是目的，但是所有的冲突我都是有目的的。这句话很重要。有些时候冲突了，也解决不了问题，但你没冲突就一潭死水，发生不了变化，你说是不是？

举个例子，我们要不要吃饭？不吃饭会怎么样？会死。但吃饭就没有风险吗？食物一定是健康的吗？不一定。你吃不吃饭？就是要吃的。

李女士：对，明白了，不怕冲突，冲突不是目的，冲突是有目的的，是奔着目的去的。

心理咨询师：跟孩子谈的时候，要有三个策略：第一，跟孩子说，你看看为什么要做这个事情，好的话先说一说，先说积极点；第二点先讲这个事情到底怎么做，这叫具体点；第三讲要求点。积极点、具体点、要求点，是什么意思呢？即你这段时间好的是哪些，我先给你讲清楚；接下来这段时间具体要怎么做我给你一起分析；再接下来怎么样做到要求点我要把它给你讲清楚。

李女士：记下来了。我原来都不敢跟孩子起冲突，让着孩子护着孩子。这孩子可能我对他太好了。我觉得我太包容了。

心理咨询师：对的，我现在就期待你自己意识到这一点。

李女士：对，我现在意识到一个问题就是因为我太包容他了，他对环境的要求和他人的要求就很高，比如说别人有些行为有一点点他看不过去的，他的情绪就很大。我觉得我从小可能太在意他的一个情绪上或者是生活上的一些东西，我可能对他太好了。

心理咨询师：难听点说，有你就有社会，他不需要跟别人交往，有我妈就好了。

李女士：对，他目前是这样。

心理咨询师：但是孩子这样，你说孩子心理健不健康？

李女士：不健康。

心理咨询师：有我妈妈在家里陪我已经很好了。

李女士：对，他现在所有的事情都跟我讲，所有的情绪都在我身上，他也很关注我的情绪。比如说我一天不开心，他就会问我为什么不开心。

心理咨询师：你知道他在绑架你吗？

李女士：对。

心理咨询师：所以接下来我让你做的事就是你不能被他给绑架了。

李女士：心理咨询师上次你建议我有时候离他稍微远一点，我有时候就找理由出门了。

心理咨询师：你不需要为孩子找什么理由，不需要给他一个交代，不要管孩子，你想做什么你就做什么。他爸爸陪不陪他，是爸爸的事情，你也不要管。

李女士：我很多时候就可以不管孩子，做自己的事情，爸爸生他气也可以表现出来？

心理咨询师：当然要做自己的事情，这就叫生态化。你为了一个孩子还要装假吗？你记住，所有假的东西真不了，你装出来，孩子比你聪明，都知道的。前两天有一个孩子，妈妈爸爸到我这边做咨询，孩子不读书，你猜怎么着？家里条件很好的，妈妈是一个公司的老总，爸爸是一个副区长。爸爸让孩子体验生活，带孩子到火车站去捡那些什么可乐罐拿去卖。

李女士：这样有用吗？

心理咨询师：你说有用吗？没用的，为什么？因为他知道这只是一时的，太假了。孩子说太累了，爸爸说你知道累了？以后工作就这样了。好，孩子怎么说？孩子说，他拿去卖可能会比别人要卖贵一点。因为孩子知道他爸是区长，别人会帮他卖贵一点的。这种假的东西都不是生态化的。所以你现在为孩子做这个事情的话，你也不要刻意找理由藏起来，如到图书馆去看书，却故意跟他说什么妈妈出差了。你去干吗，也不用向他交代什么，自己去干就好了。

李女士：就是说我要保持自己的自主权，不需要太照顾他的情绪和看法。

第六步：检验效果

心理咨询师：对的。好，你跟我对话练习一下？

例1 心理咨询师扮演孩子，与妈妈李女士对话：

你要去哪里？

我要去看我奶奶了。

你别去了，你在家陪我行不行？我比你奶奶更重要的。

我去了，我知道你很重要，但我自己的事情也很重要，你现在长大了应该做自己的事情。

附录2
续次结构化心理咨询实操案例

例2 心理咨询师扮演妈妈，李女士扮演孩子：

妈妈你去哪里？

你怎么对妈妈去哪里这么感兴趣？你想干吗呢？

你在家陪我，好吗？

你陪妈妈去一下，先做点事情，好吗？

你要做什么？

我想到你们学校里面去看一看。

心理咨询师：他可能就不说话了，对吧？例1孩子控制了妈妈，例2妈妈引导着孩子。

李女士：我理解了，在与孩子的沟通中我总是被孩子控制了。

心理咨询师：你真理解了吗？你要理解并做到没那么简单的。

李女士：我知道我得有意识的。

心理咨询师：记住一句话，这句话很重要：你不是去回答孩子的问题，而是要引导他，让他去回答你的问题。我们再演示一下。

例3 心理咨询师扮演孩子，与妈妈李女士对话：

妈妈你怎么上去这么久？

我就需要这么多时间。

例4 心理咨询师扮演孩子，与妈妈李女士对话：

妈妈你怎么上去这么久？

你说妈妈上去久是想说什么？你为什么关心妈妈上去久还是短？

心理咨询师：例3的对话中，妈妈顺着孩子的问题回答，又被孩子牵着走了，同时也了解不到孩子内心的需求和目的。例4的对话中，妈妈就能避开孩子的控制，了解到孩子问题背后的需求和目标，从而引领孩子，帮助孩子成长。李女士，我们就孩子上学的事沟通对话也演示一下。

例5 心理咨询师扮演孩子，与妈妈李女士对话：

我不想在这里坐半个小时，走吧。

你觉得要多久时间？

20分钟你说行不行？

那不行，我们还是要坚持按照原来计划做的。

我不干。

你不干的话，妈妈自己要按计划做到。

心理咨询师：好，这样妈妈说话算话。接下来孩子提要求，对不起，你没做到，妈妈也不会答应你，因为你言而无信，你自己说话没做到，对不对？妈妈无需再跟他讲太多的道理了，因为现在孩子还小，需要从做中、从榜样中学习规矩和道理，需要一步一步先去做。李女士，你很棒，你先一步一步慢慢做起来就可以了，过程不会很简单，这是正常的。李女士，就这次的谈话体会，你谈一谈，可以吗？

李女士：我有点觉得好像找到目标了，接下去知道自己该怎么做了，因为实际上前面那段时间自己还是很茫然，就是我也有挫败感，认为这一切都是我的错，所以导致我有时候对自己的行为也坚持不下来。听到心理咨询师这么讲的时候，我觉得我有了方向。

心理咨询师：好，坚持下来就可以的。

李女士：好的，心理咨询师，我又有信心了。我最近真的被他弄得一点信心都没有了，再加上我婆婆、家里人，以前我都没有跟我奶奶说的，最近因为需要我婆婆的帮助，所以把这事情都跟她讲了。结果我婆婆她就跑去我家里跟我奶奶说了这些事情，导致我最近自己压力也很大。每次去我婆婆那里，她就拿这事情说我，去我奶奶那里，我奶奶又很担心这个事情，父亲更拿这个事情来说，我真的是觉得压力也很大。

第七步：导出新问题

心理咨询师：孩子逐渐克服了校园恐惧之后，我们再谈孩子的学业提升问题，再谈孩子见咨询师的问题，你看可以吗？

李女士：可以的，我回去一定认真做好计划，按照系统脱敏的步骤来做。

第八步：布置作业

心理咨询师：回去先做至少三天的计划，带孩子到学校门口坐半个小时、一个小时、两个小时。过程中你碰到问题可以跟心理咨询师联系，看孩子的表现我们去做调整。学校门口一定要去，接着我们在学校外围绕一圈，再到学校里边逛一圈，慢慢要让孩子适应到里面去。

第九步：过程监控

心理咨询师：心理咨询师讲起来很简单，你做起来挺难的。我知道关键是靠你自己做。对有些小的细节处理困难的话，可以跟心理咨询师联系。

李女士：好的，谢谢心理咨询师！

心理咨询师：李女士，走好。

附录3
结构化心理咨询会谈质量自评量表

结构化心理咨询会谈质量自评量表

请圈出每项陈述在多大程度上反映了您最近一次给学生做首次心理咨询时的经历,分数越高表示赞同程度越高。

项目	非常不同意	比较不同意	一般同意	比较同意	非常同意
1. 我坦诚地表达自己的感受、想法和态度	1	2	3	4	5
2. 我没有对来访者的感受、思想与行为做出简单的好或坏的价值评判	1	2	3	4	5
3. 我准确地理解来访者的经历和感受	1	2	3	4	5
4. 我和来访者相互尊重	1	2	3	4	5
5. 我能接受来访者的不同观点和习惯	1	2	3	4	5
6. 我没有轻视来访者	1	2	3	4	5
7. 我做一些事情让来访者感到温暖	1	2	3	4	5
8. 我通过语气、姿势、面部表情等,表达对来访者的关心	1	2	3	4	5
9. 我了解来访者的年龄、家庭情况、在校情况等基本信息	1	2	3	4	5
10. 我专注地听来访者诉说	1	2	3	4	5
11. 我向来访者确认、反馈接收到的信息	1	2	3	4	5
12. 我观察来访者的非言语行为	1	2	3	4	5
13. 我通过非言语行为,如点头、微笑、注视等,表达我对来访者的接受,以此鼓励来访者	1	2	3	4	5

续表

项目	非常不同意	比较不同意	一般同意	比较同意	非常同意
14. 我通过言语行为，如赞同、赞扬等鼓励来访者	1	2	3	4	5
15. 我没有鼓励来访者去体验感受*	1	2	3	4	5
16. 我提出问题帮助来访者探索想法和感受	1	2	3	4	5
17. 我帮助来访者意识到想法和行为的矛盾	1	2	3	4	5
18. 我帮助来访者了解想法、感受和行为背后的原因	1	2	3	4	5
19. 我判断来访者的问题是否属于心理咨询的范围	1	2	3	4	5
20. 我对来访者问题的持续时间、问题的性质和危急程度有清晰的了解	1	2	3	4	5
21. 我知晓来访者为解决问题做过的尝试	1	2	3	4	5
22. 我没有被来访者牵着走，停留在表面问题上	1	2	3	4	5
23. 我清楚知道来访者的困扰对其生理、认知、情绪造成的影响	1	2	3	4	5
24. 我清楚知道来访者的困扰对其学习、工作和生活造成的影响	1	2	3	4	5
25. 共同制定的咨询目标是具体的	1	2	3	4	5
26. 共同制定的咨询目标是现实可行的	1	2	3	4	5
27. 共同制定的咨询目标是急需解决的	1	2	3	4	5
28. 共同制定的咨询目标是可评价的	1	2	3	4	5
29. 来访者和我没有朝着一致认可的目标而努力*	1	2	3	4	5

注：* 表示该题为反向计分。